再生

用一代人的努力
终结气候危机

[美] 保罗·霍肯 著
（Paul Hawken）

金望明 译

中国科学技术出版社
·北 京·

Regeneration: Ending the Climate Crisis in One Generation by Paul Hawken.

ISBN:978-0-143-13697-2

This edition published by arrangement with Penguin Books, an imprint of Penguin Publishing Group, a division of Penguin Random House LLC.

北京市版权局著作权合同登记 图字：01–2023–2020。

图书在版编目（CIP）数据

再生：用一代人的努力终结气候危机 /（美）保罗·霍肯（Paul Hawken）著；金望明译 . — 北京：中国科学技术出版社，2023.9

ISBN 978–7–5236–0210–2

Ⅰ . ①再… Ⅱ . ①保… ②金… Ⅲ . ①气候变化—普及读物 Ⅳ . ① P467–49

中国国家版本馆 CIP 数据核字（2023）第 072966 号

策划编辑	杜凡如　王秀艳
责任编辑	杜凡如
封面设计	今亮新声
版式设计	锋尚设计
责任校对	张晓莉
责任印制	李晓霖

出　　版	中国科学技术出版社
发　　行	中国科学技术出版社有限公司发行部
地　　址	北京市海淀区中关村南大街 16 号
邮　　编	100081
发行电话	010–62173865
传　　真	010–62173081
网　　址	http://www.cspbooks.com.cn

开　　本	889mm×1194mm　1/16
字　　数	512 千字
印　　张	16.25
版　　次	2023 年 9 月第 1 版
印　　次	2023 年 9 月第 1 次印刷
印　　刷	河北鹏润印刷有限公司
书　　号	ISBN 978–7–5236–0210–2/P・222
定　　价	128.00 元

团队成员

发起人、作者：保罗·霍肯（Paul Hawken）

执行董事：萨曼莎·赖特（Samantha Wright）

员工主管：康纳·阿基奥·乔丹（Connor Akio Jordan）

设计师：珍妮特·芒福德（Janet Mumford）

资深作家：考特尼·怀特（Courtney White）

研究分析人员：萨瑟恩·纳杰尔（Saseen Najjar）

数据人员：德文·布格（Devon Burger）

系统管理员：乔纳森·霍肯（Jonathan Hawken）

网站管理员：查德·阿珀姆（Chad Upham）

社交媒体工作人员：贾斯迈·斯格斯尼（Jasmine Scaleciani）

编辑：威尔·帕尔默（Will Palmer）

编辑：简·卡沃琳娜（Jane Cavolina）

研究员和学者

安贾利·卡塔（Anjali Katta）

伊莉丝·祖法尔（Elise Zufall）

埃尔文·林（Elwin Lim）

加布里埃拉·玛雅·莱斯利（Gabriela Maia Leslie）

加布里埃尔·M. J. 谭（Gabrielle M. J. Tan）

汉娜·马尔岑斯基（Hanna Malzenski）

贾克森·Z. 雅各布斯（Jaxon Z. Jacobs）

乔丹·弗伦奇（Jordan French）

卡维亚·戈帕尔（Kavya Gopal）

利亚·贝尔·金伍德沃德（Lia "Bear" KimWoodward）

米雷耶·巴尔加斯（Mireille Vargas）

萨宾·尼克斯（Sabine Nix）

萨迪·克维基尔（Sadie Cwikiel）

莎拉·T（Sarah T.）

黄才杰（Jay）

撰稿人

布列塔尼·弗拉特（Brittany Frater）

康纳·阿基奥·乔丹（Connor Akio Jordan）

艾米莉·皮金（Emily Pidgeon）

贾克森·雅各布（Jaxon Jacob）

詹妮弗·霍华德（Jennifer Howard）

豪尔赫·拉莫斯（Jorge Ramos）

约瑟夫·W. 维尔德曼（Joseph W. Veldman）

朱莉安娜·伯恩鲍姆（Juliana Birnbaum）

玛丽亚·克劳迪娅·迪亚兹格拉纳多斯（María Claudia Díazgranados）

里德·F. 诺斯（Reed F. Noss）

希拉·拉加夫（Shyla Raghav）

史蒂夫·查普尔（Steve Chapple）

蒂莫西·L. H. 特鲁尔（Timothy L. H. Treuer）

作家

卡尔·萨芬娜（Carl Safina）

查尔斯·马西（Charles Massy）

艾伦·多尔西（Ellen Dorsey）

伊莎贝拉·特里（Isabella Tree）

珍·古道尔（Jane Goodall）

乔纳森·萨弗兰·福尔（Jonathan Safran Foer）

莉亚·彭尼曼（Leah Penniman）

莱拉·琼·约翰斯顿（Lyla June Johnston）

玛丽·雷诺兹（Mary Reynolds）

米米·卡斯特尔（Mimi Casteel）

内蒙特·南基莫（Nemonte Nenquimo）

理查德·鲍尔斯（Richard Powers）

董事会

奇普·康利（Chip Conley）

杰克·康菲尔德（Jack Kornfield）

朱莉娅·杰克逊（Julia Jackson）

康达·梅森（Konda Mason）

莱拉·琼·约翰斯顿（Lyla June Johnston）

麦莎·阿里亚斯（Maisa Arias）

马克·拉姆波拉（Mark Rampolla）

梅琳达·克莱默（Melinda Kramer）

雷切尔·霍奇登（Rachel Hodgdon）

史蒂夫·麦考密克（Steve McCormick）

塔拉·米汉（Tara Meehan）

感谢我们的资助者、捐赠者和支持者

Grounded.org

艾琳·盖蒂（Aileen Getty）

雅各布斯家庭基金会（Jacobs Family Foundation）

奇普·康利（Chip Conley）

马克和莫拉·兰波拉（Mark and Maura Rampolla）

娜塔莉·奥法莉亚基金会（Natalie Orfalea Foundation）

华莱士全球基金会（Wallace Global Fund）

弗雷德·穆恩（Fred Moon）

克劳德和诺埃尔·庞塞莱特（Claude and Noelle Poncelet）

布朗纳博士（Dr. Bronner's）

比尔和林恩·特维斯（Bill and Lynne Twist）

Incite.org

杰西卡和德克尔·罗尔夫（Jessica and Decker Rolph）

Shari Sant 和 'Troutboy' Plummer

塔拉·米汉（Tara Meehan）

罗素和苏基·孟塞尔（Russell and Suki Munsell）

杰克·康菲尔德（Jack Kornfield）

贾丝明·斯卡莱西亚尼（Jasmine Scalesciani）

丽莎和道格拉斯·高盛基金（Lisa and Douglas Goldman Fund）

康达·梅森（Konda Mason）

莱拉·琼·约翰斯顿（Lyla June Johnston）

麦莎·阿里亚斯（Maisa Arias）

梅琳达·克莱默（Melinda Kramer）

雷切尔·霍奇登（Rachel Hodgdon）

顾问

亚当·帕尔（Adam Parr）

艾琳·盖蒂（Aileen Getty）

亚历克斯·刘（Alex Lau）

阿米拉·戴蒙德（Amira Diamond）

布伦·史密斯（Bren Smith）

比尔·特维斯（Bill Twist）

布赖恩·冯·赫尔岑（Brian Von Herzen）

卡罗尔·汤姆科（Carole Tomko）

查尔斯·马西（Charles Massy）

查亚·班蒂（Chhaya Bhanti）

西里尔·科莫斯（Cyril Kormos）

达蒙·加莫（Damon Gameau）

丹妮尔·尼伦伯格（Danielle Nierenberg）

戴夫·查普曼（Dave Chapman）

杜里塔·霍尔姆（Durita Holm）

埃里克·斯奈德（Erik Snyder）

吉尔特·诺尔斯（Geert Noels）

盖伊·迪林厄姆（Gay Dillingham）

海莉·梅林（Haley Mellin）

杰森·麦克伦南（Jason McLennan）

杰夫·布里奇斯（Jeff Bridges）

约翰·埃尔金顿（John Elkington）

乔纳森·波里特（Jonathon Porritt）

贾斯汀·施瓦茨（Justin Schwartz）

贾斯汀·温特斯（Justin Winters）

凯尔·怀特（Kyle Whyte）

卡尔·伯克哈特（Karl Burkhart）

莉维亚·弗斯（Livia Firth）

卢卡斯·赫奇斯（Lucas Hedges）

林恩·特维斯（Lynne Twist）

马克·卡斯基（Marc Kasky）

梅琳达·克莱默（Melinda Kramer）

迈克尔·伯班克（Michael Burbank）

尼尔马尔·图尔西达斯·基什纳尼（Nirmal Tulsidas Kishnani）

珀尔·埃斯彭·斯托克内斯（Per Espen Stoknes）

罗宾·奥布莱恩（Robyn O'Brien）

罗宾·斯科特（Robyn Scott）

罗伊·斯特拉弗（Roy Straver）

罗素·孟塞尔（Russell Munsell）

斯宾塞·比比（Spencer Beebe）

苏珊·奥列塞克（Susan Olesek）

斯文·詹斯（Sven Jense）

塔拉·米汉（Tara Meehan）

序

在研究黑猩猩的过程中，我了解到热带雨林中的所有生命都密切相关，每一个物种在整个生态系统中都不可或缺，无论是植物还是动物。当一个物种灭绝时，其他物种会受到影响；如果这种影响进一步恶化，整个生态系统都会面临灭顶之灾。以此类推，我们人类也是自然界中的一个物种，我们从中攫取我们所需的一切资源——氧气、食物、水等；目前，这种行为已经对其他物种造成严重影响，并导致整个生态系统不堪重负。

相较于黑猩猩这样的人类"近亲"或者其他动物，我们人类与之最大的区别在于智力的爆炸性发展。虽然动物的聪明程度远超我们曾经对它的预期，但没有一种动物能提出相对论或登上月球。然而，作为最聪明的物种，我们却正在摧毁我们唯一的家园，这让人匪夷所思。有一种充满诗意的说法，即我们的心灵深处拥有爱和同情；然而，这看起来和我们聪明的大脑毫无关联。我认为，只有把爱心、同情心和我们的聪明结合起来，

我们才能真正实现人类的潜力。

我们制造了许多亟待解决的问题，它们紧密相关，我们需要以系统的方式理解和解决它们，保罗·霍肯（Paul Hawken）在本书中对这一点进行了详尽的论述。我们必须减少贫困，改变高收入国家不可持续的生活方式，实现社会公正，提供全民医疗和教育机会。幸运的是，人们正在为这些问题寻找创新性解决方案，而这正是保罗在本书中所讨论的内容。

我曾亲身经历了很多问题。1960年，当我开始研究黑猩猩时，贡贝国家公园（Gombe National Park）坐落在一片横跨赤道非洲的森林之中，是森林的一部分。到20世纪80年代中期，它变成了一个森林孤岛，四周被光秃秃的山丘环绕。当地居民以不可持续的方式生活着。他们的农田由于过度使用遭到废弃，因此，他们开始毁林造田，同时把树木用于生产木炭。即便如此，他们还是只能勉强维持生存。那时的我意识到，如果我们不能帮助当地居民在不破坏环境的情况下找到谋生之道，我们就无法保护黑猩猩。只有保护当地环境免遭破坏，我们才能更好地保护这个物种。如果没有当地社区的参与，保护环境将无从谈起。这一切的前提，是帮助当地居民摆脱贫困。

随后，珍·古道尔研究会（Jane Goodall Institute）启动了坦噶尼喀流域造林和教育计划（TACARE），这是一种基于社区的整体扶持方法。我们选派了当地的坦桑尼亚人前往贡贝周围的村庄，询问人们我们可以如何帮助他们。他们的反应和需求很明确——耕种更多的粮食，获得更好的医疗和教育资源。借助欧盟的一笔小额赠款，我们帮助他们在不使用化学肥料的情况下恢复了土地的肥力。我们还与坦桑尼亚当地政府合作，改善现有学校，同时改善现有乡村诊所或创建新的乡村诊所。我们引入了水资源管理项目、农林复合项目和永续农业项目。利用地理信息系统和卫星图像，我们帮助农民制订土地使用管理计划。同时，我们帮助志愿者们学会使用智能手机记录村庄森林保护区的健康状况，提供奖学金使女孩能够接受中学教育，提供小额信贷项目帮助村民（尤其是妇女）创办自己的可持续性企业。此外，由于学校费用昂贵，我们向那些希望教育孩子的父母提供了家庭教育信息，这一举措反响热烈。通过这些方式，坦噶尼喀流域造林和教育计划切实促进了环境保护，增进了社会福祉。

目前，地球上有大约79亿人。在许多地方，我们对自然资源的消耗速度超过了自然补给速度。据估计，到2050年，全球人口可能高达100亿。牲畜数量也在同步增加，对土地和水的需求量将是空前的，同时会产生大量的甲烷气体。此外，随着人们摆脱贫困，他们势必会追求那些不可持续的生活方式，这是可以理解的，也是必须改变的。如果我们顺其自然，未来会变成怎样？用"严峻"这个词来形容，都显得言之过轻。

我们必须与大自然建立新的关系，确保我们的后代有能力处理我们制造的问题。有许多促进环境教育和社会公正的项目正在实施。1991年，我发起了"根与芽"（Roots & Shoots）运动，这是一项面向青年的环境和人道主义运动。目前，这项运动在68个国家拥有数千个小组，覆盖范围从幼儿园到大学。为了帮助成员理解社会和环境问题的相关性，每个小组都必须选择并参与三个领域——人类、动物和环境的项目。小组成员们通过亲身参与，逐渐意识到他们有能力实现变革。多年以来，这些运动为成千上万致力于解决野生动物贩运、居住权利、妇女权利、动物权利和歧视等各种社会问题的年轻人提供了帮助，并带来了希望。

谈到对未来的希望，我认为取决于三个方面：年轻人的活力和承诺、大自然的复原力（贡贝周围的森林已经恢复）和拯救动植物物种免于灭绝的方式，以及人类的智慧。其中后者正专注于实现人类与自然的和谐共生。

保罗以其一贯的独特方式描述了针对人类自身制造的环境和社会问题最重要的解决方案，并展示了它们是如何相互作用不可分割。《再生：用一代人的努力终结气候危机》是一本态度真诚且信息量大的书，是对那些认为为时已晚的"末日预言者"的反驳。而且，本书也道出了我的心声，即我们有一个时间窗口，有切实可行的解决办法，所有机构都可以实施这些办法，以使地球的气候恢复稳定。只有这样，我们才无愧于"智人"的称号。

珍·古道尔（Jane Goodall）

在刚果共和国的JGI Tchimpounga黑猩猩康复中心，黑猩猩孤儿库迪亚（Kudia）和奥提莫（Ultimo）互相拥抱。160只黑猩猩在该保护区得到终生照顾。

爱沙尼亚南部瓦尔加县
（Valgamaa County）
卡鲁拉国家公园（Karula
National Park）一个小
森林湖的鸟瞰图。

前言

再生意味着我们所有的行动和决策都将生命置于首要位置。再生计划不仅适用于人类、动植物、草原、农田、森林、湖泊、湿地和海洋等所有自然产物，也适用于家庭、社区、城市、学校、宗教、文化、商业和政府等社会产物。自然和人类由极其复杂的关系网络组成，没有这些关系网络，森林、土地、海洋、民族、国家和文化等也将不复存在。

我们的地球和年轻一代正在向我们展示这样一种情况：人类与自然之间的重要联系已被切断，包括自然界内部的联系，以及个人、宗教、政府和商业机构之间的联系。这种现象正是气候危机的根源，也是我们制订解决方案的基础——这个解决方案需要所有人共同参与，无论收入、种族、性别或信仰。我们生活在一个"垂死"的星球上——这句话在不久前听起来可能有些夸大其词，但地球的生物衰退正是这句话的直观反映。自然界从不会犯错，无论发生什么，地球都会恢复生机，但国家、民族和文化却未必如此。因此，如果不能将生命置于我们所有决策和行为的首要位置，那么我们的所作所为都将失去意义。

造成气候危机的直接原因有很多，包括汽车、建筑物、战争、森林砍伐、贫困、石油开采、腐败、煤炭开采、工业化农业、过度消费、水力压裂技术应用等。本质上，它们都是为增进人类福祉而创建的经济结构中的一部分，但给人类带来了损失和痛苦，造成了生命退化和全球变暖。金融界正在研究和建立全球清算体系，旨在避免追求短期财富而造成生物耗竭、贫困和不平等。

在过去的40年里，遏制全球变暖最有效的方法经常被人们忽视。燃烧化石燃料是全球变暖的主要原因，因此我们必须迅速停止这种行为，否则其他方法都是治标不治本。为了稳定气候，我们需要逐步减少二氧化碳排放并对其进行处理。应对气候危机的唯一及时有效的方法是再生各种形式的生命，包括人类和其他生物。这也是最令人信服、最积极和最包容的方式。生物退化已经把我们带到了一场不堪设想的危机边缘。为了遏制全球变暖，我们首先需要阻止全球生物退化。

我们的经济体系、投资和政策会导致世界的衰退或复兴。我们只能在"透支未来"和"治愈未来"之间做出选择。当前经济体系在有些人看来就是透支，包括掠夺、拦截、奴役、剥削、压裂、钻探、毒害、焚烧、切割、杀戮。经济活动不仅剥削了人类，也破坏了环境。全球持续衰退的原因是人类的散漫、冷漠、贪婪和无知。很多人认为，气候变化使人类必须在"拯救地球"和人类的福祉之间做出选择，但事实并非如此。再生计划的目的不仅是让世界恢复生机，更是让我们每个人都重获新生。再生计划具有深刻的内涵和意义，表达了良好的意愿和善意，充满了想象力和创造力。再生计划具有强大的包容性，能让所有人受益。它不仅意味着恢复森林、土地、农场和海洋，还意味着改造城市，建造绿色经济适用房，避免水土流失，恢复退化的土地，并为农村社区提供电力。再生计划还可以创造许多与生计相关的职业和工作——职业为人们带来美好生活，工作让我们彼此紧密相连。同时，它为人们摆脱贫困提供途径，比如有意义和有价值的社区劳动、稳定的工资。

2020年12月，伦敦格兰瑟姆研究所（Grantham Institute）的乔里·罗格尔（Joeri Rogelj）博士在政府间气候变化专门委员会（Intergovernmental Panel on Climate Change）第六次评估报告中发表了一项重要声明："我们认为，如果将二氧化碳排放降至净零，全球变暖将趋于平稳。气候将在10年或20年内稳定下来，几乎不会有气温上升，我们最乐观的估计是气温上升为零。"这是科学共识的一个显著变化。几十年来，人们一直认为，即使我们能够停止碳排放，全球变暖的势头也或将持续几个世纪。但现在气候科学表明，这是错误的——在我们实现零碳排放后，全球变暖将即时停止。

这是历史上重要的分水岭。地球是我们共同的家园，它养育了我们所有人。应对和解决气候危机需要合作和互惠，要求我们走出舒适区，激发自身最大的勇气和潜能。并不是意味着互相指责，而是要求我们相互尊重，打破隔阂，换位思考。这是勇敢无畏的行动，但和希望或绝望无关。我们揭示了一个惊人的真相：气候危机不是一个科学问题，而是人的问题。改变世界的终极力量不是技术，而是对我们自己、所有人以及所有生命的敬畏、尊重和同情——这就是再生。

再生计划的目的是用一代人的努力结束气候危机。结束气候危机并不意味着全球变暖的问题得到彻底解决——这需要上百年的时间。结束气候危机意味着到2030年，人类的集体行动将使温室气体排放总量减少45%至50%。然而，在撰写本书时，我们的温室气体排放量还在增加。

为实现政府间气候变化专门委员会2018年10月发布的《全球升温1.5摄氏度特别报告》（*Special Report on Global Warming of 1.5℃*）中提出的目标，本书及其配套网站提出了一条解决之道。该报告呼吁在未来20年内每年将全球温室气体排放量从2010年的水平减少45%至50%，以避免全球气温上升超过1.5摄氏度。关于这场气候危机，最常见的问题是：我该怎么办？个人或组织如何在最短的时间内对气候紧急情况采取最有效的措施？大多数人不知道该做什么，或者认为他们的行动无济于事，但我不这么认为。

与其他方法不同的是，我们扭转气候变化的方法是基于再生的思想。当然，对于其他策略和计划，我们并不反对。我们的想法很简单：世界上大多数人仍然没有参与到气候变化运动中，我们需要找到一个办法改变这个局面。与应对气候变化、对抗气候变化或缓解气候变化相比，再生计划更具包容性，也更有效。再生意味着创造、构建和治愈，这是地球上的生命体一直在做的事。我们人类也是生命体，再生涵盖了我们全部的生活方式和行为。

我在本书最后提到了"行动+连接"（Action + Connection）的解决方案，并介绍了该解决方案的细节；该方案考虑了规模化和增长，以实现气候科学家和20年内碳排放减半的目标。本书提出的所有解决方案都具备可行性，但需要广泛参与。如果你觉得这些有帮助，欢迎你先阅读本书的结尾。

框架

以下内容是解决气候危机的六个基本行动框架。它们在许多方面有所重叠，然而，每个类目都包含多个层次的发现、创新和突破。"行动+连接"部分介绍了一些富有想象力和有效的方式，可以让社区、公司、学校等发挥作用。今天阻碍我们前进的并不是缺乏解决方案，而是对可能发生的事情缺乏想象力。如果你感到悲观或挫败，请阅读本书的部分内容或全部内容，尤其要看结尾部分，它可能会改变你的想法。

公平

公平是最重要的，因为所有需要做的事情都必须以公平为基础。公平体现在社会制度层面，决定了我们如何对待彼此、如何对待自己以及如何对待世界。如果我们要解决气候危机，我们需要给予社会系统与生态系统同等程度的关怀、关注和善意。它们之间虽然存在差异，却又密不可分。环境状况准确地反映了我们对不同文化、信仰和肤色的人的暴力、不公正、不尊重和伤害。正如珍·古道尔在序中指出的那样，我们可以通过帮助人们创造更好的生活来拯救森林和物种。

减排

改变全球温室气体排放现状的方法说起来简单做起来难：停止将它们排放到大气中。它蕴含着巨大的经济机会。导致碳排放的化石燃料的消耗量十分惊人——全球每天燃烧1亿桶石油、213亿千克煤炭和100亿立方米天然气，每年排放340亿吨二氧化碳。我们对煤炭、天然气和石油的依赖很严重，完成能源替代是一项艰巨的任务。减排还包括减少由粮食生产加工、森林砍伐等行为导致的碳和甲烷排放。风能、太阳能、储能和微电网等可再生能源项目的实施对这类减排至关重要；幸运的是，这些项目进展顺利。此外，减少能源和材料的使用同样重要，而这一点经常被人忽视。对应的减排方案包括电动汽车、微型交通、零碳建筑、步行城市、电气化建筑、减少食物浪费和生态系统保护，这一点我在下面会详细介绍。

保护

在这里，这个词与保存、保卫和尊重是同义词。在本书中，你会读到关于传粉昆虫、野生动物走廊、海狸、栖息地、生物区、海草、野生动物迁徙和放牧生态学的内容，这些主题看似与解决气候危机没有直接关系，但它们对于我们保护和强化的生态系统至关重要。陆地生态系统分布于林地、泥炭地、湿地、草原、红树林、潮汐盐沼、农田和牧场中，共储存了33 000亿吨碳（包括地面以下和地面以上），大约是大气中碳含量的4倍。我们需要这些区域把碳保存下来。然而，部分区域每年都会退化、转变甚至消失。虽然这部分比例很小，但是会逐渐累积。当某些区域生态系统被破坏甚至崩溃时，地下和地上的植物和微生物就会死亡，从而排放二氧化碳。如果我们失去10%的陆地生态系统，这些排放出来的二氧化碳可能会使大气中的二氧化碳含量增加

0.01%。保护意味着维持生态系统的健康，让更多的碳处于被储存的状态。当一个生态系统被破坏后，栖息在那里的所有生物就会失去家园，这是导致物种灭绝危机的主要原因。反之，如果失去了生活在森林、湿地或草原的物种，这些生态系统也会崩溃。蜂鸟、鹰蛾和鲨鱼的存在看似与气候变化无关，但事实恰恰相反。生物多样性、人类、土地、文化、海洋和气候密不可分。

固碳

自然界的碳循环系统已经运行了数亿年。碳通过排放进入大气后，又被陆地生态系统吸收。森林、陆地植物和浮游植物吸收二氧化碳并将其转化为氧气和有机物。大约25%的碳排放被海洋吸收并进入鱼类、海带、鲸、贝壳、海豹体内，但剩下的大部分转化为碳酸，正在慢慢杀死海洋生物并导致海洋生态系统崩溃。人类可以通过再生农业、有管理的放牧、植树造林、恢复退化土地、重新种植红树林、恢复湿地和保护现有生态系统来进行固碳。"净零排放"是一个经常使用的术语，然而它并不是终点，而是世界开始将大气中的碳水平降低到工业化前水平的起点。

引导

引导包括法律、法规、补贴、政策和建筑规范。例如，与其号召大家停止使用塑料袋，不如禁止大家使用一次性塑料袋。当我们努力反省自身的行为时，我们会深入了解过程、产品和服务的退化原因和源头。我们无法解决下游的污染或塑料降解问题，因为根本原因在上游，而这正是需要引导的地方。这方面可以从学校、城市或企业的采购政策和习惯切入。对于个人来说，可以通过给政府机构和行业协会发送信件、电子邮件或者信息的形式施加影响力，这可能意味着与市议员、州立法人员、州长、总统和国会议员或议会议员交流或发送信件。我们还可以采取抵制和抗议的形式。虽然每个人的声音很有限，但星星之火可以燎原，当有更多的人加入时，情况就会发生变化。

支持

几乎在气候、社会公正和环境等每一个领域，都有一些组织在努力奔波，他们率先掌握了相关知识，建立了网络，成为最有效的变革推动者。本书最后的"行动"部分提供了一份清单，列出了世界各地正在实施再生计划的组织，包括在资源受限的条件下努力工作的领导者，以及投身再生计划活动的工作人员，有些活动即便是政府或者大企业都未曾涉足。这份清单包含了"地点""生态系统""物种""社会公正""食物""污染""水"等词语，方便你快速检索，以确定你想要提供帮助的地理位置和区域。

气候危机并不等同于全球变暖。全球变暖究竟会对地球上的生命造成什么影响，这个问题一直让科学家感到困扰。大气温度的变化、洋流的变化和极地冰川融化都可能引发气候失控，从而迅速达到破坏的临界点，可能的后果包括热带地区出现更频繁的干旱，把世界热带雨林变成易燃的稀树草原。洋流的变化将极大程度地改变世界各地的天气和农业。火灾和害虫可能会迅速增加，进而导致北方森林的消失。海洋温度升高会导致海水酸化，进而导致世界上所有的珊瑚礁死亡。南极思韦茨冰川（Thwaites Glacier）的加速融化将导致海平面上升近1米，北极永久冻土的融化会释放大量的二氧化碳和甲烷。即使绞尽脑汁，我们也难以想象这些事件

印度泰米尔纳德邦（Tamil Nādu）的一群幼年斑点猫头鹰（Athene brama）。

会对家庭、城市、经济、公司、食品、政治和儿童产生怎样的全部影响。当然，对于某些人可能并非难事——在10 000年前就存在文明的北极地区，目前生活着20多个民族，包括因纽特人、尤皮克人、楚科奇人、阿留申人、萨米人、涅涅茨人、阿萨巴斯卡人、格维钦人和卡拉利特人，他们曾经直接而迅速地体验到北极融化带来的影响。

尽管气候预测可能准确无误，但它们可能会掩盖另一个重要的事实，即人们并非只能坐以待毙，而是可以主动参与一些减缓、遏制和预防气候危机的运动。虽然每个人的行动微不足道，但只要参与的人足够多，就能产生比较好的效果。结束气候危机意味着社会的碳排放在2030年之后方能够稳步下降，并在2050年之前实现净零排放。换言之，这需要到2030年时将碳排放减半，然后到2040年时再次减半。气候运动目前的增长速度令人吃惊，成千上万的团体组织、教师、建筑师、农民、本地居民和领导人知晓该运动并积极参与，但参与者仍然只占世界人口的一小部分。更多的人需要意识到，他们可以通过共同努力来阻止全球变暖的进一步恶化。

人人都是阻止气候危机的代理人。从逻辑上讲，这似乎是无稽之谈——每个个体显然无力应对全球变暖的趋势。如果我们提出过去的机构应该或将为我们做这件事，这听起来很合理。在解决气候危机的过程中，个人行为和政府政策哪个更关键，这个问题一直存在争议。无论怎样，我们需要社会各个阶层的共同参与。

计算自己的碳足迹很有意思，但再生计划提出了另外一种更广泛的计算策略：把自己看作一个个体是一种自我认同，身为个体的人类与其他人类和外在世界正在发生持续的、功能性的密切联系。当我们审视自身的网络时，我们每个人都是多维的。我们有不同的技能和潜力，包括分享、选举、展示、教导和保护，我们还可以通过多种方式帮助领导者、邻居、同事、公司、城市和政府意识到气候危机并采取行动。

担心自己不是专家？几乎所有人都不是专家，但我们具有足够的知识：我们知道温室气体如何使地球变暖，我们正在经历更剧烈的气候波动和极端天气，我们知道碳排放的主要来源。我们希望获得稳定的气候、安全的粮食、纯净的水、清洁的空气，以及持久的未来——持久到我们可以成为祖先。我们所处的情况各不相同，文化、家庭、社区、土地、职业和技能因人而异。此时此刻，谁能比你更清楚该做什么呢？

然而，解决气候危机是一种有违人类自身利益的行为，人类并没有足够的意愿去完成，我们的大脑也不支持这个工作。毕竟，未来的生存威胁只是一个抽象的概念，气候变化和战争之间也没有直接联系。试想一下，谁会在早上醒来对30年后碳排放下降或达到净零排放感到兴奋？大多数人无视关于气候的头条新闻，这是有充分理由的。绝大多数人关注的是当前生活中的麻烦，而不是30年后的困境。另外，人类尤其擅长联合起来解决问题，前提是这些问题给我们带来的威胁迫在眉睫，比如即将到来的龙卷风、飓风或洪水。让大部分人类参与应对气候危机的运动是违反直觉的，因此，为了遏制全球变暖趋势，我们需要将这个问题转化为人类当前的需求，而不是想象中的反乌托邦未来。

如果我们想引起人类对某件事情的关注，就需要让人类感到这件事值得关注。如果我们要拯救世界免受全球变暖的威胁，就需要让人类感受到当前全球变暖对自身的威胁。如果我们不能把所有人一并考虑，我们就不可能解决气候危机。如果基本人权和物质需求无法得到满足，所有的努力毫无意义。如果不能让个人或家庭及时受益，他们将失去耐心。人类需求和保护生态系统之间往往会相互冲突，例如，维持生物多样性会导致一些贫困地区或经济不发达地区的人们遭遇贫困，保护森林将会导致一些贫困地区或经济不发达地区的人们面临饥饿。事实上，人类社会和自然界的命运虽然不尽相同，但也密不可分。社会公正不是社会危机的解药，不公正却是社会危机的原因。让每一个儿童接受教育，向所有人提供可再生能源，消除食物浪费和饥饿，确保性别平等、经济平等和机会共享，认识到自身的责任，并愿意为过去的错误行为做出补偿——这些行为以及更多的类似行为，是改变当前人类发展面临的不利趋势的核心，解决气候危机是其中的一个结果，而提升人类健康水平，保障人类安全，增进民生福祉，实现世界的公正，才是最终的目的。

这需要全世界的共同努力。这种努力并非自上而下，而是从个体自身开始；虽然每个人都只能发出微弱的光芒，但只要足够多的人加入进来，最终会照亮整个世界。而且在这个过程中，我们只能自力更生，不能依赖别人。地球上最复杂、最有效的应对气候危机的武器是人类的内心、头脑和思想，而不是太阳能电池板。因此即使面临气候危机制造的难题，我们也能够有自己的应对之道。近年来，人们对气候变化的理解和重视速度增长之快，甚至可以用"飙升"来形容。气候变化对于我们来说已经不只是一个概念，我们已经具备足够的经验来应对它。随着气候变化越来越具有破坏性，以及人们重视程度的增加，应对气候危机的运动可能会成为人类历史上规模最大的运动。当然，在此之前，我们需要付出几十年的努力。

从地球的角度来看，否认气候问题的人和理解气候问题却无所作为的人没有区别。如果你正在采取行动，而其他人无动于衷，你很可能也会自我怀疑。一般认为我们开始改变的首要原因是周围的人正在改变，即他人的改变带动我们做出改变。但斯坦福大学神经学家安德鲁·休伯曼（Andrew Huberman）的研究颠覆了"信念决定论"的观点：不是信念改变我们的行为，而是行动改变我们的信念。你相信你有时候无能为力吗？合乎逻辑。你会对未来感到恐惧吗？可以理解。你对气候变化感到压力吗？你很明智。然而，压力是你的大脑给你的一个信号，它在敦促你采取行动。你的行为不仅会改变你自己的信念，甚至也会改变其他人的信念。

当蜜蜂中的侦察蜂发现大量的花朵和花蜜时，它们会返回蜂巢，并在蜂巢入口处跳摇摆舞，以此来传递关于开花的植物或树木的精确方向和距离信息。摇摆幅度越大，花蜜的来源就越丰富。一旦工蜂看到了舞蹈，它们就会获得必要的信息并直接飞向花蜜源头。现在是时候让人类根据他们的知识、位置和决心创造独特的"摇摆舞"了。对于当前的情况，还有一种说法：地球是人类的老师，正在给人类上课。而本书的内容，正是上课用的讲义。

辛杜·乌马鲁·易卜拉欣（Hindou Oumarou Ibrahim）倡导将传统知识与科学技术结合，提高原住民妇女在影响地球未来的政策和实践中的作用。

气候变化和全球变暖有区别吗？

全球变暖仅仅是指由于大气中温室气体的增加而导致地球大气层、陆地和海洋中热量的积累。气候变化的概念更宽泛，涵盖了一系列的变化，包括降雨模式的变化、干旱、冰川融化和洪水，而这些变化的部分原因正是由于大气温度升高和水汽含量增加导致的。

地球已经变暖到何种程度？

2021年，地表平均温度比工业化前的平均温度高1.2摄氏度。自20世纪80年代以来，地表平均温度每十年增加0.18摄氏度。

全球变暖的预测准确吗？

目前，全球变暖的程度与30年前做出的科学预测相符。然而，科学并没有预见到气候变暖的全部影响。极地冰层融化速度、海平面上升速度和干旱强度都超过了原有的预测。

我们什么时候发现了全球变暖的现象？

1824年，法国物理学家和数学家约瑟夫·傅里叶（Joseph Fourier）发现了大气气体如何捕获热量并调节大气温度。 1856年，美国物理学家尤尼斯·牛顿·富特（Eunice Newton Foote）发现二氧化碳在大气气体中具有最大的升温潜能。1859年，爱尔兰物理学家约翰·丁达尔（John Tyndall）首次提出了温室效应的概念。1896年，瑞典科学家斯万特·阿伦纽斯（Svante Arrhenius）证明，二氧化碳的增加主要来自工业，50%的增加将使全球气温升高5摄氏度至6摄氏度。如果没有温室气体，地球将是一块冰冻的岩石，我们所知的生命将不复存在。随着二氧化碳排放的增加远远超出人类文明所经历的水平，它实际上是在为地球提供双层玻璃——让更多的热量得到吸收，同时更少的热量逸散到太空中。

大气中有多少二氧化碳和其他温室气体？

大气中的二氧化碳含量为0.0419%，自工业时代开始以来增加了50%。除此以外，还有其他温室气体，包括甲烷、一氧化二氮和制冷剂气体——其中最重要的是甲烷，因为它最为普遍，影响力也最大。它们的全球变暖能力通常以二氧化碳为基准进行衡量。在本书中，我们通过与100年来的二氧化碳（我们称之为"二氧化碳当量"）相比来描述这些温室气体的全球变暖能力。如果将这些气体计算在内，大气中二氧化碳的当量水平为0.05%；这是地球2000多万年来的最高水平。

碳和二氧化碳有什么区别？

碳是一种元素。当碳原子与两个氧原子结合时，就会生成二氧化碳分子。在大气中，碳含量以二氧化碳的形式测量。在土壤和植物中，它仅以碳的形式测量。1吨碳可以转化为3.67吨二氧化碳。

地球上有多少碳？

地表及其附近大约有121拍①吨碳。约三分之二（78拍吨）以石灰石、沉积物和化石燃料的形式存在。在剩余的碳中，41拍吨位于深海和近海，3 300吉吨位于陆地，只有885吉吨以气态二氧化碳形式存在于大气中。

1吉吨二氧化碳有多少？

1吉吨是10亿吨。1吉吨的冰块大约是一个长度为1千米的立方体。全世界每年燃烧7.7吉吨煤，每千克煤平均排放1.87千克二氧化碳，共产生14.5吉吨二氧化碳。

怎样才能扭转全球变暖？

关于全球变暖，我们可以做三件事：持续减少和停止二氧化碳净排放；保护和恢复森林、湿地、草原、盐沼、海洋和土壤中大量的碳储存；通过固碳方式将大气中的碳吸收回来。

什么是固碳？

固碳是通过光合作用从大气中吸收二氧化碳，并将其中一些储存在土壤、植物中。当二氧化碳被植物吸收时，植物会将氧气释放到空气中，并将碳和水合成为糖类，为植物、根系和底层土壤生物提供养分。几乎所有的生态系统，包括草原、海藻场、红树林、森林和泥炭地，都在积极地固碳。目前正在开发一些人工方法来固碳，比如从空气中直接捕获，但要确定这些技术在大规模使用时是否经济可行，现在还为时过早。

什么是《巴黎气候变化协定》？

联合国每年在世界各国轮流举行联合国气候变化大会（COP），讨论应对全球气候变化的行动。2015年，在巴黎举行的第21届联合国气候变化大会通过了一项协议：协议缔约方承诺减少温室气体排放，以将全球变暖控制在1.5摄氏度以下。这就是《巴黎气候变化协定》。

根据《巴黎气候变化协定》的安排，目前的进展怎样？

在签署协定的国家中，只有8个国家符合2摄氏度的初始目标，只有2个国家符合1.5摄氏度的限制目标——摩洛哥和冈比亚。没有一个七国集团[2]国家——美国、加拿大、法国、德国、意大利、日本或英国——达到或接近《巴黎气候变化协定》设定的目标。

---

①   1拍 $=1 \times 10^{15}$。——编者注

②   七国集团：主要工业国家会晤和讨论政策的论坛，成员国包括七个发达国家。——编者注

塔吉尔峡谷（Thakgil Canyon）位于冰岛南部，被冰川、河流、冰洞、黑沙滩和一些最好的徒步路线环抱。

目录

海洋

简介

尽管人类只涉足了很小一部分海洋，但还是有10%的人口直接依赖渔业，另有30亿人口从海洋获取至少20%的蛋白质。然而，大多数人并没有意识到，由于全球变暖和严重污染，海洋承受了人类活动对地球的最大影响，正在发生快速的变化。

受温度升高、酸化、掠夺性捕捞以及不受控制的污染（包括化学污染和塑料污染）的影响，海洋生态系统已经遭到破坏。海洋是地球上最大的碳库，其碳含量是陆地生态系统的12倍，是大气的45倍。海洋吸收了93%的新增大气热量和25%的二氧化碳排放。当大气中的二氧化碳溶解在海水中时，pH（指溶液的酸碱度）会降低，导致海洋温度升高和海洋酸化。酸化会从水中去除碳酸根离子，而许多生物正是依靠这种离子来生长外壳，包括一些对海洋固碳能力至关重要的浮游植物。同时，海洋继续作为"碳库"和"热库"的能力即将达到极限。在很多地方，海水已经成为"热源"，使大片地区的温度高于其历史温度。2020年，从加利福尼亚海岸向西延伸的一块面积相当于加拿大面积的土地，其温度相较历史同期升高了约4摄氏度。海洋温度升高会显著减少饲料鱼类数量，并导致大量海鸟和海洋哺乳动物搁浅。它还可能导致大量珊瑚白化，同时引起浮游植物分布的变化。

海洋已成为最大的"污染物仓库"。80%的海洋塑料污染来自陆地，其余部分来自航运、捕鱼、钻探和直接倾倒等海上活动。沿海水域遭受数千种不同类型的污染，包括工业化学品、石油和水力压裂废物、农业径流、杀虫剂、药品、未处理的污水和处理过的污水、重金属以及来自城市径流的街道废物。每年有多达1 200万吨塑料垃圾进入海洋，其短期和长期影响尚未得到充分的认识。

海洋和大气密不可分。在两极地区，水的温度更低，因而可以溶解更多的二氧化碳，同时也具有更高的盐度和密度。通过一个被称为"深水形成"的过程，富含二氧化碳的高密度水可以下沉到海洋的最深处。随后，洋流将这些水和二氧化碳一起带到海洋的各个角落。洋流中遍布相互关联的生命，它们消耗二氧化碳，使其循环并最终封存。在这个过程中，首先消耗二氧化碳的是海洋表面的浮游植物。通过光合作用，这些微小的植物利用阳光将水和二氧化碳结合起来，为复杂的海洋食物网络奠定了基础。浮游植物是从微小的浮游动物到虾和鱼等小型动物的食物来源，小型动物被较大的动物吃掉，这种方式使碳在海洋生态系统中循环。

虽然所有海洋生物都含有碳，但浮游植物最为突出。在全球范围内，它们存储了5亿吨至24亿吨的碳，几乎相当于所有树木、草地和其他陆地植物吸收的二氧化碳总量。虽然大多数浮游植物作为食物被消耗掉，但也有一小部分浮游植物死亡后沉入海底，成为海底沉积物，实现了碳的长期封存。浮游植物和一些微型动物虽然体形较小，但正是通过它们，才能将绝大部分碳转移到深海，从而长期清除海洋和大气中的碳。

海洋动物在海洋碳循环过程中也发挥着至关重要的作用，它们在体内积累碳，并在呼吸、排泄和死亡时释放碳。有些物种，如鲸，在体内积累大量的碳，最终在死亡时沉入海洋深处。此外，当这些巨型动物排便时，形成的营养物质和碳会为食物链底端的浮游植物和其他小动物提供食物，从而进一步从水和大气中去除碳，并延长碳在海洋中的生命周期。

目前，人们对海洋的大部分关注点在于怎样保护海洋避免退化、污染和酸化——这些情况每年都在增加。在本节中，我们将探讨如何通过再生的方法保护海洋，同时满足人类的需求。因为海洋覆盖了地球71%的面积，所以这些举措将影响全球。在这个过程中，当务之急是停止将海洋用作垃圾场。

其次，我们需要创建海洋保护区——禁止在该区域进行捕鱼、采矿、钻探和其他形式的开发。当海洋的关键区域得到保护，渔业就会反弹——不仅在保护区内，而且在保护区周围和以外的水域。通过减少开发，让海洋固有的再生过程可以顺畅地运转，我们最终能够让更多的鱼类、海带、浮游植物和贝类生存下来。此外，还有一个正在兴起的运动，即以耕耘者、播种者和管理者的身份重新面对海洋，与海洋系统进行再生互动，这种方法不仅可以实现固碳，还可以恢复沿海水域，同时养活数十亿人。

海洋保护区

几千年来，很多原住民族依靠海洋为生。太平洋群岛的文明建立在健康的珊瑚鱼群之上，海峡群岛的丘马什人把大量的鲍鱼作为食物，阿留申人以白令海的海洋哺乳动物为生。当西班牙人第一次到达加勒比海时，许多游泳的海龟撞到了他们木船上的外壳，船长们将其视为一种危险信号，并在日志中记录了这种撞击声。1494年，在意大利人克里斯托弗·哥伦布（Cristoforo Colombo）第二次航行的过程中，安德烈斯·贝纳尔德斯（Andrés Bernáldez）留下了如下记录："这些船只似乎会在海龟上面搁浅，仿佛在其中沐浴。"1497年，当意大利威尼斯探险家约翰·卡伯特（John Cabot）在加拿大大浅滩（Grand Banks of Canada）捕鱼时，水手们把装满石头的柳条篮子扔到了海里，当他们把这些篮子拉上来时，里面有鳕鱼在扭动。当荷兰人第一次来到纽约时，巨大的牡蛎礁保护着纽约。直到20世纪初，牡蛎在一周内可以过滤并清洁整个切萨皮克湾。现在，随着牡蛎的消失，化肥径流和猪粪污染了水域，切萨皮克湾的海水已经变得有毒。曾经，盐沼阻止了新奥尔良南部的飓风，红树林避免了整个南亚的海啸，雪花石膏珊瑚城堡创造了强大的生态系统，覆盖了从昆士兰海岸的蜥蜴岛到南加勒比海的博奈尔岛的浅水城市。如今，海龟、鳕鱼和珊瑚已经遭到严重破坏或消失不见。当然，

———————
夏威夷绿海龟（Chelonia mydas）挤在海边的一个小洞穴里晒太阳。除了夏威夷群岛和厄瓜多尔的科隆群岛（加拉帕戈斯群岛），海龟在岸上休息是一种罕见的行为。

数百年，这也许是目前海洋保护区最重要的功能。

并非所有的海洋保护区都一模一样。有一些是为了增加其边界以外的鱼类数量，我们称之为"溢出"；还有一些沿海保护区，主要用于碳的吸收和封存。近岸沿海地区的保护区（绿海）与开阔海域或蓝色海域的保护区有所不同。通过广泛的实验，科学家得出结论，如果到2030年可以保护地球上30%的海洋——即所谓的"30×30方案"，那么鱼类数量将更多，更多二氧化碳将被吸收和封存，浮游植物向陆地生物提供的氧气含量将增加（人类呼吸所需要的氧气有一半来自海洋）。

在海洋或沿海水域设立保护区的想法自提出以来，一直进展缓慢。直到1966年，才首次出现了一场保护海洋的联合运动。原住民族对当地海洋资源实行社区管理已有数百年，甚至数千年。例如，美国夏威夷州和帕劳共和国都颁布了限制规定，对特定季节的某些鱼类的捕捞进行了限制，确保鱼类种群数量维持在健康水平，以支持社区可持续发展。然而，到21世纪初，约90%的大型掠食性鱼类已经从全球海洋中消失，30%的鱼类资源被过度捕捞，已经达到生物学上不可持续的水平。海洋保护区意味着不允许在该区域进行捕鱼、炮击或工业活动，如海带种植或采砂。这一想法简单粗暴，极具争议，但确实发挥了作用。它没有挽救鲍鱼或加州拟沙丁鱼，因为这超出了当前生态系统的能力范围。但对于其他物种，它们的卵、幼虫和鱼苗可以在海洋保护区中繁衍生息。令几乎所有反对保护区的渔民感到惊讶的是，保护区外的渔业得到大幅改善。类似的改进还包括直接禁止滥杀滥捕技术，将保护区外以及国家领海内的刺网捕鱼和延绳钓等捕捞做法认定为非法行为。

建立一个成功的海洋保护区有哪些关键要素呢？首先，要严格实施禁捕规定。如果允许捕鱼或开采，生态系统就会遭到破坏，甚至出现崩溃。保护鲨鱼和海獭等重要物种有助于建立海洋平衡和秩序。目前，公海缺乏法律管制，只要有能力，谁都可以捕捞。所以，除非得到严格保护，否则近岸保护区对偷猎者来说形同虚设。我们需要减少大型捕鱼船队的数量，并严格监视捕鱼活动，确保遵循最佳实践要求。保护区的禁捕政策在富裕国家比较容易实现，因为这些国家在资金投入和政府监管方面具有优势。而在一些已经出现过度捕捞的村庄和地区，发展替代产业也可以帮助恢复当地的可持续性。例如，在墨西哥太平洋沿岸的卡波普尔莫（Cabo

如果是一个孩子戴着呼吸面罩在海底度假，他会发现海底世界似乎仍然很奇妙，并为此感到兴奋。但与过去相比，很多东西已经不复存在。这种现象有一个名字——"改变基准"。今天看起来鲜活而神奇的东西，与过去欧洲人或原住民族所看到和接触到的东西相比，根本不值一提。这种现象也适用于我们对"正常"气候的看法。

海洋保护区（MPA）保护着海洋和海岸中广阔的未开放区域。这些区域一旦开放，也会面临过度捕捞和生态破坏。海洋保护区增强和恢复生物多样性，确保从鲨鱼到海草等多个物种可以在同一个生态系统共生。如果规划和执行得当，它们可以保护城市免受风暴潮、飓风和海平面上升的影响，并保护海洋避免进一步酸化。此外，海洋保护区的植物和动物可以吸收碳并将其封存

Pulmo）保护区，当地渔民向政府请愿，要求把该区域列为禁捕区，最终取得了惊人的成果。保护区内鱼类的总重量增加了4倍多，保护区外的捕鱼业也有了很大的改善。同时，保护区也为许多当地居民提供了海岸巡逻和维护的工作——这种情况与非洲的公园护林员很相似，当地旅游业也得到了快速发展。这种项目能够取得成功，得益于当地投资以及所有利益相关者的共同参与。菲律宾和加蓬的一些地区也曾实施过类似的项目。

其次，保护区的面积大小也很关键。要想获得成功，保护区面积至少应大于100平方千米。如果面积过小，鱼类、鱼苗和幼虫往往很容易迁徙至保护区以外区域，保护区也就失去了意义。同时，如果保护区四周被深水或沙滩环绕，效果会更好。

再次，要确保保护区的保护时间，10年是最常见的修复期。海洋保护区有助于产生和扩大海洋碱度，从而抵消由大气中的二氧化碳引起的海洋酸化的影响。地球上最丰富的脊椎动物恰好是生活在海平面以下180米至3 300米的鱼类，这一范围被称为中层带。这些鱼类白天生活在中层带底部以避开捕食者，然后在晚上集体浮出水面进食，食物包括浮游生物和其他小型生物。这些鱼类在呈碱性的胃中深度消化食物，但当它们上升到水面时，会以方解石晶体的形式排出，从而抵消海洋表面的酸度。科学家称其为"碱度"或"生物泵"。由于这些鱼类储量巨大，在公海航行的工业船队现在正将其作为捕捞目标。如果在公海建立海洋保护区，这些鱼类将继续帮助减少海洋酸化。这是一个复杂、迷人且近乎神奇的过程，数十亿条深海中的小鱼精心设计的这种生物泵，正在帮助调节海洋的pH，保护我们的星球。而绝大多数人，并不知道这些鱼类的存在。

最后，海洋保护区大量减少碳排放，没有什么植物比巨藻（Macrocystis pyrifera）更能吸收碳。巨藻是我们在自然界经常看到的大型褐藻，海豹在摇曳的树枝间嬉戏，追逐鲜亮的橙色雀鲷，让它们躲进石窟。巨藻的生长速度很快，在理想条件下每天可以生长超过0.6米。海洋保护区还保护沿海的海草。尽管海草草甸在世界海洋面积中所占比例不到0.1%，但它们每年吸收大约10%的海洋沉积物中的碳。沿海红树林每平方千米吸收的碳是热带森林的2倍。因此，我们需要在保护区禁止采砂、采油和铺设天然气管道、养虾和采矿活动，所有这些活动都会破坏红树林、牡蛎床、盐沼、海草床和

海带，而这些植物会吸收和封存大量的碳。

包括水产养殖在内，公海海产品产量不到全球海产品总产量的2.4%，或仅占全球海洋鱼类总捕捞量的4.2%，主要是金枪鱼、巴塔哥尼亚牙鱼、长嘴鱼等。这些鱼主要由来自中国、日本、韩国和西班牙的大量补贴船队捕获，最终几乎都运往日本、美国和欧洲等食品安全国家的奢侈品市场。捕捞船队在捕捞过程中需要燃烧大量化石燃料。有明确的证据表明，如果禁止在公海捕鱼，靠近海岸的渔获量将增加，总体收益更大。

随着人们越来越意识到海洋保护区的价值，海洋保护区的比例已从2000年的0.7%增加到2020年的5%至7%，增长了10倍（相比之下，陆地保护区的比例为15%）。目前，海洋保护区的面积与北美洲的一样大，数量超过15 000个。美国最大的海洋保护区是位于夏威夷群岛西北部的帕帕哈瑙莫夸基亚国家海洋保护区（Papahānaumokuākea Marine National Monument），占地150万平方千米，比美国所有陆地国家公园的总和还要大。该保护区保护着原始珊瑚礁和岛屿之间的深水。菲尼克斯群岛保护区（Phoenix Islands Protected Area）是世界上最大的海洋保护区之一，由基里巴斯共和国负责建立。此外，每年都有另一个国家进行管理，包括帕劳、法国、阿根廷、智利、秘鲁、加蓬。这项活动是由海洋学家恩里克·萨拉（Enric Sala）创立的"原始海洋项目"所发起。当萨拉还是斯克里利斯研究所（Scripps Institute）的教授时，他意识到他的科学论文本质上是海洋的"讣告"。他辞职并创立了由国家地理学会赞助的"原始海洋项目"，该项目已将500多万平方千米的海洋划为原始保护区。每个保护区都有独特而具体的保护目标。在完全受保护的保护区内，鱼类和海洋生物的数量是用于评估保护有效性的指标之一。

设立海洋保护区是一种技术含量低、成本效益高的方式，既可以用于固碳，也可以保护和改善世界海岸线。世界海岸线的长度约为60万千米，居住着世界总人口的三分之一。我们设立的"到2030年保护30%海洋"的目标，可以达成一个"三赢"的局面：产生更多的野生鱼类用于养活不断增长的人口、恢复生物多样性以带来应对气候变化的能力以及固碳。

厄瓜多尔科隆群岛，成群结队的杰氏离鳍石鲈（Xenocys jessiae）和两条加拉帕戈斯鲨鱼（Carcharhinus galapagensis）。

海洋造林

当你穿上潜水装备，潜入蒙特利湾遍布岩石的沿海水域时，光线在几米深的地方暗淡下来。你已经置身于巨藻叶子的阴影中，它们以"慵懒"的起伏软化了洋流。这些叶子从近百米长的茎上分枝出来，茎是巨藻的叶柄——相当于树干。透过面罩，这些茎看起来像是从海底通往天空的绳索。

海洋固碳的速度超过亚马孙最茂盛的地区。巨藻是一种可以形成棕色森林的"大型海藻"，这种生物包括14 000种褐藻，同时也包括红藻和绿藻。寿司中的紫菜和海藻沙拉中的裙带菜就是绿藻。每年，1平方米健康的巨藻可以从大气中吸收超过9千克的二氧化碳。而在一天之内，蒙特利湾的巨藻可以长到近一米那么长。

不仅如此，海洋森林固碳与陆地森林固碳之间存在重要的区别。在陆地上，大部分碳最终通过树叶和木材的分解返回到大气中。海洋森林则会发生有机碳小颗粒的脱落或有机碳的溶解，就像人类皮肤脱落一样。因此，海洋森林可以被比作"碳传送带"，输出的碳最终会坠落到海洋深处，在数百年或数千年内都不会产生温室效应。增加海洋森林覆盖率可能会在相关区域内恢复这一自然过程，而且比在陆地上种植植物具有更大的降

低碳排放的潜力。

我们的目标是通过海洋造林行动，让巨藻森林重现过去的盛况。在美国西海岸的许多地方，人们在过去几十年中见证了两次连续的巨藻森林大破坏。第一次大破坏发生在20世纪上半叶的工业化农业实践期间。从1850年至1900年的美国大地测量（Geodetic Survey）地图显示，巨藻的第一次大规模破坏与工业化农业的兴起时间相吻合，起因是流入海洋的淤泥和径流增加，阻止了幼年巨藻在更深的水域生长。第二次大破坏发生在海洋变暖的过去10年中，首先是来自阿拉斯加的大片温暖海水抑制了加利福尼亚洋流的上升流，随后是2015年至2016年有记录以来最大的厄尔尼诺现象。这种上升流切断了巨藻的营养供应，温暖的海水也加速了海胆的新陈代谢。以上综合效应使从加利福尼亚州北部到圣巴巴拉的大部分巨藻森林变成了"巨藻荒地"。之所以这些栖息

大堡礁是唯一从外太空可以看见的生物结构。它是1 500种鱼类、4 000种软体动物和100种海藻的家园，是地球上生物多样性最丰富的环境之一。由于海洋酸化和变暖，它正在消亡。海洋海藻平台的大规模注入可能会扭转它的消亡。

地得此恶名，是因为海胆这种多刺生物扮演着海洋伐木工人的角色，它们啃掉巨藻的根部，将巨藻从海底剥离并使巨藻随波漂流，最终失去生命。

几十年的生态学研究表明，海獭的消失也导致了巨藻的消失。海獭是鼬科动物家族中最可爱的成员，它们拥有动物王国中最厚、最柔滑的毛皮——每平方英寸有近一百万根毛发。这些毛皮被称为软黄金，非常珍贵。在1741年至1911年的"大狩猎"活动中，人们贪婪地捕获这些毛皮。数十万只海獭被来自俄国、西班牙和美洲原住民的猎人杀死并出售。狩猎探险队的据点遍布太平洋沿岸，从阿拉斯加附近的阿留申群岛到加利福尼亚州圣巴巴拉，使全球海獭数量减少到不足2 000只。受气候变暖和海洋热流的影响，海胆的食欲大增，新陈代谢速度也变得更快。在失去了天敌——海獭的情况下，太平洋西北部的海胆数量激增，壮丽的巨藻森林被海胆摧毁。

确保海獭数量的恢复，进而恢复失去的巨藻森林，这应该成为我们应对气候变化的优先事项。然而，我们必须意识到，海洋再造林的潜在地点非常有限——巨藻只能在水位浅、水温低、岩石多、营养丰富的水域生长。在我们应对气候危机的过程中，我们需要找到这样的区域，通过人工播种来培育海洋森林，这一过程就是"海洋造林"。当然这里有一个前提，即这些区域无论海胆多么少，巨藻都无法自行繁殖。让我们想想陆地造林是什么意思，它意味着如果没有人类帮助，树木无法在这些地方自然生存。海洋造林也是一样，需要人类在空旷的海域寻找让巨藻存活下去的方法。

海洋造林并不需要先进的技术。从15世纪起，人类就开始养殖非海带类大型海藻。有报道称，早在1670年，东京湾的农民就用竹竿种植海藻。他们在竹竿中加入泥沙，让海藻附着在上面，然后将竹子放入河口，让海藻浸泡在营养丰富的水中。虽然这种方法很简单，但它抓住了海洋造林的每一个关键要素：提供一个牢固的附着点，确保充足的阳光和较低的水温，以提供充足的营养。东京湾的海藻养殖者主要把海藻当作食物，而现代海洋造林工作者则另有目的。在新技术和市场的帮助下，他们设想了更多的应用，例如从大气中吸收数十亿吨的碳。

早期的海藻种植者和现代的海洋造林工作者之间还有一个惊人的相似之处，即二者都对河流出口特别感兴趣。当然，前者只对加速海藻的生长感兴趣，后者则意识到，通过为海藻提供营养的径流，他们可以创造一个双赢的结果——一边净化被过量氮和磷污染的水道，一边向巨藻和微藻提供氮和磷这两种关键营养元素。这个过程被称为营养物生物萃取。

通常，如果水道的水来自含有农场或草坪上多余肥料的雨水，或来自未受控制的排放点的污水，它会形成有害的微藻或导致细菌大量繁殖。虽然这些藻类和细菌是海洋和淡水生态系统的正常组成部分，但当它们变得过量时，会产生大量毒素，危害鱼类和贝类，并使人类患病甚至死亡。当过量的微藻和细菌开始死亡时，它们尸体的分解会大量消耗水中的氧气，并在一些近岸海洋栖息地形成巨大的死亡区。

就像东京湾的农民在竹竿上种植海藻一样，海洋造林工作者也可以在大型水下平台上种植巨藻林，这些平台可以移动到受污染河流的出口附近的位置。在那里，巨藻可以吸收过量的氮和磷，加速生长，进而减少其他藻类繁殖。这些海带林在白天会产生氧气，以减少死区，并且可以与各种鱼类和双壳类动物（如扇贝、蛤蜊、牡蛎和贻贝）共同生长。它们还可以过滤水中的微藻并将其转化为美味的蛋白质，这不仅有利于减少碳排放，也可以保护海洋环境，同时还为海鲜爱好者提供食材。

此外，对于陆地农业工业化带来的问题，海洋造林能够提供的帮助并不仅仅只有营养物生物萃取这一个方面。使用同样的海洋造林技术，工作者可以种植尺寸更适中的红藻，包括海门冬（Asparagopsis），这是众多海藻中能力最强的一种：它们可以显著减少畜牧业的排放对气候造成的巨大影响。通常情况下，奶牛肠道的无氧部分充满了名为"产甲烷菌"的特殊微生物，这些微生物会吸收牛饲料中高达11%的碳并将其转化为甲烷，这是一种强大的温室气体。然而，这种气体不会无限期地在牛体内积聚，大部分气体最终会以打嗝的形式释放出来，一小部分气体会从肛门排出。虽然一头牛打嗝排放的甲烷有限，但是地球上有数十亿头牛、山羊、绵羊和其他反刍家畜。据估计，它们的数量是地球上所有野生哺乳动物的14倍。总的来说，反刍家畜打嗝是农业甲烷的最大来源之一。然而，研究人员发现，只要在奶牛饮食中加入0.5%到5%的海门冬，它们的消化气体产生的甲烷就可以减少50%到99%，同时促进其体重增加。如果在新西兰野生鹿、斯瓦尔巴群岛驯鹿和奥克尼群岛绵羊的饮食中增加其他海藻，改变它们5000多年的饮食习惯，也能起到类似效果。

海洋造林包括种植大型海藻，如海门冬、海苔（用来包裹寿司卷的海藻）和海生菜。这些植物会形成小型海洋森林，目前已经变得越来越普遍。海洋造林活动为从美国阿拉斯加到澳大利亚塔斯马尼亚的沿海居民提供了就业机会。根据世界银行的数据，海藻炼油产业的扩大可能为全球提供约1亿个工作岗位。很多农场主要种植可食用的大型海藻作为食物，但海洋造林将大型海藻用于其他用途，也可以实现经济效益。很多投资者已经开始推测，海洋造林可以满足化妆品、农业和营养食品行业对各种天然化合物的需求，市场规模高达数十亿美元。例如，巨藻和其他海藻中的许多天然油已经被添加到维生素和护肤霜中。大型海藻叶面生物刺激剂可以促进大多数开花作物的出芽，提高产量和抗逆性。海藻土壤改良剂也能促进农作物根系生长。

海藻衍生品具有广阔的市场和巨大利润空间。基于这一情况，气候基金会（Climate Foundation）的海洋造林协会提出了如下口号："让我们完成第一个吉吨。"这个口号的潜台词是，他们仅仅通过销售海带和红藻产品获得的利润，即可支付从大气中吸收整整10亿吨二氧化碳的成本。因此，即使没有补贴、税收抵免或碳价格，早期的海洋造林也是一种极具经济性的气候解决方案。但正如这句口号所暗示的，他们的愿景并不会以仅仅减少10亿吨碳而告终。尽管对护肤霜和"植物兴奋剂"的需求是有限的，但随着独立验证机构确认了海洋森林的生态价值，海洋森林的潜在规模将变得更大。海洋造林活动目前已得到适度的资金支持。一些研究人员认为，气候基金会的海洋造林行动不仅可以帮助人们减少大气中的碳，还可以为地球提供食物，同时为海带森林和珊瑚礁生态系统提供支持。

据估计，天然海洋森林将11%的碳排放到海洋深处的冷水域中。这是因为只有一小部分死去的巨藻最终被冲离它们生长的浅海区域，进入海洋深处。然而，通过海洋造林中的人工种植巨藻，可以将高达90%的碳沉入深海，在那里，这些碳将在几个世纪到几千年的时间里与大气隔离。因此，海洋造林是一种非常重要的气候解决方案，其广阔的前景与海洋面积一样巨大。因为，有多少面积的海洋可以用来造林，就有相应的碳可以被海底封存。

通过足够多的巨藻或其他海藻将碳封存至海底，使我们的大气二氧化碳含量恢复到工业化前的水平，这种想法面临一个最大的障碍：海带不会在"荒漠"中生长。对于一般人而言，海洋可能看起来很均匀。然而，对于海洋生物而言，在水中航行100千米相当于从撒哈拉沙漠走到刚果民主共和国。大部分海洋表面相对空旷，尤其是漂浮在深海上空的大片亚热带地区，那里的碳可以通过沉入海底的海藻实现封存。要想大规模开展海洋造林，就需要为海洋提供海藻生长所需的四种条件：锚地、阳光、冷水和大量营养物质。水下平台解决了前两个问题，除此以外，我们还需要庞大复杂的基础设施，否则无法将富含营养的冷水输送到"海洋荒漠"之中。

根据气候基金会的说法，解决方案就在我们的脚下。在陆地上，缺水的地方会出现沙漠，但对于海洋生物，显然不会遇到这种问题。近海亚热带海洋表面大部分是生物真空区，因为这里没有关键营养物质，这些关键营养物质不断以浮游生物尸体、动物尸体甚至粪便的形式从表面下沉。但在海平面以下不远处，就在阳光照射不到的地方，你可以找到无限凉爽、营养丰富的水。它很少和上方的水发生对流，原因很简单，较冷的水比较暖的水密度更大。大多数深水潜水员都很清楚海洋的分层是多么明显，他们在潜水时经常通过一个闪闪发光的过渡点或"温跃层"，在那里，海水突然从阳光照射的上层水域过渡到冰冷的中层水域。产生微光的原因是这两层水由于密度不同导致折射光线的角度略微不同。

海洋分层现象随着海洋表面温度的升高而更加明显。事实上，全球变暖也会造成海洋分层的强化和随之而来的海洋生产力的损失，这种情况在二叠纪大灭绝期间曾经发生过。一些海洋造林工作者，包括那些对海洋造林降低碳排放抱有巨大期望的人，都认为他们的主要工作是利用可再生能源将冰冷、营养丰富的深水抽取到海面，从而恢复自然上升流，在广袤无垠的海洋中打造海洋绿洲。事实证明，利用海洋造林将数十亿吨碳安全地沉入深海的关键是恢复自然上升流，让冷水上升至海洋表层。气候基金会将此过程称为"灌溉"。

尽管给海洋"灌溉"听起来很荒谬，但气候基金会已经迈出了第一步，通过从菲律宾到塔斯马尼亚的概念性项目，他们证明了"灌溉"在实践中的作用。最终，他们设计了许多1平方千米见方的海洋平台，其深度刚好使平台上的巨藻林和红藻林接触不到海洋表面，船只可以在上面通过。他们相信，每个平台一年可以种植四次巨藻，每次能从大气中吸收数千吨碳，并将其安全储存在深海中。确切的数字还有待证实，但气候基金会预计每个平台每年的固碳量高达3 000吨。

用一代人的时间让气候恢复健康，让畜牧业生产更具可持续性，防止有毒的海藻泛滥，这只是全部工作的一部分。海洋造林能够帮助我们实现的不只这些。通过"灌溉"方式进行海洋造林还有很多附加价值，甚至超出了常规海藻养殖。

例如，它可以恢复澳大利亚附近的大堡礁。水下造林平台网络能够抽取足够的冷水来减弱海洋热浪，而这些热浪已经对全球一半以上的珊瑚产生了负面影响，并导致大堡礁近三分之一的珊瑚死亡。海洋森林也可以扭转鱼类资源不断减少的趋势，一些科学家预测，通过在

海洋表面4%到9%的地方进行海洋造林，可以满足100亿人的蛋白质和能量需求。

事实证明，在广阔的海洋中，鱼类需要庇护所来躲避捕食者，这也是茂盛的海洋森林会使渔业产量大增的一个主要原因。此外，即使一个小面积的海洋森林也足以吸收和储存数以10亿吨计的大气二氧化碳，帮助人类实现碳排放的下降。

当然，要完成大面积水下耐风暴的海洋造林并非易事。如此巨大的工程需要付出巨大的努力，例如改进已经在海洋造林开发中取得的许多技术成果。但大多数技术难题正在得到解决，以确保我们以可持续的方式大规模种植和收获海洋森林。

就像蒙特利湾摇曳的巨藻森林一样，这是一个诱人的愿景，值得我们竭尽全力去实现。

———————
加利福尼亚州圣巴巴拉岛巨藻森林中的海豹。

红树林

一块土地将海洋的海滩与红色的潮汐湿地隔开，河流在那里流向更大的水域。这条河满是红色泥土，水位很浅。在河畔的沼泽中，植物从泥土中生长出来。这个红海口充满了生机，随着早期的黏土和淤泥流动。红树林，一个由纠结的根和扭曲的树枝组成的网络，是这片土地上创造出来的新生命。作为沿海植物群落，它们生活在陆地和水域之间，形成了岛屿和大陆的边界桥梁。它们以自己的落叶为食，却养育了地球。红树林拥有强大的生命力，足以改变世界的可见面貌。

——引自奇克索诗人和小说家琳达·霍根（Linda Hogan）的小说《住所》（*Dwellings*）

红树林生活在陆地与海洋交界带的滩涂之上，是地球上碳含量最高的生态系统之一，同时也是最濒危的生态系统之一。

目前，红树林遍布123个国家和地区，总面积达13万平方千米，主要生长在热带地区。它们既可以生长在淡水中，也可以生长在咸水中，更多时候生长在咸水和淡水交界之处。

红树林起源于远古时代的海洋边缘，迄今为止已有2亿年的历史。有80种不同类型的红树，从佛罗里达州的矮红树林到哥伦比亚的三层森林，再到红树植物，加蓬海岸的巨型红树林是世界上最高的树木之一。红树林生长的积水土壤含氧量很低，盐度很高，地球上99%的其他植物物种无法在这样的环境下生存。不仅如此，红树林还生长在极端条件下，持续经受着波浪冲击、潮涨潮落、频繁的洪水和偶尔的飓风侵袭。

马来西亚沙捞越红树林保护区的河流和红树林。

了传统习俗和现代习俗的沟通交流。

红树林生态系统在应对气候变化方面发挥着至关重要的作用。它们是长期的碳库，将碳储存在树木本体以及水下土壤中（氧气水平降低会减缓二氧化碳的释放速度）。每平方千米红树林从大气中吸收的碳是同等面积的陆地森林的4倍，储存的碳几乎是陆地森林的2倍。目前，全世界红树林生态系统储存的碳含量在56亿吨到61亿吨之间，主要分布在水下土壤中。虽然海洋植被（包括红树林、海草和盐沼）所占的总面积相对较小，不到地球陆地面积的1%，但它们储存的碳占海洋沉积物总量的50%。因此，研究人员、自然资源保护主义者和政策制定者经常将海洋植被称为"蓝碳"——这是在2009年创造的一个术语，用来区别于与内陆植物和树木有关的"绿碳"。事实证明，在保护、恢复和管理这些重要海洋栖息地时，蓝碳是一个非常重要的概念。

蓝碳生态系统面临非常严峻的形势。自1980年以来，世界已经失去了近50%的红树林，使红树林成为世界上存在形势最为严峻的生态系统之一。大部分破坏发生在东南亚，主要原因包括水产养殖项目、非法采伐以及工业和城市沿海开发。预计这些影响将继续存在，并因气候变化和人口增长而加剧。中美洲和非洲的红树林也遭受了重大损失。当红树林退化或遭到破坏时，经过数千年积累的碳储量会在几年内释放出来，将这样一个重要的碳库转变为一个重要的碳源。在印度尼西亚，曾经有一片面积高达2 500平方千米的原始红树林，后来被改造为养虾池并遭到废弃，现在每年排放多达700万吨二氧化碳。如果将这些废弃的池塘恢复为红树林栖息地，不仅可以阻止这些温室气体排放，每年还可以吸收多达3 200万吨的二氧化碳。

总之，到2030年，红树林的恢复可能会减少或避免30亿吨温室气体排放。停止对红树林的破坏，并在全球范围内恢复红树林，不仅可以帮助我们应对气候变化，还可以帮助数百万人适应气候变化。因此，动员政府、机构、社区和个人来保护这个"超级"生态系统至关重要。根据2015年通过的《巴黎气候变化协定》，许多国家已经将保护红树林纳入了减少温室气体排放的承诺。

这个承诺是一个积极的开始，但我们还应该付诸实际行动，确保地球上最重要的生态系统得以恢复。

红树林为多种动植物提供了栖息地，包括鱼类、鸟类、爬行动物、长颈鹿、海牛和黑蛤蜊。孙德尔本斯（Sundarbans）位于恒河三角洲地区，有一片巨大的红树林，是濒危动物孟加拉虎的重要栖息地，同时，该地区也用于农业生产。在全球范围内，数百万人从红树林获得所需资源。红树林浓密的根网是各种海洋生物的"托儿所"，可以为当地社区提供海鲜资源和经济收入。红树林保护弱小的动物免受飓风和海啸等自然灾害的影响，保护土地免受侵蚀，同时缓冲了海平面上升的影响。红树林可以吸收沉积物、营养物和污染物，从而充当天然的水净化系统。这对于发展中国家尤为重要，因为这些国家的沿海城市污水处理系统能力有限，航运业务又很广泛，往往造成大片地区污染。红树林还具有重要的休闲价值，促进了当地的旅游业发展，同时也促进

盐沼

盐沼内的潮水在涨潮和退潮的过程中将很多海洋生物冲到岸边。浣熊在退潮时进入泥滩，把螃蟹和贻贝吃进肚子，在涨潮时从泥滩上匆忙撤退。海水从低洼的沼泽中缓缓上升，沼泽中生长着高达2米的互花米草（Spartina alterniflora），与之共生的螺纹贻贝在下面挖洞，增加附近土壤中的养分。这些有益的双壳类动物也为招潮蟹提供了栖息地——招潮蟹利用贻贝丘作为它们的洞穴。随着潮水水位上升，互花米草逐渐被海薰衣草、刺草、黑草和沼泽接骨木所取代。在这里，"害羞"

的盐沼麻雀隐藏在一个由沼泽草编织而成的巢穴里，以昆虫为食喂养自己的孩子，它们的巢穴刚好在涨潮线以上。随着潮水越来越高，潮水向高地边缘冲击，那里生长着沼泽接骨木、柳枝稷和芦苇。

在地表以下，植物在极度缺氧和含盐条件下缓慢分解，而盐水的定期流入阻止了甲烷的形成。同时，被潮

荷兰北海的芦苇和泥滩。

农田，它们有的被高速公路分割，有的被堤坝与潮汐水域隔开。

海平面上升，飓风出现频率的增加以及破坏程度的加剧，迫使人们，尤其是沿海地区的人们认识到潮汐沼泽地的关键作用。

根据美国国家海洋和大气管理局（NOAA）的卫星数据，近年以来，海平面每年上升0.635厘米，2019年全球海平面比1993年平均高出8.636厘米。随着雨水向内陆推进，海平面升高会造成更大的破坏，包括对潮汐盐沼的破坏。

随着潮汐造成的沉积物在沼泽地沉积，以及根系物质在沼泽地上的堆积，沼泽地的海拔在一年内可以上升0.838厘米，仅表层沉积物就含有10%到15%的碳。直到最近，大多数潮汐沼泽地的上升速度都可以和海平面的上升速度保持同步。对于那些上升速度较慢的沼泽，可以通过在整个区域上覆盖一层细小的沉积物来手动增加沼泽的海拔。

海平面上升以及堤坝的共同作用，造成了另一个问题：潮汐盐沼无法根据生存需要向内陆迁移。移除或改变这些障碍物可以拯救这些潮汐湿地，并允许它们再生，以便继续固碳，同时保护海岸线。

在再生盐沼地的过程中，我们需要专注于在特定区域重建历史潮汐模式。如果海平面上升和沿海开发造成的堵塞产生了太多的水，沼泽地就会被海洋"淹没"；当淡水资源不足时，入侵物种就会生根，挤占本地植物的生存空间，并极大地改变当地鱼类和鸟类赖以生存的生态系统。恢复沼泽地与潮汐的联系需要多种技术，从疏浚到清除人工排水沟，再到改造潮汐闸门等水控结构。一旦潮水回流，许多潮汐沼泽地就能恢复。

潮汐盐沼的奇迹之一，是它的"居民"竟然能够在如此困难的条件下茁壮成长。前一刻被海水淹没，后一刻在烈日下晒干，在此生长的物种都具有极强的环境适应能力。与之对应的是，沼泽本身也能适应各种环境。到目前为止，潮汐沼泽地经受住了污染、开发和海平面上升的考验。然而，它们可能正处于生存临界点，如果不加以保护，沼泽地将被道路、房屋和潮汐海堤侵占。在美国，7.3平方千米的沿海湿地每年能吸收670万吨温室气体。通过为沼泽地创造空间并对其生态系统提供支持，大蓝鹭将继续捕鱼，碳将继续储存在土壤中，沼泽将为海岸线提供任何人造结构都无法提供的保护。

水冲上来的营养物质会留下沉积物，形成一层厚厚的沼泽泥炭，随着每次潮汐不断"生长"。出于这个原因，科学家认为盐沼可以比同等面积的热带森林储存更多的碳。在全球范围内，每年每平方米盐沼平均吸收近0.24千克碳。

反之，当潮汐形成的沼泽变成道路、房屋或农田时，它们又会排放二氧化碳。全世界每年约有8 000平方千米的滨海湿地消失，向大气排放约5亿吨二氧化碳。在美国，一半以上的潮汐湿地已经被排干并转化为

海草

海草包括大叶藻（鳗草）、海菖蒲等一系列可以完全浸入海水中生活的植物物种。和陆地上的植物一样，海草也有叶子和根，也会开花和结果，属于海洋中的开花植物。

我们通常称海草为"被遗忘的生态系统"，因为与茂盛的红树林和壮观的珊瑚礁相比，它们显得如此不起眼。它们覆盖了从热带到北极的海岸线浅坡。就像陆地上的草一样，海草可以形成密集的水下草地，有些面积很大，甚至可以从太空看到。这些广阔的草地为数以百万计的动物提供栖息地，从小虾、海马到大鱼、螃蟹、蛤蜊、海龟、蝠鲼以及儒艮和海獭等海洋哺乳动物。海草草甸对渔业、海岸保护和水质至关重要。海草还有一个最重要但鲜为人知的益处，虽然海草草甸只占不到0.1%的海洋面积，但它支持了地球上高达20%的渔业，并吸收了海洋沉积物中10%的碳。

已知的海草种类有72种，它们的大小、形状和栖息地各不相同，如带状叶子的大叶藻和桨状叶子的匙形草，后者通常形成了郁郁葱葱的低矮草地。最高的海草品种具茎大叶藻（Zostera caulescens）有10米高，生长在日本。和所有植物一样，海草依靠阳光进行光合作用。因此，它们在阳光明亮的浅水深处最常见，但在水下60米深的地方也有深水海草的存在。

人类使用海草已有一万多年的历史，具体用途包括给农田施肥，给房屋隔热，编织家具，用海草盖茅草屋顶等。作为动物的关键栖息地，它们促进了渔业和生物多样性的发展。它们还可以吸收和稳定沉积物，这不仅可以维持水质，还可以减少侵蚀，同时保护海岸线抵御风暴的侵袭。这些特点使海草成为世界上最有价值的生态系统之一。

尽管海草至关重要，但它们已处于高度濒危状态。目前，全球海草面积在18万至60万平方千米之间，但在过去的一个世纪里，超过5万平方千米的海草草地已经流失。同时，流失的速度不断增加，从1940年前的每年1%增加到1980年以来的每年7%。在全球范围内，24%的海草物种现在被世界自然保护联盟（International Union for Conservation of Nature，IUCN）列为濒危或接近濒危物种。除去沿海开发、管理不善的渔业、水产养殖对海草的影响，目前海草面临的最大威胁是沿海污染。

全球海草的加速流失是气候变化的一个重要原因。

海草草甸是天然的碳汇，在固碳方面比森林更有效。它们从水中吸收碳，然后将其埋在下面的沉积物中长达数千年。一种名为波西多尼亚水生海草（Posidonia Oceanica）的地中海海草，据估计有20万年的历史，它吸收碳并将其沉积在10米深的富碳土壤中。平均而言，每平方千米海草每年吸收1.25吨碳（这意味着海草每年从海洋和大气吸收的碳总量达到8 000万吨）。海草的持续减少不仅降低了它们从大气中清除碳的能力，更严重的是，一旦海草被降解或移除，储存在其土壤中的碳就会释放出来。海草目前流失的速度可导致每年向海洋和大气释放3亿吨碳。

20世纪30年代，弗吉尼亚州的海草草甸被一场海洋传染病和飓风摧毁，再也没有恢复。在过去的20年间，人们将7 400万颗大叶藻种子播撒到4个沿海海湾共计536块荒芜了近半个世纪的地块之上。目前，这些草地已经扩展到36平方千米，成为长岛和北卡罗来纳州之间最大的大叶藻栖息地。一旦生长完毕，这些草地可以净化海水并缓和海浪，为海底提供稳定的环境和充足的光线，使植物能够自然生长和繁殖。被播种的区域是占地160平方千米的弗吉尼亚州沃格诺海岸保护区的一部分，草地可以保护该区域免受船锚、螺旋桨和污染的伤害。但是，保护区无法保护海草免受海洋温度上升的影响。因此，我们应将保护世界海草和遏制海草流失列为应对气候变化的优先事项。如果我们能确保它们的存在，这些非凡而古老的植物将继续吸收碳，同时保护和养育居住在海岸线的人类和各种生物。

扇贝是一种曾经在美国东海岸随处可见的咸水贝类生物，最近，这种生物给我们带来了希望和惊喜。在弗吉尼亚州沃格诺海岸保护区，在距离最近的产卵笼30千米的地方，人们发现了扇贝，这表明扇贝幼虫沿着海岸漂流到保护区，并开始了一个非预期的再生过程。海洋生态学家马克·卢肯巴赫（Mark Luckenbach）将海湾扇贝种群的出现比作大灰狼进入黄石国家公园（Yellowstone National Park）——这是再生的开始。

绿海龟一生可以旅行数千千米，穿越整个海洋。它们完美地利用了地球的磁场，以指导它们的迁徙。它们准确无误地回到了它们孵化的海滩。

绿萍

大约5000万年前，大气中的二氧化碳含量至少是目前的2倍，甚至可能达到3倍。然而，在某一时期，二氧化碳含量迅速下降到今天的水平。这种转变可能有多种原因，包括大陆位置的变化。还有一种小众的解释，即这种变化是由于一种小型淡水蕨类植物的快速开花造成的，这种小型的蕨类植物叫绿萍，与现代的细叶满江红（*Azolla filiculoides* Lam.）在分类学上同属于满江红属。细叶满江红不仅可以用作高强度肥料，还可以用作动物饲料和生物燃料，更重要的是，它还能吸收大量的二氧化碳。

通过对北冰洋4900万年前的沉积岩芯进行研究，科学家在周围海岸发现了富含绿萍孢子和有机物的地层。当时，北冰洋大部分是内陆海域，许多淡水河流汇入其中，使绿萍能够开花。这种微小的蕨类植物在大约80万年的时间里埋藏了大量的有机碳，其孢子在古代北极沉积物中仍然可以找到。因此，在一定程度上，这种碳掩埋导致了那个时代的二氧化碳含量下降和全球降温。

绿萍，别名满江红，属于非典型蕨类植物。与较大的产叶类植物不同，绿萍为硬币大小的玫瑰花结状，几乎平躺在淡水表面。它纤细的根悬垂在水中，不需要找到土壤；它微小的孢子生长在一个会随风飘走的气囊里；它比大豆含有更多的蛋白质。绿萍叶片的共生腔内附着与它共生的满江红鱼腥藻（*Anabaena azollae*）。满江红鱼腥藻呈蓝绿色，它的异形胞能从空气中吸收氮气，为与它共生的绿萍提供生长发育所需的氮元素。正因如此，绿萍可以以极快的速度生长，在短短的1.9天内，它在水体表面的覆盖范围可以扩大1倍。

绿萍可以大量吸收大气中的二氧化碳。最近的研究发现，绿萍在再生农业、绿色燃料、清洁水、创造宜居气候等方面能够发挥重要作用。1000多年的农业实践证明，绿萍在水稻栽培中也具有广阔的应用前景。关于使用绿萍增加水稻产量的最早书面记录，可追溯到540年，当时的中国学者贾思勰在《齐民要术》一书中描述了稻农如何在稻田中引入绿萍。然而，当时的贾思勰并不知道绿萍增加水稻产量的原理。

绿萍是一种"生物肥料"，可以向周围环境提供关键植物营养。在某种程度上，绿萍能够将空气中的氮直接传输到它生长的水中，当它的一部分死亡并融入水稻植物扎根的土壤中时，它能提供大量的营养物质。在适当的时间排干种满绿萍的稻田，可以产生大量的氮肥以及成熟水稻植株所需的全部营养物质，从而最大限度地提高产量。因此，在水稻旁边引入绿萍，农民可以在不使用肥料的情况下将稻田产量提高50%到200%。在更肥沃的水稻种植区，绿萍可以显著减少或完全消除对化肥的需求。

取代化肥提高农产品产量并不是绿萍应对气候变化的唯一方式。它还可以将大气中的二氧化碳直接吸收到其组织中。据估计，如果在岛国斯里兰卡所有稻田中种植绿萍，每年将吸收50多万吨二氧化碳。

日本农民古野隆雄（Furuno Takao）进一步推广了绿萍的应用。古野隆雄在《鸭子的力量》（*The Power of Duck*）一书中讲述了他数十年来完善养殖体系的经验，该系统将鱼、鸭子、绿萍和水稻种植紧密结合在一起。绿萍为鸭子提供了稳定的食物，使它们能够消灭蜗牛以及其他水稻害虫的卵。然后，鸭子的粪便可以成为水稻和浮游植物的肥料。而后者可以为泥鳅和鳗鱼提供食物，它们为古野隆雄提供额外的收获。总之，通过在稻田引入一种模仿自然湿地生态系统的混养模式，古野隆雄能够在没有化肥、除草剂或杀虫剂的情况下维持高生产力。此外，通过间歇性排干稻田，种植有机蔬菜，他能够在没有外部投入的情况下长期地保持土壤的肥沃和健康。

在专用池塘中引入绿萍可以创造一种可再生的廉价"绿肥"，促进其他作物生长。到目前为止，研究人员已经证实，绿萍覆盖物可以提高小麦、芋头、大豆和绿豆的产量，我们有充分的理由相信，它可以对我们种植的大多数植物产生有利影响。

由于富含蛋白质和油脂，绿萍可作为家养动物的"超级饲料"。大量研究表明，在奶牛、猪、鸡、罗非鱼和兔子的饲料加入5%到40%的绿萍，可以提高动物的生长速度，或者降低每单位肉类生产的饲料总成本。在后一种情况下，绿萍正在取代豆粕等富含蛋白质的饲料。而后者的生产通常采用化学密集型方式，给亚马孙雨林等地区土地造成了化学污染。绿萍也可以食用，甚至被建议作为宇航员的理想食物。不仅如此，食用绿萍

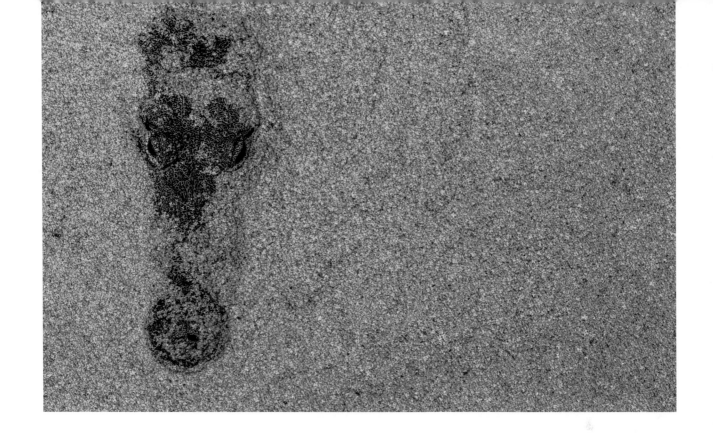

的母鸡所产的鸡蛋是ω-3多不饱和脂肪酸强化鸡蛋[1]，含有二十碳五烯酸（一种人体必需多不饱和脂肪酸）和二十二碳六烯酸（一种多不饱和脂肪酸），对我们的健康至关重要。用绿萍制成的其他类型的食品富含ω-3多不饱和脂肪酸，可以延长世界各地人们的健康寿命。

除了农业，绿萍还可以用于生物燃料生产。绿萍的燃烧效率与在相同纬度种植的生物燃料作物一样。早期试验表明，1平方千米的绿萍可以同时产出几乎相当于1平方千米玉米产出的乙醇和1平方千米棕榈产出的生物柴油。由于鱼腥藻的存在，绿萍不像其他作物那样需要高耗能的氮肥。如果种植绿萍是为了将其富含的蛋白质和糖类用作动物饲料，那么它的ω-3多不饱和脂肪酸、二十碳五烯酸和二十二碳六烯酸将提高这些饲料的营养成分，而其他油脂可以被分离出来，用作拖拉机、卡车和畜牧业机械的碳中和燃料。

如果以生物燃料的名义或以其他类似理由将绿萍引入一个陌生的环境，我们需要格外小心，因为它们很可能成为入侵物种。无论是在现有栖息地或环境受控的人工池塘，都难以阻止这种蕨类植物的快速生长，只有气温降到冰点以下，绿萍才会死亡，这也成为控制其快速繁殖的一种方法。

绿萍的植物修复潜力巨大，因此可以利用该类植物进行环境清理。它可以从水道中吸收磷以及过量的氮，减少水道的富营养化。不仅如此，绿萍在清理各类污染物方面能力显著，包括铅、镍、锌、铜、镉和铬等重金属，以及某些药物，甚至可以吸收导致一些农田盐碱化的无机盐离子。通过将这些元素和化合物浓缩在其组织中，绿萍可以用来清理尾矿和飞灰，甚至可以清洁废水，以便用于灌溉。根据清理作业的类型，绿萍既可以用作绿肥，也可以用于生物燃料生产。

绿萍已经对地球的地质历史和亚洲农业产生了积极的影响。随着人类对其进行更深入的研究和更大的资源投入，它可能会再次改变世界。

墨西哥韦拉克鲁斯（Veracruz）洛斯塔克斯特拉斯（Sierra de Los Tuxtlas）中心的洛斯塔克斯特拉斯（Los Tuxtlas）生物圈保护区，一只危地马拉鳄（*Crocodylus moreletii*）栖息在大量的绿萍中。

---

[1]　ω-3多不饱和脂肪酸强化鸡蛋中的ω-3多不饱和脂肪酸含量是普通鸡蛋的6倍。——编者注

森林

简介

森林对人类的福祉至关重要。它们是地球的分界线，是动物的栖息地和避难所。它们不但可以净化和冷却空气，也可以制造氧气。森林覆盖了地球近30%的陆地，面积约为4 000万平方千米（上一个冰河时代末期约6 000万平方千米）。全球已知树的种类共计60 065种。巴西、哥伦比亚和印度尼西亚地区的数量最多，各

有5 000多种。森林有数千种不同的种类，它们都储存了大量的碳，尤其是在泥炭地和湿地等富碳土壤中，碳含量更多。森林包含了地球上大多数陆地动植物物种，热带森林至少包含三分之二的物种，甚至可能达到90%。此外，森林有助于调节和维持水生环境条件和相关的栖息地资源，满足生态需求以及淡水供应。

在过去的20年间，通过以英属哥伦比亚大学的苏珊

位于喀斯喀特山脉的道格拉斯冷杉，其林地的生物量是地球上所有森林中最多的。

娜·西马德（Suzanne Simard）为代表的一批科学家的工作，我们对森林的理解发生了转变。之前，科学家通过对人类微生物组的研究，曾经彻底改变了我们对健康和疾病的理解。现在，科学家通过对树木、真菌网络、微生物和独立植物物种之间的生物关系研究，向我们描绘了森林及其内部发生的"新画面"。我们脑海中的一些固有印象，例如树木争夺水分、阳光和营养，也随之得到改变。森林群落包括细菌、病毒、藻类、古细菌、原生动物、跳虫、螨虫、蚯蚓和线虫等物种，数量惊人，即使在一把土壤中，生物数量也能达到数万亿。目前的研究表明，原生森林具有社会化属性，森林中的生物相互作用，分享信息，共同照顾它们的族群。树木可以感知附近的动物（包括人类）并保留记忆，还可以准确预测未来的天气。因此，森林中的树木更像一个有意识的生命体，而不是单纯的集合体。

然而，树木的商品属性导致很多人把森林看作是商品的库存，这种看法很不应该。虽然森林的确能够生产一些有用的商品，比如木材，但商品化的过程通常充斥着肆意砍伐森林的行为，既短视又危险。这种行为还将危及森林在调节气候方面发挥的关键作用。据估计，全球森林中储存了22 000亿吨碳，分布在三大森林生物群落：大约54%的碳储存在热带森林中，32%的碳储存在北方森林中，14%的碳储存在温带森林中。其中，北方森林的碳密度最高。最近对北方森林的研究表明，包括生物和土壤在内的生态系统的总碳储量大于热带森林和温带森林碳储量的总和。任何形式的森林面积流失，包括"可持续"伐木，都会减少森林中储存的碳量，同时增加野火的风险。

为了解决气候危机，森林的作用至关重要。目前，我们的首要任务是保护原始森林免遭破坏。它们是地球上面积最大、最具复原力、碳含量最高的森林。让它们继续生长并吸收更多的碳，是我们扭转气候变化最有效的策略之一。另一个优先事项是恢复由于人类使用过度已被放弃或退化的土地，但必须以正确的方式进行。许多气候计划提出了不合理的生物能源项目，这些项目将在南半球种植超过40万平方千米快速生长的树木，由于树木可以吸收焚烧排放的碳并将其掩埋，所以这些树木"作物"将被机器收割并燃烧以提供所谓的"清洁能源"。

经过科学家的计算，种植10 000亿棵树将有助于及时实现碳排放目标。这听起来很合乎逻辑，而且植树几乎是每一项气候承诺和提议的重要内容。然而，我们也都听过这个成语——只见树木，不见森林。植树可以发挥作用，但我们必须谨慎对待。世界各地都在种植树木，以抵消企业碳排放，实现所谓的净零排放目标。但排放目标最终需要通过减少实际排放来实现。除从大气中吸收二氧化碳以外，还应进行森林种植和扩张，以恢复本地物种、水资源和人权。然而，植树往往需要占用经济发展更落后区域的土地，以抵消更富裕和工业化程度更高的地区产生的排放。从这个意义上说，这与几个世纪以来欧洲对非洲、南美洲和亚洲进行的殖民统治没有什么不同。气候问题解决方案的紧迫性让我们以一种简单和直接的方式看待世界，就像一棵树可以被孤立地看待一样。

由于世界上大部分森林砍伐都发生在原住民土地上，除非对原住民进行保护，否则全球森林战略将失去意义。主流的保护观点是基于科学研究和数据分析，但通常不承认正在研究的林地是属于别人的土地。恢复森林始于恢复人权。对原住民的种族主义驱逐一直持续到今天。在修复、恢复和再生原住民的土地方面，5 000多个原住民族代表了世界上最有知识、最积极的一批人。当前有一个关键的问题，我们需要定义森林到底是什么。目前，破坏性的桉树种植园被称为森林，但这些只是单一种植，破坏了当地的生物多样性，导致当地居民被迫迁离。

恢复退化森林可以发挥重大的作用。与此同时，由于全球变暖和树木砍伐，更多的特大干旱和特大火灾屡有发生。干旱会导致虫害和树木死亡。火灾加上干旱的环境，使重新造林在世界上的一些地区成为一项艰巨的挑战。德国和世界自然保护联盟于2011年发起了"波恩挑战"（Bonn Challenge）倡议，呼吁到2030年恢复350万平方千米的森林，并期待各国政府和私人机构为实现这些目标做出承诺。截至2021年2月，已有约210万平方千米土地获得承诺，其中大部分来自各国政府。《生物多样性公约》，即"爱知目标"，目标15要求恢复全球15%的退化生态系统，假设全球约有3 000万平方千米的退化土地，这个目标大约是500万平方千米。同样，联合国可持续发展目标15要求各国到2030年实现土地退化零增长。

在本节中，我将探讨实现这些目标的方法。

保护森林

保护森林的完整性，让退化的森林恢复生长，这是陆地上应对全球排放最有效的解决方案。环境科学家威廉·穆莫（William Moomaw）意识到这一点，因此创造了"保护森林"（Proforestation）一词。西弗吉尼亚大学在2021年启动了一项针对气候变化的研究，研究结果表明，自1901年以来，随着大气中二氧化碳含量的上升，树木吸收二氧化碳的能力也会增加，尽管这种能力最终会趋于稳定。这个结论颠覆了长期以来的观点，即在外界二氧化碳增多的情况下，树叶表皮中允许气体进出的微小气孔变得更加狭窄。事实恰恰相反，这种情况下树木吸收的碳比人们通常预期的还要多，这一点已被穆莫的研究所证实。

造林（Forestation）被认为是应对气候变化的一个重要的解决方案，这一观点已达成广泛共识，但具体实践有所不同。植树造林（Afforestation）是在以前没有树木的地方种树；重新造林（reforestation）则是在已经有树木的地方种植新的树木品种，取代了之前的树木。两者都是人类实施的活动，目的都是在树木的整个生命周期内固碳。然而，新种植的树木在其生长至成熟的最初几十年中对固碳的贡献极其有限。为实现1.5摄氏度的气候目标，植树造林和重新造林合计需要约1 000万平方千米的土地，比中国的陆地面积还要大。

科学家正在测量地球上最大的树木（加利福尼亚州图莱里县红杉国家森林的巨型红杉）的健康状况和直径。较大的树高超过70米，底部周长可达31米，超过棒球场本垒和二垒之间的距离。

从苏里南到加拿大。完整的森林景观只占热带森林面积的20%，但它们的固碳能力占比达到40%。尽管它们在固碳方面发挥着关键作用，但只有12%的完整森林景观受到保护，其余部分都遭到不同程度的开发破坏，最常见的是木材采伐和农业扩张。例如，北方森林的固碳量几乎是热带森林的两倍，但它们却受到伐木、火灾、害虫和采矿的威胁。加拿大北方森林的树木正在被采伐，最终制成高档的双层卫生纸。

目前，有一种做法正在对生长中的森林造成严重损害，那就是通过燃烧木屑颗粒的方式获取能源。这种能源被称为生物质能源，很多人错误地认为它是一种是碳中和能源。这一观点基于这样一个命题，即焚烧一棵树所产生的碳将被一棵种植的替代树所吸收，最终达到平衡。根据这一逻辑，煤炭甚至可以被视为可再生能源。由于欧盟认为木屑颗粒是可再生能源，北美洲物种丰富的林地正在遭到砍伐，南部地区尤其严重。只要种下一棵新树，就可以砍伐一棵老树，这种做法即使被认为是正当的，也很不经济，因为目前太阳能和风能的价格要便宜得多。但是，欧盟和英国对燃烧木屑颗粒提供了补贴，使这种做法开始流行。为了降低成本，美国的木屑工厂建在收入较低的非裔美国人社区，导致当地哮喘和肺部疾病的高发。打着可再生能源和碳中和的口号，木屑加工厂却产生了高污染的灰尘和颗粒物。

由于联合国将森林定义为一个包罗万象的术语，这让保护森林变得更加困难。根据联合国的定义，树木种植园、用材林和古老完整的原始森林被视为是平等的。事实上，每一片古老的森林都具有复杂性和连通性，都提供了差异化的栖息地、动植物多样性、保水能力、空气净化能力和防洪能力，都让我们感受到美丽、神奇和敬畏，因此，一个20年历史的火炬松种植园和马来西亚1.3亿年历史的塔曼内加拉森林根本无法相提并论。在定义森林保护时，联合国将森林覆盖率作为一个总体指标，而忽略了森林固碳能力、树木年龄、物种多样性和生态系统功能等特征。

森林退化是生态系统内部联系的崩溃。再生计划尊重并保护这些联系，可以保护我们免受气候破坏的威胁，也是最有效的固碳方式。在进行保护森林的过程中，森林生态系统的各个方面都得到了保护、增强和支持。

保护森林则有所不同，它只是对现有森林的保护，无论是完整的原始森林还是需要恢复生长的退化森林。全球每年的碳排放总量约为110亿吨，大气中碳元素的年净增量约为54亿吨，剩下的58亿吨被陆地、森林和海洋吸收。在这三者中，森林是地球上最大的二氧化碳"清除剂"，而原始成熟森林吸收了绝大部分的二氧化碳。直到最近，科学界还认为老树的固碳能力很弱，甚至几乎为零。事实上，在其漫长的生命即将结束时，树木会在体内积累大量的碳。从现在到2100年，保护森林对固碳的影响将是新种植森林的40倍。

保护森林的首要目标是保护包含多种本地物种的完整的森林景观（面积超过500平方千米，具有完整的栖息地）。它们遍布世界各地，从俄罗斯到加蓬，

北方森林

北方森林拥有世界上最大的完整森林系统，由各种各样的松树、杉树、灌木、苔藓、地衣和动物组成，覆盖了从美国阿拉斯加和加拿大到斯堪的纳维亚半岛、俄罗斯和日本北端的北半球。这片区域在俄罗斯被称为针叶林，拥有地球上最大的陆地生物群落。作为一个复杂而神秘的栖息地，这里到处都是泥潭和沼泽，还有一望无际的针叶树。猎人一旦迷路，就再也走不出来。在遮阴的檐篷下，黑色的地衣像乱蓬蓬的头发一样垂挂着。这里是狼、灰熊、北美野牛、驯鹿和驼鹿的家园，还有大量的小型食肉哺乳动物——猞猁、白鼬、黑貂、月熊、貛和臭鼬。这里有600多个原住民族，他们对土地、森林和水域的了解程度无人能及。最重要的是，这里的湖底、森林和整个北纬地区泥炭地中的碳含量比大气中的碳含量还要多。

北美洲北部地区拥有地球上最大的连续森林、泥炭地和湿地，由溪流、河流、湖泊和池塘交织而成，面积约为480万平方千米。每年夏季，有10亿只到30亿只鸟类从遥远的巴塔哥尼亚迁徙到这里。在秋天，有30亿只到50亿只鸟带着它们的幼崽飞回越冬地点。这些鸟类包括我们在后院、公园、田野和森林中看到的鸟类——莺、麻雀、鸭子、太平鸟和渡鸦，还有濒临灭绝的鸣鹤。

北方森林的夏季凉爽而短暂，冬季寒冷而漫长。在许多地区，由于针叶、树脂、油和化学物质从树上脱落后不断沉积到地面，导致土壤变薄、沙化和有毒酸性。在光线可以穿透的地方，这里有童话般的番红花、蓝莓、红醋栗和黑醋栗。在沼泽和泥地中，肉食性虎尾草和猪笼草捕捉并消化毫无防备的昆虫和蜘蛛。在北方森林中，占主导地位的针叶树呈深绿色，它们以最大限度吸收阳光，形成完美的金字塔形，以避免冬季大雪的堆积，并在针叶中制造防冻树脂，防止土地冻结。

在地球上所有地区中，北方森林的碳密度最大，地下碳含量比完整的热带森林还要高。森林的土壤和生物中含有11 400亿吨碳，比大气中的碳含量高50%。北方森林潮湿寒冷的环境延长了腐烂时间，形成了富碳的沼泽和泥炭地。当北方森林被采伐或砍伐时，土壤会变干，从而产生比树木损失更严重的碳排放。如果北方森

林中碳储量的一半被排放出来，大气中的二氧化碳含量将超过0.05%。

目前，全球正在开展紧急运动，以停止对北方森林的砍伐。由于这些树木主要用作一次性纸制品（包括高档厕纸）的原始纤维，因此，如果我们使用宝洁公司（Procter & Gamble）或金佰利（Kimberly-Cark）公司生产的高档厕纸，随着抽水马桶冲走的不只是厕纸，还有世界上最大的森林，以及它原本可带来的生物多样性。后来，这些公司与乔治亚太平洋公司（Georgia-Pacific LLC）一起参与了所谓的"树梢厕纸"（tree-to-toilet）行动。他们坚称这项行动支持可持续发展，因为他们"一砍一种"，但根据林业科学的研究，被砍伐的老树所含的碳量比新种植的树在四十年内吸收的还要多，所以这个理由不成立。一旦将老树清除，北方森林将会失去生机。在寒冷的北方气候中，树木需要几十年的时间才能重新长大。曾经以这片茂密森林为家的动物，如北美驯鹿，不再回到由这些公司重新种植的单一物种森林。在有许多替代纤维和可回收解决方案的情况下，将北方森林变成一次性手纸、纸巾、垃圾邮件和购物袋是不合理的。甚至有一家使用北方森林资源的公司的发言人表示，他们公司只使用其他伐木公司制造的"废弃"木材，其逻辑相当于在大象被偷猎者杀死后取走大象的脚。

目前，北方森林正在被砍伐、污染和破坏，这在今后需要数百年甚至数千年的时间才能恢复。在加拿大艾伯塔省的阿萨巴斯卡油砂矿区，石油公司正在进行地球上规模最大的建筑、土地清理和采矿项目。该项目位于阿萨巴斯卡河两岸，最终将覆盖爱尔兰陆地面积大小的区域。这片巨大的区域内含有一种称为粗沥青的厚焦油状物质，对该物质进行提取、加热和精炼可以生产汽油，每升汽油需要消耗2.8升淡水。之后，这些有毒废水被排放到占地200平方千米的无衬里储水池中，废水中含有镍、铅、钒、钴、汞、铬、镉、砷、硒、铜、银和锌等有害元素。截至目前，还没有人考虑对尾矿和水进行解毒，所以用于深层地区沥青开采的热水仍然留在地下，而这可能会污染数百甚至数千平方千米的地下水。

因为北方地区气候变暖的速度太快，超过了世界其他地区，北方森林正面临着从虫害到野火的各种威胁。北极的气温正在以全球两倍的速度上升，导致气候带向

北移动，其速度超过了树木能够迁移的速度。由于更大面积的积雪在更短的时间内融化，森林在火灾季节之前变得干燥，进而导致野火越来越难以控制。利用树木年轮和湖泊沉积的煤灰，科学家一直在试图追踪北方森林的火灾历史。据他们考证，阿拉斯加北部最近发生的火灾可能是最近8000年来最严重的一次。

今天，不到三分之一的北方森林仍然是原始森林。虽然对森林的伐木是不可持续的，但可以缓解。如果政府承诺将这些土地搁置一旁，让它们完全通过再生恢复原始森林状态，那么平均每平方千米碳储存量将是温带或热带森林的3倍。这表明，当我们停止砍伐、挖掘、燃烧或毒害地球的活动时，地球就能恢复其再生系统的本质。

作为土地的监督者和管理者，加拿大的第一原住民族正率先在全国各地建立保护区。他们的目标是促成全球成群结队的鸟类到访，因为这意味着这些地区实现了自然循环。全面结束气候危机的计划取决于对北方森林的保护，以及禁止资源开采，避免生态退化。从2002年开始，4个阿尼希纳比族（Anishinaabe）原住民为阻止

对北方森林的开发做出了重大贡献——这些民族签署了一项协议，将通过联合国教科文组织指定世界遗产的方式来保护他们的土地。阿尼希纳比族管理这片土地至少有7000年的历史。2018年，皮玛希旺·阿奇森林景观遗址（Pimachiowin Aki）被指定为加拿大第十九个世界遗产。在当地的奥吉布韦语中，皮玛希旺·阿奇的意思是"赋予生命的土地"。它位于马尼托巴省和安大略省边界两侧，占地29 038平方千米，包括两个省级公园、一个保护区、3 200个湖泊、5 000多个淡水沼泽和湿地，以及285个考古遗址。根据生物调查统计，该遗址内拥有700多种不同的维管植物和大约400种哺乳动物、鸟类、两栖动物、爬行动物和鱼类，包括潜鸟、豹蛙、湖鲟、杰克松和野生稻。他们在遗址上建立了一种长期的资源循环模式，这种模式改变了狩猎、捕鱼和采伐区域，以确保土地和水域的全面恢复。

目前，科丹（Lutsel K'e）族的史蒂文·尼塔（Steven Nitah）是正在产生重大影响的原住民领导人之

被雪覆盖的芬兰针叶林。

一。他是创建加拿大最新国家公园保护区的首席谈判代表。这个保护区位于加拿大西北部地区，占地26 417平方千米，旨在整合原住居民，而不是像北美许多地方那样驱逐他们。在保护区内科丹族原住民将一如既往地狩猎、捕鱼和管理森林、湖泊和河流。在与政府、公民和地方官员合作时，尼塔提出了一种新的方式来推进他的解决方案（即固碳的土地利用项目）：土地关系规划。使用土地是几个世纪以来人们一直在做的事情。在此基础上，尼塔提出重塑我们与土地的关系，包括与农田、草原、湿地和林地的关系。这种理念描述了人们怎样与土地建立联系，无论是已经存在的联系还是即将建立的联系。

最近，有人提议将30%到50%的地球区域设为保护区。威尔逊教授提出了"半球方案"（Half Earth Project），致力于通过保护地球上一半的陆地和海洋，进而保护地球上的大部分生命。很多倡导者呼吁到2030年保护地球30%的区域，这对气候变化很重要。当我们破坏自然时，连接所有生命的错综复杂的碳纤维物质就会磨损和撕裂。死亡的土壤、树木、湿地和动物中的碳被氧化并以二氧化碳的形式排放到大气中。北方地区不仅仅面临一场森林危机或栖息地危机，甚至面临一场灭绝危机和文明危机。随着大面积、完整的栖息地缩小为支离破碎的岛屿，它们所支持的物种数量会加速下降。威尔逊相信，如果我们保护50%的地球，我们仍然可以拯救85%的物种。这是一个很吸引人的提议，已经存在很长一段时间，完全值得授予"地球计划奖"。在过去的几年里，气候科学家和企业越来越多地将保护自然视为应对气候变化和"拯救地球"的一种手段。世界正在达成共识，拯救自然既是目的，也是手段。为了保护我们的陆地和陆地上的生命，北方森林和热带森林应该得到最高的保护优先级。同时，其他所有森林也应该得到保护，直到永远。

加拿大艾伯塔省麦克默里堡北部辛克鲁德（Syncrude）矿的尾矿库。沥青砂中的尾矿池没有衬里，几十年来都会有毒性化学物质渗入周围环境。

热带森林

为了应对气候危机，我们可以采取的最重要的措施之一就是保护热带森林，而且，这个措施必须尽快实施。世界森林是大气二氧化碳的重要存储地。从2001年至2019年，相较于森林退化和树木砍伐所排放的二氧化碳，它们吸收的二氧化碳是这个数量的2倍——每年净差额近80亿吨，超过了美国2019年排放的二氧化碳总量。热带森林是其中的关键。直到最近，它们吸收的碳比任何其他类型的森林都多。但今天，它们遭到快速破坏，导致其树枝、树干和根部储存了数十年的碳被释放出来，它们作为碳汇的作用也很有可能被逆转。造成这种情况的原因有很多，包括伐木、采矿、城市化和转变为农业用途造成的土地退化。在上述原因的共同作用下，每4.5秒就有一个足球场大小的热带森林从地球上消灭。而且，这个比率正在上升。尽管2020年出现了新冠感染疫情全球大流行和经济衰退，但热带森林遭到破坏的数量比前一年增加了12%，增加了26亿吨二氧化碳排放。

在地球上最大的三个热带雨林中，只有位于非洲刚果盆地的热带雨林仍然是碳汇，并保留了大部分储存的碳。第二个热带雨林位于印度尼西亚，由于退化和森林砍伐，已成为碳的净排放源。第三个热带雨林在亚马孙流域，正处于从碳汇到碳源的变化过程中。我们面临的挑战不仅仅是碳。最近的一项研究表明，亚马孙地区排放的其他温室气体，包括甲烷和氧化二氮，可能超过森林吸收二氧化碳所带来的气候效益。持续的伐木会加剧这种情况，并打开破坏的大门——成熟、完整的热带森林通常不会发生火灾，但道路建设和树木砍伐会使森林变得干燥，为火灾创造条件。树木燃烧又会释放本身储存的碳，随后的土地清理则会导致土壤中的碳分解并返回大气。

最简单的解决方案之一是让热带森林自然生长，保

馬来西亚沙巴州丹浓谷（Danum Valley）低地雨林的日出。丹浓谷保护区占地438平方千米。它是世界上最多样化的森林之一，每一万平方米内有200多种植物、270种鸟类和110种哺乳动物，包括婆罗洲犀牛（苏门答腊犀牛亚种）和婆罗洲侏儒象（亚洲象亚种）。据说这片热带雨林已有1.3亿年的历史。2019年，在那里发现了世界上最高的热带树，那是一棵100米高的黄美叶桉。

护它们免于退化。树龄较长、体形较大的热带树木吸收的碳量是类似环境中树龄较短、处于快速生长期的树木的3倍。此外，树木的类型也很重要。商业上最具价值的大型硬木树可能需要数百年才能成熟，因为它们每年只能生长几毫米。因此，它们吸收了大量的碳，特别是在生命的最后三分之一阶段。地球表面以上的碳有一半储存在大型树木中。如果将一片古老的森林改造为种植园（例如棕榈园），碳损失可能会很大。当砍伐和焚烧时，热带森林会损失35%到90%的碳储量。这些树木通过自然再生进行恢复可能需要40年，但吸收同等数量的碳可能需要100年或更长时间。就应对气候危机而言，这个时间太长了。

完整的热带森林具有复原力。除非分解或退化，否则它们可以抵抗火灾和干旱，并且不太容易受到入侵物种的影响。它们更凉爽、更潮湿，从自然干扰中恢复更快。热带森林保护着地球上至少三分之二的物种，包括种类繁多的动物、植物、鸟类、昆虫、真菌和无数的土壤微生物。热带森林是生物宝库，许多物种都是独一无

二的，并且适应了雨林中的局部地区的气候。热带森林的健康和生产力与其树冠下的生命网络密不可分。如果野生动物种群受到破坏，那么整个生态系统的生态完整性就会开始下降。树木可以在几十年内再生，但生态系统的恢复需要更长的时间。对于某些物种来说，可能需要几百年才能恢复。从碳和气候的角度来看，热带森林生态系统应该是我们关注的重点，而不仅仅是树木。

留给我们的时间很紧迫。自20世纪90年代以来，世界热带森林固碳率下降了约三分之一，在此之前它们减少了全球17%的二氧化碳排放。到2010年以后，这一比例已降至6%。虽然人类的毁林活动是固碳率下降的主要原因，但气温上升、持续干旱和气候变化引发的森林物理变化也在推波助澜。树木死亡率有所上升，主要是由于气温高于正常水平和降雨模式的变化。科学家估计热带森林有一个温度阈值，超过该阈值，生态系统将无法正常运行。根据模型预测，亚马孙森林将在2040年达到这一门槛。所以减少全球温室气体排放对热带森林的未来至关重要。

对热带森林的完整性的保护离不开生活在其境内的原住民族，任何保护这些重要自然资源的战略都必须尊重和支持原住民的权利。研究表明，原住民保护区内的森林砍伐率较低，生物多样性水平最高。占据全世界热带森林中碳储存总量约四分之一的土地由原住民管理，还有三分之一的土地没有得到正式保护或承认原住民权利。这些地方的碳处于危险之中，生活在这些地方的人也是如此。例如，在巴西的Menkragnotí原住民保护区内，当地的森林是一个碳汇，每年吸收的二氧化碳比排放的碳多1 100万吨，而保护区外的土地由于采矿、放牧和农业造成的砍伐而成为二氧化碳的净排放源。在2019年亚马孙流域发生毁灭性火灾期间，森林由于分解和退化助长了野火的蔓延，而巴西东南部的卡亚波等原住民保护区内的受保护森林则基本幸免于难。确保原住民对其土地的处置权利是气候危机的关键解决方案。

热带森林的树木砍伐主要用于4种商品的生产——牛、大豆、棕榈油和木材，其中大部分商品出口。减少对这些商品的工业需求将降低对热带森林的压力，使其受到保护。与原住民合作，在财政上支持他们，同时通过国家政策制止造成退化和砍伐森林的行为，将有助于确保热带森林生态系统的正常运转，继续发挥重要的有机碳储存库的功能。

植树造林

植树造林是人为将树木引入以前没有被森林覆盖的土地，规模可大可小。这种做法也可以应用于历史上曾被森林覆盖但如今不再是森林的地区，例如高度退化的土地。它不同于重新造林，后者是对被破坏或砍伐的森林进行再生。植树是应对气候变化的一种重要解决方案，因为树木在其生命周期中会将大气中的碳储存在树叶、树枝、树干、树皮和树根中。随着树木的生长和成熟，储存的碳量可能会越来越多。植树的其他用途包括稳定水道和山坡以改善退化的生态系统，改善土壤健康，融入农林业，制造生物屏障以减缓沙漠化，为野生动物提供栖息地，减少洪水造成的损失等。

2015年，科学家们确定地球上大约有3万亿棵树，听起来很多，但相较于人类文明初期的树木数量，已经减少了近50%。更令人担忧的是，研究人员计算出，由于森林砍伐、虫害暴发和野火，地球每年净损失100亿棵树。在过去30年中，地球的陆地吸收了约30%的化石燃料燃烧排放的二氧化碳，其中大部分储存在森林中。另一项研究估计，全世界有超过800万平方千米的土地可用于植树造林，可以种植的树木多达10 000亿棵。研究人员在这个数据中排除了农田，但包括牧场，并指出一些树木可以使牲畜受益。这项研究的作者托马斯·克

劳瑟（Thomas Crowther）表示："植树造林的潜力几乎遍及全球。就固碳而言，在热带地区产生的效果最为明显，但所有地方都可以参与其中。"

植树项目已得到各国政府、富人和大公司的支持。我们也参与其中。全球各地近年来启动了很多大规模的植树活动，例如，世界经济论坛（World Economic Forum）计划到2030年在地球种植一万亿棵树。

在开展植树活动的同时，也产生了很多关键问题：我们应该种植什么样的树？种植的地点选在哪里？在谁的土地上种？最终要达到什么目的？我们是否咨询过土地原住民的意见？植树造林可能会产生哪些意想不到的后果？虽然植树造林可以在气候危机中发挥重要作用，但我们必须仔细考虑植树的地点和品种问题。例如，有一些土地既没有被砍伐，也没有退化，反而会因植树而受到生态损害，对于这样的土地，科学家反对将其纳入植树造林的范畴，例如非洲广阔的大草原和稀树草原，许多野生动物物种通过进化适应了这些景观，如果它们的栖息地发生改变，它们可能会受到影响。同时，新的

植树者袋中装的是加拿大不列颠哥伦比亚省威廉姆斯湖附近的"约翰尼松籽"苗。

树木可能会对地下水供应产生不利影响，而外来树木可以通过传播取代本地树木。此外，还有一些道德问题，比如发展中的低碳排放国家是否应该和工业经济发达的高排放国家承担相同的植树义务？与此同时，我们还要考虑社会影响，如果引入错误类型的树，可能会破坏当地传统的生计。爱尔兰的一个造林项目使用了一种非本地云杉，这引起了当地居民的愤慨，这对树木种植园（最流行的造林方法之一）来说是一个挑战。种植园通常由快速生长且具有高商业价值的外来物种组成，当这些树木被采伐时，种植园失去了其固碳效益。

当然，也有一些成功的示例可供借鉴。日本植被生态学和环境保护学家宫胁昭（Akira Miyawaki）开发了一种基于自然的造林方法。该方法利用适应当地条件的多种本地物种，在退化土地上建立小型茂密的森林。成功种植的树种包括松树、橡树、日本板栗、印楝、芒果、柚木、番石榴和桑树。微型森林在城市环境中变得很流行。在肯尼亚，针对河流正在干涸、柴火越来越少的问题，旺加里·马塔伊（Wangari Maathai）于1977年组织发起了绿带运动（The Green Belt Movement）。该运动通过和当地妇女合作，在当地流域种植树木，将雨水储存在土壤中，提高作物产量并提供柴火，同时帮助妇女获得少量津贴。几十年来，她们已经种植了5 000万棵树，并帮助数万名妇女接受了林业和食品加工方面的培训。此外，在印度，有"印度森林之子"之称的贾达夫·佩恩（Jadav Payeng）在雅鲁藏布江（river Brahmaputra）的马朱利（Majuli）岛屿种植了一片面积超过5.5平方千米的茂密森林，以防止水土流失。

中国植树造林的数量超过了世界其他国家的总和。1998年，中国长江流域发生了特大洪水，暴露了该地区严重的森林砍伐和土地退化问题。随后，政府在全国范围内开展了大规模植树造林和森林保护活动。"三北"防护林工程就是其中的典型代表，该工程计划通过种植约500亿棵树木，从而在戈壁沙漠形成一道近5 000千米长的屏障，以阻止土壤侵蚀并减少沙尘暴的发生。我们称这道屏障为"中国绿色长城"。然而，这个工程在实施中也遇到了一些挫折。由于使用不适应当地条件的树种，包括杨树和柳树，以及大量单一种植，该工程未能充分达到预期目的。目前，中国正在探索新的方法，且已经有了成功的案例，例如位于北京南部的650平方千米的生态造林项目。在当地居民的参与下，该项目使用本地物种和商业物种的混合的方案，种植了一片多层森林。在5年的时间里，山坡植被覆盖率从16%增加到近90%，土壤侵蚀减少了三分之二，渗入土壤的水量增加了约三分之一。

在美国加利福尼亚州，树艺师戴维·马弗利（David Muffly）解决了一个难题：在气候不断变化和不可预测的条件下，我们种植什么树？湾区的原生橡树，包括蓝橡树，都在面临生存困境。只有很少一部分橡树幼苗能够正常生长到成熟阶段。马弗利的答案是寻找类似的树种，这些树种已被证明具有复原力，能够适应更热和更干燥的条件，比如在洛杉矶海峡群岛上发现的岛屿橡树。数千年前，当加利福尼亚州比现在更加干燥时，这些本土橡树曾经广泛分布。另一个候选者是恩格曼橡树，它原产于巴哈北部和圣迭戈附近的山区。

植树引起了人类内心深处的共鸣。目前，包括美国在内的50多个国家已经正式承认植树节。如果方法得当，植树造林是一种极具前景且成本效益高的方法，可以最大限度地实现固碳。

澳大利亚绿色舰队（Greenfleet Australia）组织在澳大利亚维多利亚州吉普斯兰的米切尔河国家公园种植了5.7万株本地茶树幼苗，其中一株是带刺茶树幼苗。

泥炭地

泥炭地是一种湿地生态系统，有机物在其中缓慢分解，并以酸性泥炭的形式通过积累形成厚厚的黑炭。它们占地球陆地表面的3%，但却储存了地球上五分之一的碳。它们占世界淡水湿地的50%至70%，拥有很多耳熟能详的别名，如沼泽森林、沼泽、灌木丛或泥沼。除南极洲外，泥炭地遍布世界各地，从北极永久冻土区到潮湿的热带地区、沿海地区和北方森林。潮湿是浸水泥炭地的一个典型特征，缺氧会造成酸性、低营养环境，植物和木材在其中分解，形成酸性泥炭层。真菌、泥炭藓、芦苇和石楠花都可以在沼泽中茁壮成长，最终在整个区域形成一个厚厚的垫子。

世界上超过50%的沼泽森林位于印度尼西亚，包括苏门答腊岛、加里曼丹岛和马来西亚沙捞越州。它们与北方森林或苏格兰的泥炭地大不相同，后者主要由泥炭藓、莎草、石楠和灌木丛组成。在热带地区，低地沼泽森林中的树木可以长到20层楼高。这些地方在雨季被洪水淹没，在旱季则变成深色水池。

印度尼西亚有7 000万原住民，分别属于1 000个民族。印度尼西亚加里曼丹岛的沼泽和毗邻的低地森林养育过许多民族。几千年来，达雅克（Dayak）民族一直采用轮班耕作方式。然而，随着生态环境的破坏，这些民族赖以生存的食物已经消失殆尽。森林砍伐造成了贫困，侵犯了人权，同时造成了传统土地的持续流失。此外，它还对动植物物种造成不利影响。低地森林中曾经有15 000多种植物、鸟类和哺乳动物。鸟类包括犀鸟和白腰沙马，它们是世界上最悦耳的鸟类之一。哺乳动物包括云豹、苏门答腊犀牛、猩猩、婆罗洲须猪、黄麂、长臂猿、水獭、猕猴、叶猴和长鼻猴。但现在，岛上几乎所有的哺乳动物、爬行动物和鸟类物种都在减少，有

清晨薄雾从马来西亚沙巴州达南河谷低地森林的树冠升起。

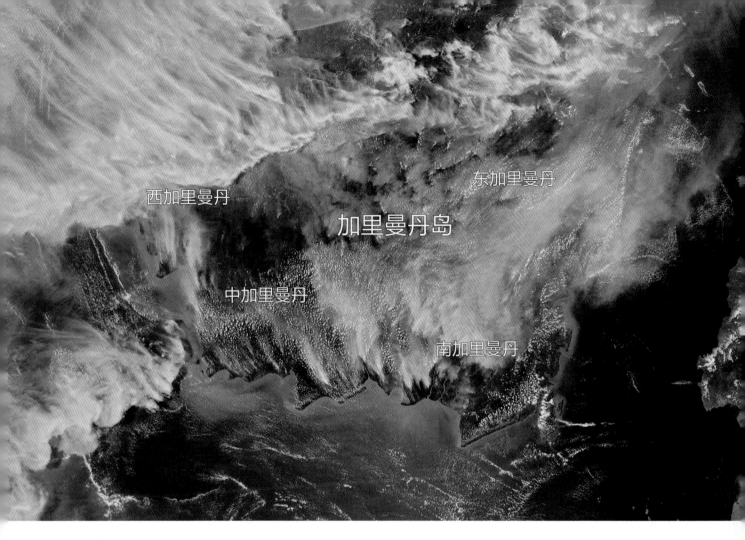

图中文字：
西加里曼丹　东加里曼丹
加里曼丹岛
中加里曼丹
南加里曼丹

些甚至濒临灭绝。

　　印度尼西亚从1996年开始积极开发热带雨林。政府建造了约4 000千米的灌溉渠道，用于开辟大面积的水稻种植农田。运河将泥炭林中的水排干，随后开始伐木和焚烧林地。几家大型的造纸和棕榈油公司采用非法的、大规模的、手工焚烧的方法清理土地。泥炭地森林的焚烧方式与传统森林不同，产生了几乎不可能扑灭的"僵尸火"，因为火势会深入地下，并从侧面穿过沟渠，在意想不到的地方爆发。当更深层的泥炭被点燃时，大火消耗了在五千到一万年间积累起来的地下燃料。在1997年和2002年的干旱中，森林大火蔓延到整个泥炭地，造成30亿至40亿吨碳的排放。自1957年人类开始直接测量二氧化碳以来，1997年的火灾导致大气中二氧化碳增幅创下历史之最。2015年的印度尼西亚火灾毁坏了2.5平方千米土地，并将东南亚大部分地区笼罩在黄色烟雾中。除了环境损失，火灾还造成了疾病和经济

衰退。据估计，有100万人在火灾后患上呼吸道疾病，扑灭大火和减轻空气污染影响的成本总计超过350亿美元。仅仅4年后的2019年，印度尼西亚又发生了新一轮火灾，这次火灾的二氧化碳排放量几乎与2015年持平，两次火灾的总排放量是当年广泛报道的亚马孙火灾的两倍。

　　如果将1平方千米泥炭地转化为耕地，每年会从干燥的泥炭中排放7 000到10 000吨二氧化碳。以前的沼泽森林现在被开发成棕榈种植园，随着土地沉降，必须进一步排水，从而产生持续的碳排放。因为泥炭的深度可以超过15米，排放将持续数十年。经过计算，在之前的泥炭地上生产1吨棕榈油排放的二氧化碳是1吨汽油燃烧

―――――――

2019年9月24日拍摄的美国国家航空航天局（NASA）卫星图像。截至2019年底，加里曼丹已有9 000平方千米土地被烧毁。超市出售的东西有一半都含有棕榈油。

排放的20倍。所以，印度尼西亚是全球第四大二氧化碳排放国。多年来，棕榈油一直通过油轮运往欧洲，按照欧盟标准，棕榈油被列为可再生、可持续的生物燃料。然而，由于对森林砍伐的担忧，欧盟已决定在2030年之前逐步淘汰棕榈油，不再将其作为可再生生物燃料。棕榈油被广泛用于食品行业，包括饼干、薯片、糖果、谷类食品和巧克力。此外，它还在化妆品行业得到大量应用，包括洗发水、护发素、润肤油、清洗剂、唇膏、剃须凝胶和其他护肤品。此外，还有一些泥炭地改造成单一树种种植园，用于生产纸浆和纸张的原材料，最终被用于制作报纸、包装箱、装运箱和书籍，这个生产过程也具有类似的碳影响。

2015年的印度尼西亚大火招致国际社会的谴责，这也让印度尼西亚总统佐科·维多多（Joko Widodo）感到尴尬。随后，他成立了泥炭地和红树林恢复机构，承诺在2020年底前恢复超过2.5万平方千米的森林泥炭地。此外，印度尼西亚政府还下令，由泥炭地恢复机构监督种植园和林业公司恢复另外1.6万平方千米的泥炭地。此前，人们指责印度尼西亚政府在16万千米的运河上建筑大坝，用于灌溉土地。到目前为止，印度尼西亚已经恢复了2 000平方千米的前泥炭地，占其2.5万平方千米目标的8%。目前泥炭地恢复机构面临的主要障碍是如何处理恢复的土地。很少有作物能够在沼泽地或涝渍地存活。对泥沼地的管理是农业学的一个分支，叫作帕鲁迪文化（paludiculture），包括农业学院在内的大多数机构都对其一无所知。由于消费增长，除非能为恢复土地引进经济作物，否则这些努力可能会难以为继。

棕榈果被移入高压蒸汽室以去除杂质。萨皮棕榈种植园据说是世界上最大的棕榈油贸易商。1平方千米土地能生产600吨棕榈油（每平方千米生产100吨豆油）。

为了扭转印度尼西亚的局面，Katingan Mentaya森林保护项目应运而生，该项目保护并恢复了1 500平方千米的原始泥炭地森林，避免了宝贵的泥炭地被改造成种植园。通过出售碳信用额度，项目获得了资金，用于安装自动火灾监测塔，修复大坝排水渠，并进行碳排放研究。同时，项目雇用了1 500多名印度尼西亚原住民来帮助保护森林免受季节性火灾的影响。为了促进当地居民对该项目的支持和参与，项目向居住在森林附近的家庭提供幼苗，要求将它们种植在森林中一些退化严重的区域，并为参与项目的家庭提供经济补偿。

此外，丹麦也支持将恢复泥炭地作为扭转全球变暖的一种方式。不久前，丹麦人正在重蹈印度尼西亚人的覆辙。他们开挖沟渠，铺设管道，排干沼泽地，开辟新的农田。作为"到2030年将温室气体排放量减少70%"承诺的一部分，丹麦政府正在支持农民通过淹没他们的土地来恢复泥炭，这一过程被称为"重新润湿沼泽"。农民亨里克·贝特尔森（Henrik Bertelsen）是这一过程的积极践行者。为了实现丹麦到2050年达成碳中和国家目标，他淹没了占其土地近四分之三的土地。通过这一措施，贝特尔森的土地每年将减少约2 700吨二氧化碳当量的排放。此外，丹麦还启动了一项更大规模的土地淹没运动，旨在恢复曾占该国国土面积25%的沼泽地。到21世纪00年代末，这一数字已降至4.7%。湿地需要水淹，但在泥炭地恢复项目中很难实现水淹，因为以前的沼泽通常已经排干，并通过安装灌溉渠和沟渠降低地下水位，以便种植经济作物。

科学家最近发现了一个大型泥炭湿地，可能是世界上最大的热带综合泥炭地。葛蕾塔·达吉（Greta Dargie）和她的团队花费了数年时间，对刚果民主共和国一个异常偏远的地区进行了艰苦的实地考察，该地区被称为沉积盆地中心（Cuvette Centrale，Cuvette在法语中意为"碗"），位于非洲最大热带雨林中心。达吉博士2017年在英国利兹大学发表了博士论文，讲述了她和同事、研究生导师西蒙·刘易斯一起发现的这片此前无任何记录的泥炭地，其面积比英格兰面积还大。她的论文引起了许多科学家的关注。这些科学家知道沉积盆地中心被淹没的情况，但不知道其中的土壤是泥炭。该地区因此可能含有330亿吨碳。

泥炭地中的海绵状碳汇的未来取决于多种因素：泥炭地的定位和监测技术，让世界摆脱棕榈油的努力，以

及保存和保护剩余完整泥炭地的意愿。通过对占地球上3%的泥炭地的保护，可以将6 500亿吨碳封存在大气之外的地方。例如，印度尼西亚已将65万平方千米的泥炭地转变为种植园，面积相当于整个法国的棕榈油种植园面积。再比如，如果刚果民主共和国的沉积盆地中心的泥炭地发生火灾，全球每年的温室气体排放量可能会增加3倍。不幸的是，沉积盆地中心非常适合种植油棕榈树（Elaeis guineensis）——当今最普遍的棕榈油品种的原材料，起源于西非。投资者已经在那里种植这种植物。

马来西亚沙巴州基纳巴唐岸野生动物保护区内的一只长鼻猴，由于棕榈油公司对森林的破坏，它是众多濒危物种之一。长鼻猴是树栖猴子，很少到陆地上冒险，但由于栖息地分散，它们需要通过陆地旅行以获取食物，因此成为美洲虎和当地人的猎物。

农林业

鸡的祖先名叫"原鸡",起源于东南亚的森林。这个常识也为我们实现以家禽为中心的农林业愿景提供了依据。设想一个场景,家禽在榛子树的树荫下自由地捕食,消灭了种植在树间的覆盖作物中的昆虫。鸡的粪便为土壤施肥,同时受树上绿叶的保护,免受掠食者的侵害,而这些树最终长成有用的商品。这是农林业的基本实践,是一种将树木、多年生木本植物、一年生植物和牲畜动态组合在一起的农业方法。

农林业对土地面积的需求非常灵活,可以支持所有类型的植物和全球人类社区。多样化的种植组合满足了土地的生态需求以及农民的经济需求,创造了一个近乎理想的资源管理系统,受到科学家和从业者的广泛认可。尤其是在世界上易受气候波动和土壤侵蚀影响的地区,农林业作用更大。树木可以避风,减缓水土流失,同时减少土壤和作物中水分的蒸发。对于不能在太阳下生长的作物,树荫降低了土壤温度,创造了有利于作物

生长的局部气候。树根固定土壤,落叶、掉落的树枝和腐烂的树皮覆盖着地面。因此,水分渗透得到改善,土壤中有机物质不断丰富。灌木和开花的树木为有益昆虫(包括传粉者)提供花粉。树木产生的树荫、水分和有机物质养育了多种土壤微生物,这些微生物反过来又增强了土壤养分吸收并改善土壤结构。

在农林业中,氮是农作物健康生长所必需的养分,许多种植的树木可以固氮。一般来说,经济作物不能直

"意外收获(Serendipalm)"项目有机农林业鸟瞰图。这是一个有机公平贸易棕榈油项目,由布朗纳博士(Dr. Bronner)在加纳阿苏姆(Asuom)镇资助和创建。这里可以看到间作的油棕、可可、香蕉、木薯、柑橘和各种木材。公平贸易溢价支付给农民,并由农民、员工和项目管理层管理的基金持有。公平贸易收入用于资助阿苏姆学校的饮用水井、材料和制服、附近医院的住宅、公共厕所、万用蚊帐、计算机实验室和奖学金等。

接吸收大气中的氮。相反，它们与土壤中的一种真菌形成共生关系，使作物根系可以利用碳来交换氮和磷。这些真菌的氮来自细菌，细菌中的氮则来自某些植物和树木的根部，而这些植物和树木一般通过它们的叶子吸收大气中的氮。在传统的单作物农业中，土地中没有固氮植物，这意味着必须人工施肥，造成很多负面后果。而在农林业系统中，氮肥由其他植物和树木自然提供。另外，真菌和根系之间交换的大部分碳（源于空气中的二氧化碳）将保留在土壤中。

在美国，农业和林业在历史上被视为彼此独立的学科，特别是在西部，森林在那里完全用于生产木材，而在中西部，大平原主要用于种植一年生作物——大豆、玉米和小麦，依次为猪、牛和人提供食物。然而，如果从空中看，美国大多数流域都是由农作物、树木、牲畜和自然区域混合而成，每一个区域都对当地社区的文化和经济至关重要。20世纪90年代中期，美国农业部开始制定标准，鼓励土地所有者将树木种植、作物种植和牲畜饲养结合，将农林业划分为三个农业系统。

通道种植： 成排的树木或灌木丛之间会形成通道，人们在其中种植粮食作物。通道可窄可宽，树排可直可弯，这取决于土地的轮廓。树木可以是水果树、坚果树、软木或特殊用途的硬木。通道种植的作物可以是任何类型，包括一年生作物，多年生作物。不同类型的树木和作物一起种植可以使农场收入来源多样化，同时创造生态效益。树荫保护牲畜，牲畜使土壤肥沃，灌木丛成为传粉者的庇护所，树叶覆盖物为蚯蚓和微生物提供食物。通道种植系统是一个动态的系统。随着树木的生长，它们的树冠和根系会扩大，营养和水分需求相应地发生变化，从而影响作物生产。农民可以充分利用这种动态优势，例如，随着土壤肥力的提高，他们可以种植更多作物，或者种植新的树木。而作物多样性又缓冲了市场和气候波动对农场运营的影响，使其更具弹性。

林牧复合（Silvopasture）：在同一块土地上同时种植树木和饲养牲畜。拉丁语单词silva的意思是"树林、森林或丛林"。每年，牧场通过对牲畜的精心管理，确保牧场具备可持续性，他们通常采用短期放牧的形式。长期种植的树木则提供了源源不断的补给，包括牲畜食用的叶子。一些林牧复合系统以牲畜饲养为主，饲养的牲畜包括牛、绵羊、山羊、骆驼、马、猪、鸡、鸵鸟和鹿。其他林牧复合系统则专注于水果、坚果的种植和木

制品的生产，把放牧作为补充活动。在这些系统中，葡萄园里放牧的绵羊可以帮助控制杂草和其他植被。家猪和野猪可以清理森林下层和树木根部，还可以刺激草的生长。同时，树木提供的树荫在炎热的天气里又为食草动物和野生动物提供了庇护。

森林农业： 在大树的树冠下种植农作物。林场通常是小规模经营，最常见于热带环境，也被称为家庭花园。虽然有些树木是野生的，但大多数林场都是经过规划和培育的。森林农场主特别注意垂直空间和不同高度的树种的排列。作物和树木在生长过程中的相互作用是森林农业成功的关键。一些林场专注于高价值的林地产品，如蘑菇、浆果、坚果和草药。收集和出售野生植物的种子也为当地农民提供了另一种收入来源。除家禽以外，其他牲畜通常被排除在林场系统之外。通过将农作物生产与天然森林生态结合，农民可以一举多得。

在农场种植树木可以带来很多好处，包括土壤和植物中的碳封存、更高的作物产量、更少的风蚀和水蚀，以及农村经济的多样化。这不仅是从业者长期以来的经验，也被相关的研究所证实。平均而言，从种植单一作物转向农林复合，土壤有机碳增加了34%。

印度是世界上第一个在国家层面正式通过农林业政策的国家。在印度，林业和农业的结合已有数百年的传统，目前已有13万平方千米的土地采用农林业方式耕作，提供了该国65%的木材。非洲的农林业的案例也很多，包括埃塞俄比亚的遮阴咖啡种植园、坦桑尼亚的多层家庭花园、肯尼亚的林地以及撒哈拉沙漠以南萨赫勒地区的热带草原系统。在东南亚，农民将水果树和坚果树种植在稻田内和稻田边缘，为稻田幼苗提供庇护，以此获得额外的收入来源。在印度尼西亚，农林业实践正在有效实施，以恢复因数十年的雨林砍伐而严重退化的土地。

在西非的尼日尔，正在发起一场农民运动——利用一种有效、低成本的林地管理技术恢复高度退化的土地，该技术利用树桩、树根和种子种植本土树木。这种农林业系统被称为"农场管理式自然再生"（FMNR），起源于20世纪70年代至80年代萨赫勒地区的严重饥荒。面对长期贫困以及由于荒漠化导致的植被和其他自然资源的持续流失，当地农民和农业专家发现了一片由活树桩组成的"地下森林"，这是多年前为种植庄稼而砍伐的原始林地的残余物。他们刺激树桩重新发芽，开始再

生过程，并采用传统的修剪方法使其垂直生长。如今，大量的树木被整合到现有的放牧等农业活动中，创造了一系列动态的关系，提高了土壤肥力、土壤水分和作物产量，还提供了水果和木柴。最近的一项调查显示，尼日尔有超过4万平方千米农田（约占其农田的50%）被农场管理式自然再生重新种植，提高了粮食安全，并增强了抵御极端天气的能力。农场管理式自然再生已经引起了非洲其他地区和世界各地农民、发展机构和非政府组织的关注。

布朗纳博士于2007年在加纳创立了一家农林业公司，该公司与当地农民和农业工人合作，生产有机的公平贸易棕榈油，用于制造肥皂。棕榈油是部分氢化油的常用替代品，用于多种食品、化妆品、清洁剂和生物燃料。然而，棕榈种植园对环境具有高度破坏性，工业炼油厂也会对当地社区产生不利影响。为了提供一种可再生的替代方案，布朗纳博士启动了"意外收获"项目，该项目从近800个小型有机农场购买棕榈果，并在阿苏姆镇通过一个加工厂制作棕榈油。这家加工厂雇用了200多人，工资远远高于平均水平。加工剩下的棕榈仁被送往邻国多哥的一个公平贸易棕榈油项目，剩余的果实被制成肥料，在农场上撒播，让养分返回土壤。

2016年，在"意外收获"项目的帮助下，种植有机棕榈的农民除在自己的土地上种植可可、水果和其他林木作物之外，还开始实施其他农林业实践，包括将不同类型的树木分层混合种植，以模仿天然林的样式。不同树高、不同叶子大小和不同树冠密度的种植组合优化了阳光的吸收效率。这种光合作用改善了植物的生命力和活力，帮助树木抵御害虫侵害。落叶、掉落的树枝和不同类型的植物根系结合在一起，刺激了土壤微生物的多样性。因此，农民在获得了更高的作物产量的同时，也为市场提供了更高质量的产品，改善了当地社区的粮食安全状况。此外，该项目还为动植物带来更大的生态效益，并且实现了更高水平的碳封存。该项目实施以来，市场对棕榈油和有机可可的需求持续增长。项目正计划

"意外收获"项目支持许多相邻的小农合作伙伴，并培训他们创建最有效的维护计划，以获得最佳产量。修剪的所有枝条都有助于提高土壤肥力。在这里，一群农民正在打开可可荚来获取可可豆。收割的农民邀请附近的农民和朋友来打破豆荚。作为社区互惠的行为，他们为所有人准备食物，然后将锅中的湿豆发酵。

扩大与农民的合作，新增一些作物，包括木薯粉、姜黄和果泥。

在波利尼西亚（Polynesia），农林业在整个历史中都很普遍，并提供了当地居民维持生计、工艺加工、建筑活动和举办仪式所需的大部分原材料。该地区实行的特定类型的农林业创造了称为"新森林"的植被模式。他们引入外来物种，并和当地物种混合种植，这种景观最初被非波利尼西亚人视为自然景观，但实际上是当地原住民的人为设计。新森林具有低劳动力、多代资源的特征，通常没有梯田、运河或田间系统等永久性基础设施，构成了特定形式的生物景观。它们可以替代天然林的部分生态功能，在某些地区甚至可能超过以前的水平。树木生长在永久性的多层家庭花园中，林下作物有香蕉、芋头和山药。大片的新森林包含多达19种树木作物，包括大溪地栗树、山苹果和烛台树，但主要作物是面包果和椰子。

在欧洲，有一个悠久的传统，那就是畜牧和林业企业同时要参与野生动物保护和当地粮食生产。其中一个例子是德埃萨（dehesa），它是一个由树木、多年生草原、一年生作物和放牧动物共同组成的多样化区域，所有这些选择都是针对土地和水域限制而量身定制，最终构成一个受到高度管理的森林系统。在西班牙西南部和葡萄牙东部〔我们称为蒙塔多（montado）〕，有一片占地近3万平方千米的德埃萨。多年来，这片土地上的常绿乔木、灌木和其他木本物种被清除，取而代之的是原生草和橡树，包括霍姆橡树和软木橡树。霍姆橡树的橡子是猪最喜欢的食物。该地区土壤稀薄，气候干燥，这意味着土地更适合低密度的牲畜放牧。随着时间的推移，该地区农业用途扩大，包括放牧山羊、种植某些植物、种植蘑菇、养蜂和生产天然软木塞（为新兴的葡萄酒行业服务）。最近，人们开始关注橄榄园和葡萄园，以及饲养传统牲畜品种，例如西班牙斗牛和伊比利亚猪等。德埃萨也是西班牙帝鹰、西班牙猞猁和黑秃鹰等濒危物种的家园。

德埃萨的成功与原住民的长期经验和知识积累密不可分。与所有农林业系统一样，德埃萨是一个需要管理的人造景观。如果不进行干预，灌木丛和其他木本植物就会重新生长，从而降低稀树草原的好处。因此，橡树再生需要修剪、培育，橡树的幼树需要保护，避免牲畜的侵害。作为在该地区的传统景观，德埃萨与当地农民和社区建立了持久的联系。现代化方法包括采用工业食品生产实践在很大程度上遭到了当地居民的抵制。研究人员已经确定了德埃萨的固碳效益——其中的碳和养分在很大程度上实现了内部循环。德埃萨的低强度生产与各种碳源（包括树叶和粪便）相结合，意味着它们可以有效地捕获和储存这些有机物。一项研究表明，这些农林复合措施提高了土壤碳储量，同时减少了土壤排放到大气的二氧化碳。另一项研究表明，在树冠下测得的土壤碳含量高于牧场，这意味着维持或增加德埃萨的树木覆盖率可能会增加土壤中长期储存的碳的含量。

即使在干旱环境中，农林业系统也可以发挥作用。例如，几千年来，原住民族一直将龙舌兰作为食物和纤维的来源进行种植。龙舌兰酒举世闻名，但鲜为人知的是，全世界生长着200多种龙舌兰，包括在已经退化的土地上——这些土地不再适合一年生作物的生长。耐旱的龙舌兰在炎热的气候中全年生长，寿命长达一个世纪，使其成为全球气温上升时作物的理想选择。对于某些龙舌兰品种，每平方千米的脱水重量可达10 000吨，这一数字非常高，可能对气候变化产生重大影响，对于受退化土地遗产困扰的人们，它还可以与豆科灌木、铁木、胡萨切和金合欢等固氮树一起种植，从而提供可再生收入。

农林业作物还包括仙人掌。作为食物和燃料的来源，仙人掌可以在大多数作物不适宜生长的地区大量生长，越来越受到人们的青睐。这种标志性的沙漠植物在墨西哥被称为胭脂树（nopal），并出现在该国的国旗上。仙人掌可食用部分被用于制作沙拉、汤、玉米粉蒸肉和砂锅菜，或磨成面粉制作玉米饼。而其不可食用的部分，可通过蒸馏的方式转化成汽车的生物燃料和发电用的生物甲烷气体。

在过去的一个世纪里，随着机械化围栏生产在工业化国家的兴起，毁林造田在全球各地持续发生。森林流失几乎在所有发展中国家都很普遍，而且往往以牺牲传统粮食系统为代价。今天，农林业系统正在卷土重来，这得益于它们能够应对各种紧迫的环境挑战，包括碳封存，同时还能以可持续的方式生产食物、纤维和草料。

火灾生态

火灾可以破坏或重建森林景观。在西方工业化国家，一个多世纪以来，火灾一直被视为一种破坏性灾害。然而，数千年来，原住民在世界各地通过积极使用焚烧方法培育丰富、多产的森林和草原，这些森林和草原并没有受到火灾的影响。当欧洲人在16世纪到达北美时，森林中的植物生长茂盛。森林内部非常宽敞，殖民者可以在其间驾驶马车。当时，这些欧洲人并没有意识到，这些并不是处于自然状态的生态系统，而是被人工干预过。几千年来，北美西部海岸的原住部落一直在使用祖传的焚烧方式降低极端火灾事件的风险，同时形成理想的森林景观，并让猎物的物种更加丰富。多年来，森林和草原的各个部分轮流被焚烧，以减少灌木丛对资源的消耗和二次生长。随后，森林可以用来种植食物，包括胡桃、橡子、百合球茎和蘑菇，以及有用的产品，如榛子芽——用于编织篮子。

原住民一词指的是最早生存于该片土地的人，或至少在入侵者到来之前居住在该片土地上的人。大多数原住民文化已经有数千年的历史，其间，积累的知识被称为本地科学或观察科学，这些知识描述了如何与当地的一切进行互动，以最大限度地造福于他们所依赖的生态系统。原住民文化中记录了生物物理循环的产生和发展，以及它们如何影响森林景观。原住民增加了土地的丰裕度，而焚烧在其中发挥了至关重要的作用。但殖民者不这么认为。由于欧洲对木材的渴求，他们将火灾视为对资产和财产的威胁。1911年，美国将在公共土地上

在一次消防训练交流（简称TREX）中，一名消防员在加利福尼亚州Weitchpec镇的附近管理着原住民规定的焚烧边界。近年来，随着越来越多的野火在美国西海岸肆虐，原住民生态受到了关注。

纵火定为犯罪。美国林业局随后颁布了灭火政策——所有火灾必须在发现后的第二天上午10时前扑灭。结果，国家森林不受控制地生长，小型树木和地下植被的密度增加，引发了强烈的火灾。

全球变暖和过度生长的森林为破坏性火灾创造了理想的条件。现在，世界上许多地方的火灾季节越来越长，火灾数量越来越多，烧毁的土地面积越来越大，消防成本也急剧上升。2019年，全球因森林火灾排放的二氧化碳超过80亿吨，占二氧化碳总排放量的近四分之一。在2019年至2020年的火灾季节，澳大利亚的火灾排放了4.91亿吨二氧化碳，使该国当年的温室气体排放总量翻了一番，并从全球第十四位跃升至第六位。

原住民对火灾管理的基本原则是严格控制火灾的时间和强度，以清除灌木丛，再生重要的草和多年生植物，尤其是在易燃环境中。此外，火灾的时机也很关键。根据季节、气温、天气和风向，他们有选择地在某些地区制造火灾。有些标准更加微妙，它们通常来自持续的观察，同时和土地的状态密切联系。例如，早上和下午是否有大量露水，也是其中的一个标准。在北美洲西部的初秋，原住部落在第一场雨后焚烧，因为这样可以最大限度地消灭害虫种群，同时最大限度地减少对成熟树木的威胁。加利福尼亚的原住部落知道一些物种在火灾后需要更长时间才能恢复，所以他们以特定的轮转方式局部焚烧森林，以保证某些植物有时间生长成熟。在被称为"文化燃烧"的第一年，他们可以采集榛树的草和嫩枝编制篮子。在第二年和第三年，灌木上就会生长大量浆果。

澳大利亚的原住民也采用了类似的技术，但他们焚烧的时间由季风决定。雨季过后，随着部分土地干涸，原住护林员点燃数百起小火，并对其实施监测。今天，原住民的大部分防御性焚烧发生在澳大利亚北部地区，通过这种方法，他们将该地的破坏性野火数量减少了一半，把野火燃烧的土地面积减少了57%，同时把温室气体排放量减少了40%。由于澳大利亚采用了碳排放交易系统（Cap-and-Trade system），固碳机构或者零排放机构可以从排放机构处获得补偿。因此，原住民通过采用焚烧技术已经赚取了8 000万美元，他们将这些资金重新投资到他们的社区，以获得更好的教育，同时创造了数百个工作岗位。

美国本土的火灾管理技术正在获得快速发展。数千年来，克拉马斯河流域一直是原住民的家园。直到1900年，鲑鱼以及它们的捕食者（包括黑熊和秃鹰）都很丰富。今天，克拉马斯不再盛产鲑鱼、鲟鱼。1999年，梅格拉姆大火（Megram Fire）烧毁了六河国家森林（Six Rivers National Forest）内500平方千米的土地。卡鲁克（Karuk）和尤洛克（Yurok）部落成员弗兰克·莱克（Frank Lake）意识到，为了恢复鲑鱼和流域生态，他需要将当地的火灾管理方法重新用在这片古老的土地之上。首先，他必须说服美国林业局将灭火政策改为合理用火的原住民方法，这可以减少该地区野火的数量和强度。

经过10年的合作和宣传，美国林务局目前正与部落团体和非营利组织合作，通过使用卡鲁克部落的方法，在克拉马斯河流域和六河国家森林内焚烧了大量土地。如果一切顺利，莱克希望这项合作有朝一日能覆盖超过4 000平方千米的卡鲁克部落土地。火灾生态学家、研究人员、环保主义者和政府官员社区日益壮大，他也成为其中的一员。这个群体了解原住民火灾管理的价值。越来越多的管理策略正在从等待闪电来袭转变为主动、定期的焚烧。这是一项受到原住民欢迎的政策变化。

加利福尼亚州北部落北叉牧场（North Fork Rancheria Mono）的成员称有针对性的焚烧是"有益的火灾"。从历史上看，他们用火来维持林地生态系统的健康，并从中获取所需的食物、水、木材和纤维。良好的用火实践成为他们与土地之间重要的文化纽带。今天，随着原住民智慧得到州政府和联邦当局的认可，部落正在重新启动焚烧活动，局部区域被部落成员管理的低强度火灾烧毁。但这不仅仅是采用适当的管理实践的问题，而是对火的认识问题。北叉牧场和其他部落并没有把火当作敌人来"扑灭"，而是将火视为再生和管理我们共同星球的关键工作中的伙伴。这种伙伴关系融入了原住民的生活。土地和火离不开文化和历史，它们构成了精神、社会和生态整体的一部分。尽管原住民用火知识再次受到尊重，但存在一种风险，即这些知识会被过度简化并通过一组局部的结果来衡量。因此，我们必须站在全局的角度看待局部火灾的结果。有效、持久的解决方案必须以原住民的知识为基础，支持原住民社区，并保护他们的权利。

竹子

竹子对人类和熊猫是一种美味的食物，同时也可以制药。竹子的生长速度很快，有些竹类一天可以长70厘米。竹子在5年内可以达到成熟，砍伐后无须播种即可再生。在生长的过程中，它们不需要灌溉、杀虫或施肥。竹子属于草本植物，但看起来像一片森林。与同等大小的树木相比，它可以为大气多提供三分之一的氧气。它具有固碳功能，可以生长在退化的土地上，它喜欢阳光，可以作为农林业项目的作物。竹子是一种非常普遍的植物，在五个大洲都有原产竹子，全世界有25亿人使用竹子。它看上去很优美，具有深厚的文化价值。它重量轻，但非常坚固，可以替代木材。它的纤维柔软耐用，同时具有良好的弹性和吸水性，可以被制成木炭用作烹饪燃料。爱迪生甚至曾在他的灯泡中使用过竹丝。竹笋是一种很受欢迎的食品，竹子还可以制作地毯、窗帘、床、椅子、桌子、杯子、盘子、玩具、珠宝、艺术品、摩托车头盔和乐器等。

竹子可以制作优质的卫生纸。这一过程类似于将原始木材转化为传统卫生纸的过程，通过加热、注水和加压将竹子纤维分解成纸浆。二者只在原材料上有所区别。原始木材通常来源于加拿大的北方森林。它们生长缓慢，储存了大量的碳。一旦被砍伐，将会破坏重要的碳汇和野生动物的栖息地，再生则需要几十年的时间。相比之下，竹子生长所需的土地更少，再生速度快，并且适应多种气候条件。

在韩国庆尚道城墙镇，一棵红松（*Pinus koraiensis Sieb. et Zucc.*）蜿蜒的树干被毛竹（*Phyuostachy pubesens*）夹住。

竹子可以从大气中吸收大量的二氧化碳。竹子的生长速度极快，可以达到的高度很高（近30米），具有广泛的根系以及收割后重新生长的能力，所有这些特点，让竹子具备强大的固碳能力。在生长的初期，竹林比同等大小且快速生长的树木能够吸收更多的碳。每平方千米的成熟竹林在60年的时间里可以储存大约3万吨碳。竹子的优势在于它的根。在共计1 662种竹子中，有些竹类是丛生，但更多竹类是从根茎中生长出来的。这些竹子的根是水平根，也称为匍匐茎，它的生长速度很快，一个季节可以长到3米长。虽然单个竹竿的平均寿命不到10年，但根部可以存活数十年，并在整个生命周期内储存碳。自然生长的竹子不像精心管理的竹林那样生长旺盛，因此储存的碳更少。所以我们需要通过适当的修剪和选择性砍伐，为竹子提供生长空间，增强它们吸收二氧化碳的能力，并且保护它们的根系不受伤害。

竹类植物的细胞中富含一种名为"植硅体"的二氧化硅结构，可以将碳密封在体内。二氧化硅具有很强的抗降解性，因此当竹子的树干或树叶落到地上后，即便竹子本身腐烂分解，里面储存的碳仍会被继续封存长达数千年。这对气候影响很大。如果4 000万平方千米潜在耕地中有一半用于种植竹子，那么植硅体的固碳能力估计为每年7.5亿吨。最近的一项研究表明，如果将竹子地下的树干和根系中发现的植硅体包括在内，这个数量可能会更高。

即便竹子被制作成持久耐用的产品，包括用于建造房屋、办公楼或桥梁的木材，竹子体内吸收的碳仍将被封存。值得注意的是，竹子的抗拉强度高于钢，抗压强度高于混凝土。因此竹子可以代替红木等硬木来制造地板、家具和其他家居用品，从而减轻对濒危森林系统和重要野生动物栖息地的破坏。如果对竹子进行处理以防止腐烂和虫害，竹子可以保存50年到100年。随着制造业的进步，竹子能够被切割成直边，交叉层压，并排列成满足各种结构需求的形状，这不仅增加了竹子的实用性，也进一步增强了其作为全球碳汇的作用。聚焦于超强复合材料制造的新技术使竹子成为钢铁、水泥和其他广泛使用的建筑材料的替代品——不仅避免了这些材料在制造过程中产生的温室气体排放，而且可以在建筑环境中将碳封存几十年时间。

竹子是恢复生态系统的重要工具。它的根系（特别是匍匐茎）可以稳固受损的土地，保护其免受风和水的侵蚀。竹子可以生长在陡峭的山坡和稀薄的土壤中。多年来，中国一直在种植竹子，用于减缓沙漠化、恢复退化的农田和修建防风林。在马拉维，人们正在种植成排的巨型竹子，以修复数十年来森林砍伐造成的破坏，同时为当地社区提供源源不断的木材和燃料。在尼加拉瓜，瓜多竹（Guadua）是当地的一种丛生植物，一个名为EcoPlanet Bamboo的组织通过在树木间种植这种植物，已经恢复了大量退化的森林。同时，这个过程产生的竹纤维还通过了森林管理委员会（FSC）的森林可持续性经营的认证，出口到其他国家。在印度有一片农田，由于被窑主开垦用作工业砌砖用表层土而遭到破坏，后来，人们在这片农田种植了辣木、竹子、番石榴、香蕉、芒果和蔬菜。在接下来的几年里，树叶凋落后在地面上累积，增加了雨水的渗透，并在土壤分解时增加了微生物种群。就这样，枯竭的地下水位在20年内上升了15米。

竹子具有重要的经济效益和社会效益。作为一种作物，它的快速生长和再生为农民提供了稳定的收入。同时，它也是烹饪炉灶和家庭取暖所用的木炭的来源，比传统的木炭燃烧得更清洁。世界许多地方的树木需要几十年才能成熟，因此使用竹子作为燃料可以大大减少森林砍伐。竹子还可以转化成颗粒或沼气用于发电。它可以是生物炭的来源，生物炭可以长期封存其中的碳。竹子具有耐寒性和多功能性，非常适合全球变暖带来的不断变化的生态和金融环境。

竹子并不完美。和许多草本植物一样，如果管理不当，竹子可能会出现侵略性传播。我们必须注意确保它与其他类型的植被可以共生，防止它消灭其他植物。如果作为单一植物种在种植园里，它可能会对包括野生动物在内的本地物种产生不利影响。竹子已经成为一种流行的服装纤维来源，我们必须对此保持谨慎。例如，人造丝是一种由树木纤维素制成的织物，其生产过程需要用到与人类疾病有关的有毒化学物质。它的副产品还会造成空气和水污染。因此我们只能寄希望于制造人造丝的过程可以采用绿色化学，这样竹子就可以成为一种可持续的服装纤维。

种植竹子是一种多用途、纯天然的气候解决方案，在农林复合、粮食生产、建筑施工、土地恢复、农村经济发展、野生动物栖息地保护和降低碳排放等方面都具有重要价值。

上层

《上层》(*The Overstory*)小说的女主角帕特里夏·韦斯特福特(Patricia Westerford)

理查德·鲍尔斯(Richard Powers)

　　当来自加拿大的苏珊娜·西玛德(Suzanne Simard)在美国俄勒冈州立大学(Oregon State University)学习森林生态学时,她发现了一个与她此前生活的地方完全不同的世界。她出生于加拿大不列颠哥伦比亚省的一个伐木家庭,在温带雨林长大的她,习惯于看到树木被选择性地砍伐,并沿着地面一棵一棵地放倒。雪松原木将被存放在路边的收集区,对森林地面的破坏微乎其微。其间发生的扰动可以帮助坚果和种子发芽,当然,这个过程有时还需要马的施肥。而在俄勒冈州,伐木工作截然不同。人们对整个林地进行分区,如同棋盘格;每个区域的树木被全部砍伐,然后用推土机将地面刮干净,并喷洒除草剂。之后,人们在这些被清理的土地种植成排的树木幼苗。土地上原有的雪松、枫树、苦樱桃、榛子、桤木、云杉和白蜡树等植物都消失不见。新种植的树木间距适当,浇水充足,沐浴在阳光下,相互没有竞争。然而,很明显,这些重新种植的道格拉斯冷杉幼苗不如本地冷杉健壮。由于没有灌木丛和本土树木,这种统一的种植必然会失败,最终沦为贫瘠的工业景观。

　　为了完成博士论文,西玛德亲自去了森林。这听起来理所当然,但在当时,林学专业的学生大多待在校园里,在实验室里进行遗传学研究,或在温室里进行扦插。她想弄清楚为什么多样、茂密、古老的森林比惠好公司(Weyerhaeuser)和梅溪木材(Plum Creek)等公司培育的次生林更高产、更健康,毕竟,次生林的种植方式明明已经使用当前的森林科学进行了优化。经过思考,她确定原因在树木下面的土壤中——由于消灭了植物多样性,并用单一物种取而代之,引起了森林生态中的根系变化。

　　她回到加拿大不列颠哥伦比亚省的森林进行研究。最初,她将两种类型的碳分别注入道格拉斯冷杉和纸桦树。她发现,在夏季,由于更加荫凉,道格拉斯冷杉从纸桦木中吸收碳(糖)。随着季节变化,当纸桦树开始落叶时,道格拉斯冷杉向纸桦树输送碳。这种出人意料的现象是一个颠覆式的科学发现,至少在林学专业,之前从来没有人提出过。相互依存、共生、互惠、利他和生成是对这种现象的进一步描述。通过被称为菌根的丝状白色真菌地下网络,树木正在交换食物、水和化学信号,从而实现多种树木和植物的互惠和共生。与之相对的,种植园的树木基本上是"孤儿",没有网络,没有支持,没有"家人"。当她的研究于1997年发表在《自然》杂志上时,编辑们把她的论文称为"木维网"(wood-wide web),这在媒体上引起了轰动,也遭到了男性同事的抵制。她的研究表明,一片完整的森林是一个群落,而不是一组竞争物种。从那时起,其他科学家们多次重复西玛德的工作。尽管他们无法对她的方法、技术或结论提出质疑,但她的论文还是受到了他们的批评,因为这不符合达尔文的适者生存理论,即激烈的竞争是物种进化的主要决定因素。奇怪的是,达尔文的著作是以经济学家亚当·斯密的竞争优势理论为依据的,而这种解释从那时起就一直影响着资本主义意识形态。西玛德的看法则截然相反。她在论文中使用"母树"一词来描述支撑数百种其他植物和树木的老树。西玛德在她的研究中找到了树木和其他植物的另一种特质,即它们相互关联而不是相互阻碍。

　　理查德·鲍尔斯的小说《上层》获得了2018年普利策奖,小说的主角之一帕特里夏·韦斯特福德正是以西玛德为原型。在小说中,韦斯特福德博士发表了一篇论文,称"只有当我们将树木视为社区的成员时,单个树木的生物化学行为才有意义"。在接下来的几个月里,她受到了同学和老师的严厉批评。由于不堪其扰,她离

艾萨克·牛顿爵士海岸红杉位于草原溪红杉州立公园(这是一片尤洛克民族未割让的土地)。它是第三大单茎海岸红杉,高度略低于91米,直径接近21米。左边的树节存储着父树的遗传密码,重达18 143千克。这片森林中还有道格拉斯云杉、锡特卡云杉和西部铁杉。

开了学院。后来，她在西部一个偏僻的地方生活多年，并成为一名向导。20多年后，她在喀斯喀特地区的一个森林研究站继续研究工作。她最初的发现最终得到了证实，在她的著作《秘密森林》(*The Secret Forest*) 出版后，她受到了极大的追捧，并受邀在硅谷著名的气候会议上发表主题演讲。其间，多名企业高管和领导人齐聚一堂，讨论世界的困境和未来。她的演讲题为《一个人能为明天的世界所做的最好的事情》，她既紧张又慌张，演讲时有些结结巴巴，在她的演讲中，有人中途退场。

——保罗·霍肯

礼堂里一片漆黑，两旁可能是红木。帕特里夏站在讲台上，下面是数百名专家。她俯视着这些期待的脸庞。在她身后出现了一幅朴素的木制方舟画，上面有一群动物蜿蜒而入。

"第一次世界末日来临的时候，诺亚把所有的动物

装上他的方舟，准备撤离。但有趣的是：他没有挽救植物。他没有拿走他在陆地上重建生活所需的物资，而是集中精力拯救那些贪吃的动物！问题是，诺亚和他的同类不相信植物真的是活的。他认为它们没有意识、没有生命的火花，就像碰巧变大的岩石一样。

"现在我们知道，植物可以交流和记忆。它们拥有味觉、嗅觉、触觉，甚至还有听觉和视觉。它们和我们人类一起共享这个世界。我们已经开始理解树与人之间的深刻联系。但我们的分离比我们的联系来得更快。

"仅在我们身处的这个州，过去6年里，有三分之一的森林消失了。森林正在遭受干旱、火灾、橡树猝死、吉卜赛飞蛾、松甲虫和锈病，农场和分区的伐木活动一如既往。这些事件有相同的原因，在座的人都知道，所

黎明时分，加利福尼亚州因约国家森林 (Inyo National Forest) 古狐尾松林，一棵狐尾松 (*Pinus longaeva*) 的扭曲枝条。长叶松已有5000多年的历史，是地球上最古老的生物之一。

有关注森林的人都知道。整个生态系统正在瓦解，但生物学家不知所措。生活是如此慷慨，我们是如此伤心。

"很多人认为树是简单的东西，不能做任何有趣的事情。但是树也是万能的，它的化学成分惊人，包括蜡、脂肪、糖、甾醇、树胶和类胡萝卜素、树脂酸、类黄酮、萜烯、生物碱、酚类、软木素。它们正在学习制造任何可以制造的东西，其中的大部分东西我们甚至还没发现。

"龙树会流出红色的血，巴西葡萄树（Jabuticaba）从树干上长出台球大小的果实，千年猴面包树就像装有130 000升水的系留气象气球。桉树的颜色像彩虹，奇异的箭袋树的树枝尖上有武器。沙盒树（Hura crepitans L.）以260千米/时的速度从爆炸的果实中发射种子。

"在过去的4亿年中，一些植物尝试了每一种生长策略，但成功的机会微乎其微。差之毫厘，谬以千里。生命有一种与未来对话的方式，我们称为记忆或基因。要面对未来，我们必须拯救过去。那么，我的简单经验法则是，当你砍倒一棵树时，你从中收获的产品应该至少和你砍伐的树木一样神奇。

"我的一生都是一个旁观者，但其他很多人都和我在一起。尽管不符合常识，我们还是发现树木可以通过空气和根系进行交流。我们发现树木互相照顾，但科学界否定了这个想法。我们发现种子如何记住它们童年的季节，并据此发芽，发现树木如何感知附近其他生命的存在，并学会节约用水，以喂养它们的孩子，同步它们的躯干和河岸资源，警告亲属并向黄蜂发出信号，让它们免受攻击。

"这里有一些来自旁观者的信息，你可以等待它们被证实。森林有自己的意识。它们把自己连接到地下，那里有它们的大脑，我们是看不见的。树根可以解决问题和做决定，可能是真菌突触，或者是别的什么把足够多的树连接在一起，森林就会形成意识。

"我们科学家被教导永远不要在其他物种中寻找同类，所以在我们眼中，没有任何东西看起来像我们！直到不久前，我们甚至还认为黑猩猩没有意识，更不用说狗或海豚了。只有人才拥有知识和思考。但请相信我：树木想从我们这里得到一些东西，就像我们一直想从它们那里得到一些东西一样，这并不神秘。环境是一个流动的、不断变化的、相互依赖的、有目的的生活网络。爱情和战争密不可分，花朵塑造蜜蜂，就像蜜蜂塑造花

朵一样。浆果之间的竞争可能会比动物争夺浆果更激烈。刺槐可以制作含糖蛋白质的食物来喂养和奴役守卫它的蚂蚁。水果植物诱使我们传播它们的种子，成熟的果实会有鲜艳的颜色，树木教会我们天空是蓝色的。我们进化的大脑可以解决森林的问题。我们被森林改变的时间比我们成为智人的时间还要长。

"树木正在做科学研究，甚至已经进行了10亿次实地试验。它们可以推测，而现实世界告诉它们什么是对的。生命是推测，推测就是生命。这是一个多么奇妙的关系！它意味着猜想，也意味着镜像。树木站在生态的核心，也必须站在人类政治的核心。泰戈尔说，树木是地球为实现向天堂倾诉所做的不懈努力。而人类，可能是地球试图与之对话的天堂。

"如果我们能看到绿色，我们会接近有趣的东西；如果我们能看到绿色在做什么，我们就不会感到孤独或无聊；如果我们能理解绿色，我们就会学会如何在土地深处种植我们需要的所有食物；如果我们知道绿色想要什么，我们就不必在地球的利益和我们的利益之间做出选择。它们会是一致的！

"看到绿色就是为了把握地球的意图。所以，请你仔细想想这句话。从哥伦比亚到哥斯达黎加，这颗树苗看起来像一块编织的麻。但如果它头顶的树冠上有一个洞，树苗就会长成巨大的树干，还有很多张开的枝条。你知道地球上的每一棵阔叶树都有花吗？许多成熟的品种每年至少开花一次。但是这棵吞金树（Tachigali versicolor），一生只开花一次。假设你一生中只能做爱一次……

"如果一个生物一生只能做爱一次，它怎么能活下来？吞金树的开花如此迅速和果断，让我感到难以置信。在它唯一一次开花后的一年内，它就会死去。

"事实证明，一棵树可以提供给我们的，不仅仅是食物和药物。热带雨林的树木的树冠很厚，风媒传播的种子从来不会落在离'父母'很远的地方。吞金树的后代会在'父母'巨大的阴影下发芽，它们注定无法长大，除非一棵老树倒下然后在树冠上开了一个洞，它腐烂的树干为新的幼苗提供了肥沃的土壤。父母的牺牲才能让幼苗长大。因此，吞金树的通用名称是自杀树。

"我问过自己这个问题，并对它进行过深入的思考。我试图让自己变得理性，努力不让希望和虚荣蒙蔽我的双眼，我还试图从树木的角度来看这个问题：一个人能为明天的世界所做的最好的事情是什么？"

荒野

佛罗里达州大柏树国家保护区（Big Cypress National Preserve）内一片长满苔藓的柏树林中的一对大白鹭。

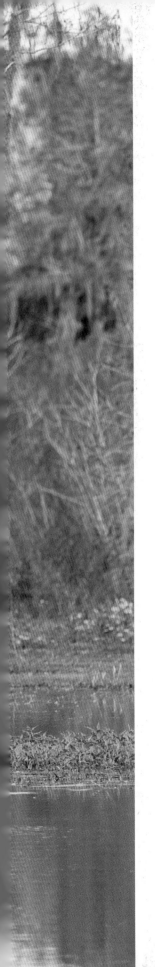

简介

很多人认为，我们可以在城市里度过一生，荒野和我们无关。但这个观点正确吗？"野生"这个词将自然界生长的植物或动物与人类栽培的植物或饲养的动物区分开来。从单一个体的角度来看，这种区分是正确的，例如，我们的早餐培根来自家养的猪，而不是野猪。然而，从整个生物世界的角度来看，这种区分毫无意义。如果你住在巴黎，即使当地受到污染，塞纳河也是"野生"的。人行道的裂缝中生长着野生的植物，人体充斥着庞大的微生物群系统，已知和未知的微生物数量超过我们人体细胞的数量。甚至可以说，人类主要是由细菌组成的，我们每个人都独一无二，因为每个人的器官、肠道、皮肤和毛囊含有独特的细菌群，彼此之间互不相同。通过日常的接触、握手、亲吻和一起用餐，分享我们的细菌，并创建一个相互关联的网络，据说这个网络可以协调我们与家庭和环境的互动。

尽管我们与生俱来的人类生物多样性尚未完全证实或量化，但研究表明，人体微生物群中的基因数量比宇宙中的恒星还要多，大约一半是所谓的单态基因，即每个个体所单独特有的基因。从科学的角度，气候运动提出了基于自然的解决方案，本书对此也有相关介绍。然而，大家通常对"自然"这个概念存在重大的误解。自然不能把人类排除在外，而是要包含其中。虽然人类有着独特的器官和能力，但我们的身体也是一个生态系统，与孢子、藻类、细菌、花粉和病毒的广泛传播密不可分。事实证明，我们也是地球上的一个物种。自然界可能没有任何独立存在的"个体"。树木是庞大网络中的连接点，与菌丝体、微生物、真菌、细菌、线虫和病毒相互作用，我们每个人也是如此。

当考虑如何结束气候危机时，我们很少将荒野视为不可或缺的一部分。沼泽、甲虫、大象、小面包真菌、白蚁丘、沙丘鹤和珊瑚礁属于生物多样性的范畴，它们的栖息地正面临气候危机的威胁。通过种种方式，我们将人类的幸福从神秘、威严和广阔的自然界中独立出来。然而，我们还是在自然界生活，保护自然至关重要。移除体内的细菌，人类就会死亡。移除地球上的微型和大型生物群，我们已知的生命就会终止。当我们服用抗生素、加工食品或对我们的生活环境过度消毒时，就会破坏我们体内的生态系统。当我们把湿地变成农田、捕杀野生动物、用草甘膦污染土壤、过度捕捞、酸化海洋、放火焚烧森林时，我们也在破坏自然界的生态系统。当我们恢复野生动物栖息地时，我们就是在恢复这些动物的复原力、繁殖能力、生存能力和进化能力。

在本节中，我们详细介绍了人们可以在传粉媒介、野生动物迁徙、狼、鲑鱼、海狸和野生动物走廊方面发挥作用的几个领域。此外，我们还探讨了生物区的概念，生物区是根据其独特的生物属性组织和管理的，避免受到经济和政治影响的地理区域。作家伊莎贝拉·特里（Isabella Tree）写过一篇关于英格兰苏塞克斯（Sussex）14平方千米的克纳普城堡庄园管理的文章。在文章中，她详细介绍了她和丈夫查理·伯勒尔（Charlie Burrell）如何为庄园退化的土地自然再生创造条件。最终，他们将庄园变成了一片新生的荒野，其美丽和多样性令英国的环保主义者感到震惊。当伤害停止时，大自然会迅速、优雅、全面地自我修复。在克纳普城堡庄园的案例中，猪、牛和马等传统物种被引入进来。一个死气沉沉、年年亏损的农场变成了一只生命方舟。克纳普城堡庄园融入了大自然，以至于人们愿意花钱去观赏回到苏塞克斯的哺乳动物、鸟类、森林动物和昆虫的生活。当生命再生时，复杂性就会激增。当多样性正在萌芽、生产率急剧上升、物种重新出现时，气候也会做出反应。

营养级联

1926年，随着最后一声枪响，黄石国家公园中的最后一只狼倒在了地上。直到今天，狼也被视为危险的捕食者，只要有一星半点的机会，它们就会攻击人类和牲畜。著名作家和博物学家乔治·蒙比奥特（George Monbiot）曾经提出过这样一个问题："请把下列物品的致命风险按照由低到高的顺序排序：狼、自动售货机、奶牛、家犬和牙签，你觉得应该怎么排？其实就是上面这个顺序。"每年有近170名美国人死于吞食牙签，而在21世纪只有一人死于狼的攻击。至于自动售货机，当人们在机器出现故障时会摇晃机器，此时，机器有可能发生倾翻，导致人们丧生。

随着落基山（Rocky Mountain）北部的灰狼被英勇的猎人消灭，黄石国家公园的威胁得到了解除。但几年后，公园的生态系统开始瓦解，植物的种类和数量发生了巨大的变化。由于失去了主要的捕食者，麋鹿的数量激增。这些野生的有蹄类食草动物将白杨、三叶杨、柳树和枫树破坏殆尽。随着越橘、黑醋栗、山茱萸和野玫瑰的消失，树木也随之消失，然后是杂草，包括甜三叶草、蒲公英、盐芥和防风草。然而，那只是个开始。由于缺乏种子、坚果、树皮昆虫和筑巢地，鸟类数量下降。海狸失去了它们的冬季食物来源——柳树。没有它们，河流就会被侵蚀，鱼类也受到了河流淤塞的影响。由于没有树木，河岸侵蚀拓宽了河流，形成了温暖的浅滩。同时，也有一些物种从中受益。随着竞争的减少，土狼的数量成倍增加。它们在草地和森林中肆虐，把大量的田鼠和小型哺乳动物作为食物，显著减少了狐狸、獾、金雕、红尾鹰、游隼和鱼鹰的数量。这导致曾被认为是天然的野生动物避难所的黄石国家公园，如今却成为生态系统崩溃的典型代表。

在怀俄明州黄石国家公园的拉马尔山谷，一只土狼和一只原黄石德鲁伊峰的灰狼在吃麋鹿尸体时停下来。

生态系统不仅是指某一个区域和其中的所有生物，还包括支持该地区的物理组成部分——溪流、河流、降雨、岩石和当地气候。随着生物和非生物的相互作用，形成了一个错综复杂的系统，该系统的基础是植物通过光合作用为其他物种直接或间接地提供食物。大量的生物和昆虫，从吃浆果的棕熊到吸饮花蜜的蝴蝶，依赖植物维持生命，而植物又依靠微生物、矿物质、真菌、水和阳光才能生存。每个生态系统都形成了一个掠食层级，大型哺乳动物位于顶层，而最底层的是散布在森林地面上的真菌，它们以腐烂的树叶和松针为食。

掠食层级描述了生物进食、获取营养的行为。任何植物或有机体的碎片、遗骸或尸体都是食物链中另一物种的食物，食物链根据消耗的食物大致分为四个营养级。第一级是分解者，包括真菌、蠕虫、线虫和分解有机碎片的细菌。上面一级是植物，从苔藓到灌木再到树木，它们需要阳光、雨水和分解者提供的土壤养分。然后是食草动物，从蓝鸟、松鼠到野牛、鹿和麋鹿。第四级（最高级）是捕食者，包括狼、猫头鹰和美洲狮等肉食动物，它们以食草动物为食。

生态系统的组合方式因地理位置、植物种类和动物种类的差异而各不相同。然而，它们有一个共同点：顶级捕食者由于没有天敌，因此位于食物链的顶端。所以，关键词是天敌。黄石国家公园周围的狼的天敌是人类。几十年来，牧场主们一直强调由于狼群捕食给他们造成的牲畜死亡和损失，以证明他们为什么要消灭公园周围和公园里的狼群。到1945年，美国西北部的灰狼已被彻底消灭。1975年，美国鱼类及野生动植物管理局（United States Fish and Wildlife Service）将所有狼（除去一种犬类狼外）列为濒危物种。狼掠食牛群和羊群只是一个古老的传说，并非基于科学或观察。狼不喜欢羊或牛，它们喜欢麋鹿，并跟随它们的迁徙，途中会经过牧场和农场。狼大量捕食家畜的故事之所以能够传播开来，更多是出自人类对它的恐惧，而不是真实的数据。在落基山脉北部的狼被消灭之前，因它们导致的牲畜损失的占比不到1%。

1995年至1996年间，人们将31只加拿大狼放归黄石国家公园。令生物学家和反对者感到震惊的是，从此，长达70年的生态系统恶化趋势开始逆转。护林员报告说他们听到了类似于步枪开火的声音，这是海狸返回公园后用它们的桨尾拍打池塘表面的声音。柳树和三叶杨重

回河岸。在狼被重新引入之前，麋鹿会在公园里过冬，吃掉柳树的根。麋鹿现在频繁进出公园，这是由于引入顶级掠食者产生的一个现象，我们称为恐惧生态。随着麋鹿意识到公园里有狼的存在，它们又恢复了不断迁徙的本能，这减少了对所有地区的树木的消耗，而更多的柳树意味着更多的海狸。当然，如果我们将所有变化归功于狼的引入有点言过其实。因为在此过程中，其他三种顶级掠食者的数量同时增加，包括灰熊、美洲狮和在公园外猎杀麋鹿的猎人。

狼、灰熊和美洲狮不仅仅是顶级掠食者，同时也是将整个生态系统黏合在一起的关键物种。其他关键物种包括蜜蜂、蜂鸟、海獭，以及北方森林中的白杨等树木，甚至包括海星。之所以说它们是关键物种，是因为它们的生命对其他物种至关重要。当它们被移除时，整个生态系统可能会出现退化甚至完全消失。系统中的物种失去复原力，可能成为入侵物种的猎物。长期以来，人们认为生态系统是一个金字塔，底层食物供应是金字塔的基础。没有土壤就没有植物，没有植物就没有食草动物，也就没有捕食者。这个理论是合乎逻辑的：植物决定了麋鹿和兔子等食草动物的数量，而它们的数量又决定了捕食者的数量。传奇生物学家罗伯特·潘恩（Robert Paine）颠覆了这一观点，他创造了"关键物种"这一概念。作为华盛顿大学（University of Washington）动物学系的助理教授，他曾带领学生前往奥林匹克半岛顶端的马卡湾开展科学研究。1963年6月，他在那里进行了一项实验，以验证他的理论，即单一物种可能对整个生态系统的功能产生至关重要的影响。

潘恩在一个长达8米的潮汐池中发现了一块近2米高的石板。在被海水冲刷过的岩石上，他发现了鹅颈藤壶、橡子藤壶、帽贝、石鳖、海绵、海藻、海胆、海葵、黑贻贝和一种他不敢触碰的物种——一种橙紫色的海星，被称为紫海星（Pisaster ochraceus）。每年两次，他把潮汐池当作实验室，用撬棍撬开海星，然后借助飞盘把它们扔到海里，以此来研究当一种特定的动物离开潮汐池生态系统时会发生什么。这种研究方式被称为观察科学，著名的查尔斯·达尔文、阿尔弗雷德·华莱士和哥白尼都采用了这种方式，而且这种方式几乎是所有原住民文化的核心。潘恩把这种研究方式称为"边踢边看"生态学。在海星被扔掉之前，他把它们翻过来，观察它们在吃什么：从帽贝到石鳖、从贻贝到藤

壶，几乎无所不包。在海星被移除后不到一年，潮汐池的群落发生了彻底的变化。起初，橡子藤壶遍布墙壁的60%到80%，但很快它们就被体形更小、生长更快的鹅颈藤壶所取代。之前出现的4种藻类已经不见踪影，石鳖和帽贝也已经离开。海葵和海绵的数量减少，而小型掠食性蜗牛的数量则增加了10倍以上。群落的物种数量从15种减少到8种。几年后，贻贝占据了整面墙，几乎消灭了所有其他物种。

在建筑学中，拱门由一块称为拱顶石的楔形石头固定。它不一定比其他拱石大，只是形状和功能不同。同样，在一个生态群落中也会由某些物种来保证其稳定性和多样性。19世纪，海獭由于受到来自俄罗斯、英国和美国的捕猎者猎杀而濒临灭绝。此时，作为它们的主要食物来源，海胆的数量激增，并吞噬了壮丽的海藻林——弗朗西斯·德雷克（Francis Drake）爵士曾将这些海藻林描述为世界奇观。潘恩推测，海獭自19世纪末以来的灭绝可能是造成这种情况的主要原因。后来，有两名学生希望研究海獭，潘恩便建议他们前往阿留申群岛的两个岛屿——一个岛上海獭数量丰富，另一个岛上没有海獭。在有海獭的岛上，他们发现了石鱼、海带床、老鹰和海豹；在没有海獭的小岛上，他们没有发现

任何动物。多亏了潘恩的工作，我们知道关键物种如何保护许多其他物种。只要关键物种存在，它们就会在多个层面上产生营养级联效应——这是潘恩创造的另一个术语。

由于狼的重新引入，黄石国家公园许多地方被中断的营养级联得以恢复。麋鹿数量的减少为其他很多食草类物种带来了广泛的好处。在灰狼消失的70年间，黄石国家公园的生态系统遭到破坏和改变，现在虽然正在恢复，但只是发生在局部地区，恢复程度也非常有限。在一些地方，因为溪流的侵蚀破坏了柳树的栖息地，柳树无法生长。如果没有柳树作为冬季食物，海狸就无法返回这些地区，导致溪流无法恢复健康。我们的自然景观和生态系统被破坏了几个世纪，恢复时间可能也需要长达几个世纪。

狼与气候危机有什么关系？它们的消失和引入对生态系统的改变提醒我们，我们并不完全了解生态系统是如何运作的。每个生态系统都是一个地上和地下的碳储存库，其复杂性无法想象。我们如何对待它们，决定了

三只黑尾土拨鼠幼崽狼吞虎咽地吃着树根和嫩枝。

它们是排放、保留还是封存土壤和生物质中的碳。尊重和保护生物多样性并不是解决气候危机的附带事件，相反，它是解决方案的核心。我们不能继续消灭掠食者、植物和湿地，这将威胁到全球生态系统的健康，而全球生态系统的健康将决定我们的未来。然而，生态系统对气候的影响通常不会引起我们的关注，相较而言，类似于"比埃菲尔铁塔高的风力涡轮机"和"电动卡车在全国范围内自动运送食物"这样的新闻更容易上头条。我们需要明白，尽管技术很重要，但仅靠技术无法让气候恢复稳定。

有三种类型的关键物种。第一种是捕食者。有些捕食者可以控制猎物的数量和行为，例如抹香鲸和老鹰，它们的存在会改变猎物的行为。澳大利亚的科学家观察到，当虎鲨远离海草床时，集中觅食的海龟可以把海草连根拔起。然而，当虎鲨出现时，海龟会在广阔的区域散开，不会对海草造成伤害。

第二种是"生态系统工程师"，它们可以从物理上改善生态环境，海狸就是典型的例子。另一个例子是草原土拨鼠。它们的"泥土殖民"地被称为草原中的"珊瑚礁"。大约150种原生鸟类和动物依靠草原土拨鼠创造的生态系统获得食物和栖息地。它们采食的过程中会挖掘和修剪植被，从而为穴居猫头鹰和山鸟创造了栖息地，为放牧的水牛提供了更好的饲料，防止侵入性灌木丛的出现，增加了土壤中微生物的多样性，为草地和覆盖物提供了更好的营养。同时，这类啮齿动物本身就是猫头鹰、鹰和雪貂的食物。遗憾的是，在内布拉斯加州和其他州有组织的射击活动中，土拨鼠至今仍被当作活靶子。

第三种是"互惠主义者"，即生物体认识到它们的生存取决于其他生命形式。几个世纪甚至几千年来，西方的世界观都是强调相互竞争。其实，"适者生存"是对达尔文生存理论的误解。非洲红嘴牛椋鸟就是一个典型的例子。它们坐在水牛、河马和斑马的头顶上，吃掉这些动物身上的寄生虫，好像这些动物的头和背是它们的午餐柜台。当掠食者靠近时，牛椋鸟会向宿主发出"嘶嘶"的警告声。通过花朵的紫外线反射，蜜蜂会找寻到花朵中心的花蜜和充满花粉的雄蕊。当它们离开时，其他蜜蜂可以从远处看到它们的足迹，然后避开那朵花，直到完成授粉。在这个过程中，花朵可以高效授粉，而蜜蜂可以高效获取花蜜。

所以，考虑到人类对土地、生物和世界造成的混乱和伤害，人类应该选择成为这三种关键物种中的哪一种呢？

赞比亚南卢安瓜国家公园的河马和两只红嘴牛椋鸟。

食草生态

在碳循环方面，食草动物是地球上最伟大的无名英雄。

食草动物的进化过程是一个具有悠久历史的自然过程。根据化石记录，我们知道食草动物最早出现在5500万年前。在此之后又过了3000万年，广袤的草原出现了，在接下来的几千万年里，草原养育着越来越多的食草动物，它们共同进化。食草动物最初主要把草类、杂草和木本植物的叶子当作食物，但随着时间的推移，食草变得越来越"专业化"。第一批真正的食草动物是在1000万年前出现的，包括我们今天熟悉的许多食草动物的祖先：绵羊、麋鹿、骆驼、美洲驼、马、牛、驼鹿以及兔子、蚱蜢和鹅，它们主要从草中获取所需营养。今天，地球陆地27%的面积是草地，使其成为最大的碳库之一。从宏观层面，这意味着食草动物是健康生态系统的重要组成部分。然而，虽然植物和土壤微生物在地球碳循环中所起的作用已得到充分证明，但食草动物的作用却一直被低估，尤其是野生食草动物。

亿万年以来，食草动物通过用嘴咀嚼草并在胃中发酵纤维物质，进化出从草中获取营养和能量的生理能力。食草动物的消化系统可以是前肠发酵型或后肠发酵型。前者拥有四腔胃，包括一个瘤胃，细菌和其他微生物在其中将草纤维素分解为脂肪酸和蛋白质，并被血液吸收。这类食草动物被称为反刍动物，包括牛、绵羊、山羊、麋鹿、羚羊、瞪羚等。后肠发酵食草动物有一个大胃，位于消化道末端附近。这类动物包括大象、马、犀牛、兔子、树懒和许多啮齿动物。这两种类型的食草动物以不同的方式适应草原。反刍动物食用高质量的草

纳米比亚埃托沙国家公园大草原上的蓝色角马。150万头角马与瞪羚和斑马一起，通过塞伦盖蒂（Serengeti）和马赛马拉生态系统进行地球上最大规模的迁徙。

料，它们可以有效地处理这些饲料——包括反刍动物的咀嚼，后肠发酵动物则食用低质量的草料，它们必须大量食用才能获得所需的营养。正是这种饮食的差异，才能让如此多的食草动物可以在一个大的生态系统中共存。

在野外，一些食草动物成群结队地迁徙，以满足它们对食物的需求，同时保护自己免受捕食者的侵害。这种行为可以让食草动物和草原之间实现长期的共同进化，既具有可持续性，又具有复原力。历史上的例子包括北美庞大的野牛群迁徙和横跨欧亚草原的赛加羚羊迁徙。如今，仅存的几个大迁徙物种包括非洲的角马和斑马群以及北极的驯鹿。迁徙的食草动物会长途跋涉，因为在整个草原生态系统中，草料的质量和数量可能会有很大差异，动物进化后，会本能地决定如何最大限度地利用草原的供给，包括选择食用哪种植物，以及下一步要去向何处。草料中的必需矿物质也会影响它们的行为。在非洲，随着雨季的到来，季节由干转湿，植物迎来生长期；此时，斑马和角马的数量通常数以百万计，它们在塞伦盖蒂草原上迁徙。在寻觅植物幼苗的过程中，斑马和角马相处得很好，部分原因是它们食用不同类型的草（斑马喜欢体形更高、质量更低的品种）。

在草原生态系统中，食草动物不是被动的参与者。塞伦盖蒂研究中心的一项研究表明，相较于设置围栏的禁止放牧区，放牧区中草的类型更加丰富，平均高出43%。放牧可以去除老化的、腐烂的或死去的植物组织，从而让更多的阳光照射到植物的根部（大部分植物的生长发生在根部），促进草的再生。此外，动物的粪便和尿液为植物提供天然肥料，包括氮。所有这些增加了地面上的太阳能吸收和光合作用，以及土壤表面以下的水和养分吸收，提高了植物的活力，并随着躯干的生长而导致根部扩张。因此，草变得更有营养，特别是在生长季节的早期阶段。

从单个草类植物的角度来看，放牧是一种破坏，可能会产生强烈的影响。如果植物由于低温或缺水而处于休眠状态，那么它的叶子被食草动物吃掉可能不会造成太大的伤害。当它生长时，叶子会进行光合作用，将能量传送到植物的各个部分。这个时候，如果被一只饥饿的食草动物咬了一大口，则可能会严重阻碍植物的生长。但是，这也只是暂时的。绿叶的损失会刺激根系生长和渗透，从而生长出更健壮、更富含矿物质的草。而且，一些绿色组织几乎总是留在植物上，尤其是在靠近根部的地方，不断重复生长。这是一种生态共生，植物和动物都能获利，草与食草动物共同进化。例如，动物的唾液可以刺激植物生长。此外，草从干扰中获得的好处还取决于其他因素，包括放牧发生的时间，放牧的严重程度（去除了多少绿色组织），以及植物在再次落叶之前是否有足够的时间恢复和生长。这就是迁徙的食草动物能够让草原受益的原因：它们只是短暂地停留，吃掉最有营养的草，然后就会离开。等它们再次回来，已经是一年或更长时间以后了。

几千年来，食草动物已经成为草原生态系统的重要组成部分，也是地球生命的重要组成部分，无论是大型迁徙族群，还是小型动物集群。它们在陆地和大气之间的能量、水、碳和温室气体的交换中发挥着直接作用。草食动物行为或数量的变化会对植物组成、生产力、养分循环和其他生态系统过程产生巨大影响。当草原上的食草动物被转移或赶走时，系统的生态会发生显著改变并退化。例如，在20世纪80年代的北美洲，一群野牛被重新引入堪萨斯州高草草原的保护区，使得研究人员能够量化它们对土地的影响。当地规定定期进行草原焚烧活动，作为维持生态系统健康的一种方式。科学家们便将野牛和焚烧产生的效果进行了比较，发现野牛放牧的影响是积极的。因此，科学家将野牛称为关键物种，并支持将它们重新引入大平原的其他地区。

此外，食草动物可能在欧洲大陆的生态中也发挥了重要作用。史前时期，该地区的森林可能没有今天那么茂密。相反，它们可能是大草原、小草原、灌木丛、孤树和小树林的组合。本土野生食草动物，如鹿、野猪和野牛（现代牛的祖先），以及散播种子的鸟类，对于创造这种环境至关重要。多刺的灌木丛不适合食草动物进入，因此，它们庇护着树木的生长，最终形成了一片小树林。当树木长得足够高时，树冠形成的阴影导致灌木

枯萎死亡。食草动物进来觅食，阻止了树林外新树的生长。越来越多的阳光照射到地面，促进了草的生长，从而吸引了更多的食草动物，维持了草地的生态平衡。最近，人类利用家畜来保持景观的开放，比如西班牙南部的萨凡纳式的德埃萨和葡萄牙的蒙塔多斯。

这种自然干扰的动态过程有助于形成多样化的生命网络并增强碳循环。有人倡导通过放牧与草原的相互作用获得有益影响，他们认为，人们可以通过模拟动物祖先的方式管理食草动物，从而实现生态目标，包括保护青藏高原等大景观。

人类以可持续和可再生的方式与家养食草动物（例如牛和羊）合作，这种合作有着悠久的历史。世界各地的原住民践行着一种传统的游牧关系。在这种关系中，包括美洲驼、骆驼、山羊和牦牛在内的动物群在人们的引导下穿越一片土地，寻找新鲜的草料和水。牧民掌握了天气、动物和环境之间的动态相互作用。他们从长期

的经验中知道，他们的牲畜怎样才能保持健康，什么时候转移牛群以避免过度放牧，哪里是转移的目的地，以及如何避免与捕食者和其他野生动物发生冲突。几个世纪以来，土地塑造了牛群，而牛群也塑造了土地。两者共同塑造了人类文化。目前，世界上多达5亿人仍在从事某种类型的游牧活动，超过四分之三的国家拥有游牧社区。

马赛族是一个著名的原住民族，他们生活在肯尼亚和坦桑尼亚北部。马赛族拥有100多万人口，他们已经发展出一种复杂的农牧生活方式，使他们能够在恶劣和干旱的环境中生存和繁衍。他们的牛是牛奶、肉类和财富的来源。他们的农作物包括玉米和豆类。马赛人具有强烈的环境保护意识，因而竭尽全力地将他们的活动与该地区各种野生食草动物（如大象、斑马和水牛）的需求结合。他们从经验中知道，畜牧业在生态上对环境有益，并且与保护野生动物的目标一致。当然，冲突也是存在的，尤其是与狮子和其他食肉动物的冲突，但马赛人已经找到了减少麻烦的方法。最终，基于他们具备的本土知识，马赛人、食草动物以及土地之间建立了牢固的、久经考验的关系。

然而，这些联系受到气候变化和人类入侵的威胁。气温上升和长期干旱危及牛的健康，并给草原带来压力。城市地区的扩张和公共土地的私有化意味着马赛人的活动空间越来越小。围栏正在拔地而起，阻断了陆地上放牧动物的移动。旅游业虽然促进了经济发展，但已经影响了马赛人的传统生活方式。尽管如此，马赛人还是具有强大的复原力，他们脚下的土地也是如此。

蒙大拿州北部黑脚（Blackfoot）印第安人保留地上的野牛迁移到秋天的牧场。黑脚邦联部落正在努力恢复北部大平原上的野牛，以再生高草草原。

野生动物走廊

让我们从室内摆设开始，想象有一张精美的波斯地毯和一把猎刀。这张地毯长5.5米，宽3.5米，也就是说我们拥有一块近20平方米的精美羊毛制品。试试猎刀锋利不锋利，如果不锋利，就用磨刀石打磨它。先不管地毯下的硬木地板，我们把地毯切成36等份，每一份都是一个0.9米×0.6米的长方形。裁切时，切断纤维会发出细微的扭断声，就像受惊凌辱的波斯织工，由于嘴被捂住而无法发出痛苦的嘶喊……然而，谁会在意这些织工！裁切完成后，量量每一小块面积并累加起来。瞧，仍然是总面积约20平方米的地毯状毛织品。但这究竟算什么？我们得到了36张精美的波斯地毯吗？不，我们所拥有的只不过是3打已经肢解、毫无价值的碎片罢了。

——节选自戴维·奎曼（David Quammen）的《渡渡鸟之歌》（*The Song of the Dodo*）

当生态系统因道路、围栏、过度放牧、农业、郊区开发而变得支离破碎时，会发生什么？戴维·奎曼经常使用类比的方式描述这种情况，如上文所示。2001年至2017年间，美国由于公路和高速公路开发而损失了约9.7万平方千米的土地。这些公路连接着郊区，也对需要穿越公路的动物造成生命威胁。对于任何试图在夜间穿过繁忙大道的人，他们都能够想象熊或鹿等动物面临的风险。栖息地碎片化的结果会导致物种慢慢转移或逐渐变少，最终导致物种灭绝。这与气候危机或全球变暖有关系吗？绝对有。让我们从真正的"地毯"开始。

非洲丛林象是现存最大的陆生动物，它们正在博茨瓦纳乔贝国家公园林扬蒂（Linyanti）沼泽的芦苇丛中穿行。

加0.01%。而建立野生动物走廊对于防止这种损失至关重要。

野生动物走廊是河流、陆地和天空中的通道，鸟类、哺乳动物、无脊椎动物、爬行动物和昆虫在这些通道中迁徙、觅食、饮水，并养成了固有的习惯。走廊保留了足够的栖息地，以便特定物种可以在其中度过一生。根据物种的不同，栖息地中生物的寿命是2年到100年不等。走廊将孤立的栖息地连接起来，允许物种流动和迁移。没有它们，物种就无法寻觅食物和水源，并面临遗传隔离和局部灭绝的风险。由于全球变暖，到21世纪末，在地球上生物多样性最丰富的地区，多达一半的植物和动物物种可能会灭绝。通向凉爽气候的走廊为物种提供了一条生命线，帮助它们摆脱不断上升的温度。美国西部地区的75%土地上的栖息地走廊重新连接，也为动物迁徙和适应气候变化提供了途径。当鸟类、昆虫、爬行动物和哺乳动物穿过走廊时，植物和树木会被授粉，它们的种子也会散开。栖息地连通性增加了种群内的遗传多样性和复原力，也提高了物种适应全球变暖的能力。

大象、狼、老虎、百日鹤和其他数百种物种通过进化展示出来的智慧和美丽，就是我们拯救它们的理由。当我们"拯救"大象或者任何其他依赖于完整生态系统的物种（无论是甲虫还是熊）时，我们人类也会受益。在某种意义上，它们也在拯救我们。我们必须保护地球生态系统的生存能力和复原力，这对人类生存、稳定温室气体排放和扭转全球变暖至关重要。野生动物走廊、栖息地和生物多样性不是全球变暖产生的孤立问题。生物圈创造了大气，大气创造了生物圈，二者密不可分。

在全球范围内，土地转换、人口增长、物理屏障和农业使栖息地变得紧张，从中西部的湿地到亚洲的雨林、加拿大和俄罗斯的北方森林，这种情况普遍存在。印度尼西亚的热带雨林是犀牛、老虎、大象和猩猩的家园，但由于棕榈油（薯片和万圣节糖果的一种原材料）的生产而变得支离破碎。墨西哥和美国之间的边界墙将大角羊、狼和豹猫的活动范围缩小，并穿过美洲原住民墓地、6个国家公园、5个保护热点、6个野生动物保护区以及许多其他野生动物的活动区和保护区，包括国家蝴蝶中心，而该中心是200种蝴蝶的家园。

当物种消失时，生态系统就会恶化。随着系统被分

从成群结队的沙丘鹤在10月中旬逃离威斯康星州的白河沼泽，到150万只角马以及数十万只斑马和瞪羚在塞伦盖蒂河中迁徙，动物在平原、高山和天空之间的移动对于保护全球原生栖息地至关重要。生态系统是按居住在其中的动植物群落分类的。每个群落都是独一无二、错综复杂的，同时，每个群落都受到威胁或面临风险。

陆地和沿海生态系统的碳含量超过30亿吨，几乎是大气中碳含量的4倍。要阻止全球变暖，我们就需要采取三项重要的行动。第一，我们需要减少或消除化石燃料燃烧产生的排放。第二，我们需要通过草原、森林、农田、红树林和湿地的光合作用将碳封存到土壤中。第三，我们需要保护地球上封存的碳。如果我们放弃栖息地保护而只关注化石燃料的替代，我们的努力就是徒劳的。因为7%的陆地碳损失可能导致大气中二氧化碳增

割，更多的物种消失了，直到整个系统支离破碎，无法支持生物群落的固有复杂性。在一个给定的生态系统中，鸟类、哺乳动物、爬行动物、植物、真菌、鱼类和沼泽形成活跃的关系——一种动态、共生和错综复杂的网络。当各式各样的动物消失时，植物也会受到波及，植物和动物群落多样性的丧失又会加速其他物种的丧失。当生态系统退化时，不断减少的生物会释放其碳储量，随着植物群落的枯萎、湿地的消失和传粉媒介消亡，土壤变得干燥，更多的碳被排放出来，并被氧化成二氧化碳。

截至21世纪10年代中期，已经有58%的麋鹿迁徙路线、78%的叉角羚迁徙路线和100%的野牛迁徙路线被大黄石生态系统中的人类开发所阻断。南达科他州（South Dakota）的斯图尔特·施密特（Stuart Schmidt）是当地第四代农民和牧场主。他蓄意让牛模仿大平原的自然放牧运动，使整个牧场的表层土壤被本地的草和花所覆盖。随着植物和草类多样性的增加，产生了更多种类的昆虫、鸟类和哺乳动物。自然放牧为鹿和叉角羚留下了一定量的草，以维持它们在冬季迁徙中的生存。通过管理草地并将其恢复到自然状态，我们可以让大平原的物种共享草地并进行季节性迁徙。

自20世纪60年代以来，往返于美国和墨西哥之间的迁徙鸣禽数量锐减了50%以上。造成这种下降的原因有很多，但栖息地的丧失是最重要的原因——这可以发生在它们的筑巢地、越冬地以及介于两者之间的任何地方。目前，北美的鸣禽数量比1970年减少了30亿只。最大的损失发生在濒临灭绝的、在草原上繁殖的鸟类身上。在这些草原上，来自31个物种的超过7亿只鸟已经消失。

水生走廊对海洋生态系统的健康也至关重要。加利福尼亚洋流沿着北美西海岸从不列颠哥伦比亚省南部流向墨西哥巴哈岛南端，是地球上最重要的海洋走廊之一。其中，大约有30种鱼类、海洋哺乳动物、海鸟、爬行动物和无脊椎动物受到威胁，它们都依赖洋流生存，包括南部的虎鲸、太平洋棱皮龟、南部海獭、短尾信天翁、奇努克鲑鱼、丘姆鲑鱼和科霍鲑鱼。它们的迁徙路径不仅关系到它们自身，而且关系到西太平洋的整个生态系统。

账面上清清楚楚：我们已经失去了2 000万平方千米的林地。热带森林曾经占陆地面积的12%，现在只占7%。海洋走廊受到气候变暖、塑料、航道、污染和过度捕捞的威胁。美国的草原以比亚马孙雨林消失更快的速度正在消失。2018年，大平原（Great Plains）仅一年就损失了8 500平方千米土地。世界上几乎一半的温带草原已被转化为农业或工业用途。大气中的二氧化碳已经相当于为地球装了一个双层玻璃，这个问题受到了极大的关注。与此同时，由于完整生态系统的丧失而释放的温室气体以及对大气的影响同样值得关注。我们不是在寻求解决方案，解决方案已经存在。我们只是希望引起大家对这个问题的关注。

一些迁徙动物的种类

鸣鹤	棱皮龟	柬埔寨野牛	黑色剪嘴鸥
狮子	抹香鲸	木鸫	老虎
海牛	大象	美洲潜鸭	长尾虎猫
游离尾蝠	骆马	狼獾	小头鼠海豚
角马	海鸥	帝王蝶	驯鹿
鱼鹰	鲟	柠檬三色堇蝴蝶	黑鹳
蓝莺	海鲢	梨花迁粉蝶	火烈鸟
黑秧鸡	红腰小羚羊	蓝虎蝶	红胸黑雁
鲈鱼	黑背豺	蜻蜓	芦苇莺
蓝鳍金枪鱼	牛鲨	瓢虫甲虫	旋角羚
斯特勒海狮	鲸鲨	牦牛	大猩猩
白喙斑纹海豚	绿龟	麋鹿	鲱鱼
肯氏海龟	爪哇野牛	豹	红海龟
斑马	黑犀牛		

赞比亚南卢安瓜国家公园，水牛和它的同伴红嘴牛椋鸟在一个水洞里。

荒野

伊莎贝拉·特里（Isabella Tree）

当查理·伯勒尔23岁时，他从祖父母那里继承了占地14平方千米的克纳普城堡庄园，这是一个亏损的农场，主要用于奶牛饲养和耕种。苏塞克斯语有30个不同的词来表示泥浆——这是因为苏塞克斯原野的土壤在夏天会像混凝土一样坚硬，在冬天又会像稀饭一样松软，所以当地农业很难获得收成。为了改变这一情况，伯勒尔和他的妻子伊莎贝拉·特里（Isabella Tree）改进了农场的耕种方法，他们使用更大、更新的机械和昂贵的人造肥料和杀虫剂，并改善了基础设施，采用先进的乳品加工技术。通过这些方式，他们提高了农场产量，牛奶制品进入了全国前十。但苏塞克斯的土壤使他们整个冬天都无法进行耕种，有时长达六个月。农场并未实现盈利。2000年，他们做出了一个决定，这一决定在整个农业和自然保护领域产生了深远的影响：他们放任农场荒芜，让大自然来决定这片曾经是农场的土地想要变成什么样子。在荷兰生态学家弗兰斯·维拉（Frans Vera）的建议下，他们引入了曾经在英国和欧洲大陆游荡的典型食草动物，如欧洲野牛和欧洲野马。他们用围栏围住了这处农场，并拆除了数千米长的内部围栏，结果获得了丰厚的回报：湿地出现了，原生植物和野花开始生长，到处都是带刺的灌木丛、蝴蝶、埃克斯穆尔小马、塔姆沃思猪（政府允许饲养的最接近野猪的亲缘）、红鹿和休耕鹿，以及古老的英国长角牛。农场有一名雇员负责管理动物。由于不能引入狼或其他顶级捕食者，因此需要对这些动物进行扑杀，生产的肉被伊莎贝拉称为英国"最道德的肉"。现在，克纳普城堡庄园已成为全英国生物多样性最丰富的庄园之一，拥有丰富的夜莺、稀有的紫色帝王蝶、几乎消失的斑鸠和五种本土猫头鹰。他们现在经营着一项盈利的生态旅游业务，包括游玩、露营和观看野生动物。游客可以在28千米长的纵横交错的公共小道上看到或听到野生动物。这就是再生的故事。当我们以大自然为原始基础，放任生命的自然发展时，我们可以看到巨大的潜在丰富性。

——保罗·霍肯

西苏塞克斯郡的克纳普城堡庄园进入六月，我们现在可以称为夏天。这是我们一直在等待的时刻——曾经是树篱的灌木丛中，发出了一种舒缓诱人的呼噜声，甚至带有一丝忧郁。我们静静地走过，一片橡树和桤木的树苗拔地而起，黑色荆棘、山楂、玫瑰扑面而来。这种景象让我们感到兴奋，甚至有一丝解脱。而且，我们的斑鸠也回来了。

对我的丈夫查理而言，庄园里的动物发出的轻柔的咕噜声把他带回到非洲丛林，带回到他在父母农场四处奔波的少年时代。那里是斑鸠的来源地——它们幼小的身躯从西非深处出发，从马里、尼日尔和塞内加尔飞行5 000千米，穿越撒哈拉沙漠、阿特拉斯山脉和加的斯湾的壮丽景观；越过地中海，到达伊比利亚半岛，穿过法国和英吉利海峡。它们大多时候在黑暗的掩护下飞行，每晚飞行500至700千米，最高速度为60千米/时，通常在5月或6月初左右在英国着陆。和它们的非洲移民同伴夜莺一样，斑鸠以胆小著称。是它们的叫声告诉我们它们来了。在所有的鸟类动物之中，斑鸠通常首先来

到这里，它们来此是为了繁殖后代，远离非洲的捕食者和竞争者，并利用欧洲夏季漫长的白天觅食。对于和我们一样出生于20世纪60年代并在英国农村长大的大多数人来说，斑鸠是夏天的声音，它们美好的低吟声永远镌刻在我的脑海深处。同时，我也意识到，这种怀旧情绪在比我们年轻的几代人中慢慢消失了。20世纪60年代，英国大约有25万对斑鸠，如今只有不到5 000对。按照目前的下降速度，到2050年，斑鸠的数量可能会少于50对，这一物种将濒临灭绝。现在，当我们在圣诞节唱起"我的真爱送给我2只斑鸠"，很少有颂歌者听过斑鸠，更不用说见过斑鸠了。它的名字的意义源于可爱的拉丁语turtur（与爬行动物无关，与它迷人的呼噜声有关），但我们对此已经一无所知。"斑鸠"寓意着对婚姻的温柔和忠诚。而现在，这些悲伤的鸟儿吟唱着《迷失的爱情之歌》，如同乔叟、莎士比亚和斯宾塞的作品中正在消失的凤凰和独角兽。

随着斑鸠的活动范围缩小至英格兰的东南角，苏塞克斯成为斑鸠最后的堡垒之一。即便如此，据估计，我们郡的斑鸠数量最多只有200对。迁徙路线上遇到的困难无疑是斑鸠数量减少的重要原因：周期性的干旱、土地利用的变化、栖息地的丧失、沙漠化的加剧和非洲的狩猎——穿越地中海猎人射击队时面临的巨大挑战。仅在马耳他，每个季节就有10万对斑鸠被杀害。西班牙每年约有80万对斑鸠丧生。在法国，当繁殖季节结束后，猎人仍在猎杀返回非洲的鸟类，这导致自1989年以来鸟类数量减少了40%——这是一个重大损失，但与斑鸠的损失相比微不足道，而且在最近几年，我们选择了不猎杀它们。在整个欧洲，斑鸠的数量在过去16年中下降了三分之一，降至不到600万对——这导致2015年斑鸠在世界自然保护联盟濒危物种红色名录中的地位发生了变化，从"最不受关注"变为"脆弱"，这种变化令人

三只小鹿在克纳普城堡庄园的荒地中觅食。它们于上一次间冰期原产于欧洲大部分地区，冰河时代在中东、西西里岛和安纳托利亚避难所幸存下来。在黎凡特，它们作为肉类来源可追溯到公元前420 000年，并在公元1世纪被引入英格兰南部。

担忧。

相较于欧洲其他国家的斑鸠数量的下降速度，它在英国下降的速度明显更快。这种情况源自我们的乡村在短短50年内发生的巨大转变。土地用途的变化，尤其是集约农业的变化，让乡村景观面目全非，甚至超出了我们的曾祖父母对乡村的理解。景观的变化是全方位的，从现在覆盖整个山谷和丘陵的田地，到农田中几乎完全消失的原生花卉和草。化肥和除草剂已经消灭了常见的植物，如烟熏色和猩红色的紫丁香——斑鸠以它们微小而富含能量的种子为食。而荒地和灌木丛的大规模清理、野花草地的耕作，以及天然水道和静水池的排水和污染已经摧毁了它们的栖息地。

在英格兰的低地，随处可见大自然的微小"碎片"，就像沙漠中的绿洲，不受自然发展和变化的影响。自工业革命以来，仅在英国就有多达90%的湿地消失不见。自1800年以来，英国失去了80%的低地荒地，过去50年的占比为四分之一。自第二次世界大战以来，英国有97%的野花草地已经消失。在第二次世界大战后的40年里，我们失去了数万片这样的古老森林，比之前的400年还要多。从第二次世界大战开始到20世纪90年代，我们失去了120 000千米的树篱。这是一个不断复现的简单故事：将景观简化为由黑麦草、油菜和谷物组成的大规模农场，留下一片散落的、管理不善的森林和残存的树篱，后者是许多野花、昆虫和鸣禽物种仅存的避难所。

我们农业的转型不仅影响了斑鸠，也影响了所有鸟类。根据英国皇家鸟类保护协会（RSPB）的数据，1966年，英国的鸟类数量比现在多4 000万只。我们的天空已经越来越空。1970年，我们有2 000万对被称为"农田鸟"的鸟类，如鹌鹑、田鸡、灰鹧鸪、黍鹀、红雀、黄锤鸟、云雀、树麻雀和斑鸠，其中大多数是鸣禽，以昆虫为食，以灌木或树篱为巢。到1990年，它们的数量减少了一半。到2010年，这个数字在1990年的基础上又减少了一半。

鸟类在我们的天空和景观中显得如此熟悉和显眼。从某种意义上说，它们是我们在矿井中的金丝雀[①]，它们的伤亡会造成更大的、不为人知的损失。在它们之前出现的所有其他物种，如昆虫、植物、真菌和细菌，虽

然看起来不那么迷人，也将面临和鸟类同样的命运。正如美国生物学家威尔逊30年前所解释的那样，生命的多样性依赖于自然资源和物种间复杂的关系网络。一般来说，生活在生态系统中的物种越多，系统的生产力和复原力就越高，这就是生命的奇迹——生物多样性越大，生态系统可以维持的生物量就越大。生物数量的下降和灭绝是生态系统崩溃的迹象。如果减少生物多样性，生物量就可能呈指数级下降，一些脆弱的个体物种将会灭绝。正如小说《渡渡鸟之歌》中，戴维·奎曼将生态系统描述为波斯地毯，把它切成小方块，你得到的不是很小的地毯，而是很多无用的边缘磨损的材料碎片。

在这种背景下，斑鸠在克纳普庄园的出现似乎是一个奇迹。这个距离伦敦市中心仅70千米的、面积为14平方千米的庄园，曾经是一片集约型耕地和奶牛农场，现在已经扭转了退化的趋势。斑鸠之所以现在在这里出现，是因为我们已经在我们的土地启动了开创性的野化（Rewilding）实验，这是英国首次开展此类实验。斑鸠的到来让我们和所有参与该项目的人都大吃一惊。我们开始听到斑鸠的叫声，那是在项目开始一两年之后——2005年3对，2008年4对，2013年7对，到2014年，我们估计有11只雄性斑鸠。2018年夏天，这个数量变成了20对。在过去的几年里，我们偶尔会在户外邂逅一对"情侣"，它们站在电话线上或尘土飞扬的跑道上，粉红色的胸部被黄昏的光芒抚摸着，脖子上的一小片斑马条纹透露着一丝非洲的气息——这提醒我们，就在几周前，这些鸟还曾从大象身边飞过。它们在克纳普逆转了种族灭绝的趋势，这可能是英国这片土地上斑鸠唯一的乐观迹象。

自然保护主义者开始意识到，克纳普庄园成功的关键在于它采取的"自然生态过程"。野化是放弃人工干预，让大自然占据主导地位。相比之下，英国的传统保护方式往往是通过制定目标和控制，尽一切可能维护现状。他们有时是为了保持景观的整体外观，更多时候是为了几个特定物种的利益而对特定栖息地进行微观管理，有时候甚至是为了某一个偏爱的物种。在这个自然资源枯竭的世界中，这一战略发挥了至关重要的作用。否则，稀有物种和栖息地就会从地球上消失。这样的自然保护区就是我们的诺亚方舟——我们的天然种子库和

---

① 矿井中的金丝雀为矿井下的工人报告瓦斯泄漏。——编者注

物种储存库。但它们也越来越脆弱，在这些耗资巨大、管理精细的绿洲中，生物多样性继续下降，有时甚至威胁到这些地区中的受保护物种。如果要阻止这种下降，甚至扭转这种趋势，我们必须采取一些激进的行动，而且越快越好。克纳普城堡庄园的成功就展示了另一种可行的方法——我们可以构建一个自我维持、高效运转且成本更低的动态系统。这种方法可以与常规措施结合使用，而且至少可以在保护区以外的地区推广。它可以为现有保护区增加缓冲区，或者成为它们之间的桥梁，在气候变化、栖息地退化和污染发生时，它还可以增加物种迁移、适应和生存的机会。

19年前，当我们开始野化克纳普庄园时，我们对保护区相关的知识或争议一无所知。查理和我出于对野生动物的业余爱好开始了这个项目，因为如果我们继续耕种，我们将损失一大笔钱。当时，我们不知道这个项目会在多个层面产生如此之大的影响力，吸引了英国和其他国家的政策制定者、农民、土地所有者、保护机构和其他非政府土地管理组织的关注。我们也不知道克纳普城堡庄园会成为当今最紧迫问题的解决方案，这些问题包括气候变化、土壤恢复、食品质量和安全、作物授粉、碳封存、水资源净化、防洪、动物福利和人类健康。

克纳普城堡庄园项目只是英国通往更环保、更富裕的国家道路上的一小步。但它表明，野化是可行的，它对土地有多重好处；它可以促进经济发展和扩大就业；而且它可以使大自然和人类在短时间内同时受益。最令人兴奋的是，克纳普城堡庄园本身位于英格兰东南部过度开发、人口稠密的贫瘠土地上，因此只要我们有意愿尝试，这个项目的成功可以发生在任何地方。

在克纳普城堡庄园停止工业化农业和奶制品生产后，出现了一个完全不同的生态系统。在完全没有任何农业的情况下，它现在每年生产75吨有机的、野生牧场饲养的牲畜肉。在土壤恢复、固碳、蓄水和水净化、减少食物污染、净化空气、保护珍稀物种和其他野生动物栖息地（包括传粉昆虫）方面，野化带来了巨大的收益——这是一个大自然的空间，为人类带来了健康和精神、物质享受。

草原

草原的碳储量约占全球陆地碳储量的15%，可能超过温带森林的碳储量。与世界上的森林相比，草原将更多的碳储存在地下——占比高达91%。所以，草原储存的碳不会因火灾或其他类似过程而释放出来。在干旱和火灾多发地区，草原是比森林更安全的碳汇。

为什么草原中的绝大部分碳储存在地下？要理解这个问题，我们要将草原视为经常发生火灾的地区和大型食草动物频繁活动的地区，这些动物包括野牛、大象、角马和许多已灭绝的野兽，如猛犸象、雕齿兽和巨型地懒。经过数百万年的火灾和地面上的植物消耗，草原植物进化出保护地下生物量的能力。尽管生态学家传统上将草原描述为降水介于森林和沙漠之间的地区，但大多数草原获得的雨水足以支持森林或茂密的灌木丛。对于草原来说，火灾和大型食草动物可以防止树木入侵，并保持草本植物的多样性。虽然火灾会导致二氧化碳释放，食草动物会吃掉植物，但任何碳损失都是暂时的，因为火灾和食草动物会刺激大量植物再生，从而吸收大气中的二氧化碳。此外，食草动物产生的粪便和火灾产生的木炭有助于储存土壤中的碳。

草原上的植物储存碳的方式非常巧妙。许多草类的根部非常长，其地下生物量和周围土壤有机碳中的碳含量远高于地上部分。尤其是在热带和亚热带草原，大多数草类的绝大部分生物量都在地下。如果你去挖掘这些

阳光照射在海拔超过3 900米的青藏高原草原上。

古老的、看似微小的草本植物，你会发现其中许多实际上是地下树木，只有树枝的尖端露出地面。许多草原草本植物和灌木依赖于地下贮藏组织，其中包括多用途结构，如根茎，以及高度分化的组织，如木质块茎。这些地下结构储存了大量的糖类，在火灾、放牧、干旱或其他干扰消除了地上的茎和叶后，这些糖类可以保证植物重新发芽。

每平方千米热带草原储存约0.3吨生物量和0.77吨土壤有机碳。每平方千米温带草原储存约0.09吨的生物量和1.56吨的土壤有机碳。全世界有2 000万平方千米的热带草原和1 000万平方千米的温带草原，加上水下草原和山地草原，全球草原碳储量为4 700亿吨，相较于陆地碳储量总量33 000亿吨，占比约为15%。

保护草原在全球都是优先事项。在世界许多地区，草原面积的减少幅度超过了森林，因为自然火灾已被消灭或抑制，草原更容易转化为农业用地。许多草原是生物多样性的热点地区，具有大量特有物种。不幸的是，通过植树来增加草原碳储存的行为使远古草原的碳储存能力和生物多样性面临风险。植树带来的风险是，深色的树冠比高反射草原吸收更多的热量，这意味着在草原上种植树木既不利于生物多样性，也不利于缓解气候变化。我们要珍惜草原的生物多样性，因为它可以为当地的牧民和猎人带来生计，这非常重要，甚至不亚于草原的碳存储能力。综上所述，如果我们要促进草原的碳储存和生物多样性，我们就必须维护和恢复天然草地，同时避免不适当的植树。

野化传粉者

2008年，设计师莎拉·伯格曼（Sarah Bergmann）将西雅图大学（Seattle University）和一片名为诺拉森林（Nora's Woods）的城市森林之间的哥伦比亚街（Columbia Street）沿线的1千米长的停车场中央分隔带改造成了一条适合传粉者的开花植物走廊。由于担心城市化和杀虫剂导致蜜蜂、蝴蝶、飞蛾和其他本地传粉者的数量减少，伯格曼决定创造一条连续的路径，让这些昆虫在两个孤立的绿地之间穿行。在咨询了昆虫学家、园艺专家和城市规划师后，伯格曼让走廊沿线的房主参与进来，并培养了一部分学生和志愿者，他们帮助伯格曼在停车场的中间地带建立低维护植物床，作为传粉者的再生食物来源。该项目很快受到欢迎，引起了西雅图乃至全国各地的自然资源保护者、生态学家、规划者和土地所有者的关注。

正如伯格曼所担心的那样，传粉者在世界各地都受到攻击。蜜蜂群落崩溃紊乱和帝王蝶数量急剧下降已成为头条新闻，其他传粉者也面临栖息地破坏、农业杀虫剂、入侵物种和气候变化等迅速扩大的威胁。根据一项全球评估，16%的脊椎动物传粉物种（如蝙蝠和蜂鸟）濒临灭绝；而对于无脊椎动物物种，这个数字超过40%。全球近90%的野生开花植物至少在一定程度上依赖于授粉，75%的粮食总产量也是源自授粉。据统计，美国三分之一的食物直接依赖于授粉，这些食物包括苹果、胡萝卜、鳄梨、芦笋、樱桃、蓝莓、南瓜、洋葱、向日葵、柑橘和坚果。在过去50年中，依赖传粉者的农业生产量增加了300%，而这些农产品中的一部分又用于生产生物燃料、医药和服装纤维。

长途迁徙的传粉者特别容易受到干旱、杀虫剂和栖息地退化的威胁。恢复和保护迁徙走廊（有时称为花蜜小径）对这些物种的生存至关重要。有研究从景观层面研究了栖息地保护区之间的连通性，并揭示了通过保护区，我们可以保护传粉者的繁殖地；通过确定走廊中的

巴西潘塔纳尔的一只巴拉圭凯门鳄（Caiman yacare）上方的朱莉娅（Dryas iulia）蝴蝶。蝴蝶经常降落在凯门鳄身上，喝掉眼睛里的盐分。

薄弱环节和开展必要的基层工作，我们可以保护这些传粉者。迁徙走廊另一个重要来源是遍布全国的道路、电力传输走廊和通道，估计总面积约为28万平方千米。目前，为了安全和抑制杂草，这些走廊中的许多植物都被修剪并喷洒了除草剂。但随着管理方式的改变，它们可能成为传粉者友好的栖息地，遍布野花、原生草和杂草。例如，非营利组织"拯救君主基金会（Save Our Monarchs Foundation）"正在与奥马哈和内布拉斯加州公共电力机构合作，在该州的电力传输路线上恢复乳草栖息地（milkweed habitat）。

在美国西南部的边境地区，两国正在努力恢复花蜜走廊沿线的原生开花植物，并修复受损的河岸地区，包括小溪和湿地，以便再次为传粉者提供稳定的食物和水源。民族植物学家、作家加里·纳汉（Gary Nabhan）称这是"自下而上的食物链恢复"，他认为再生花蜜路径对生态系统健康至关重要。野生授粉者依赖于多样化、充满活力的植物群落，而植物群落反过来又在水生产、矿物质循环以及土壤碳的形成中发挥作用。再生本

地多年生灌木是其中的关键，这些灌木通常生长在农田和牧场边缘的树篱中，是各种传粉者和其他有益昆虫的理想栖息地。我们的最终目标是创建一个迁徙走廊，为一系列开花植物提供庇护，从而为传粉者完成长途旅行提供所需的糖和其他营养物质。

许多传粉者（如较小的长鼻蝙蝠和帝王蝶）是更大生态系统中的关键物种，它们以互惠关系将植物和动物联系在一起。如果这类物种数量过少以至无法维持物种生存，那么一系列负面的生态效应将会发生。那个时候，它们将成为地球矿井中的金丝雀。幸运的是，我们可以采取行动。无论是街道中央隔离带上的小型开花植物花园、输电线下4万平方米的草原恢复项目，还是迁徙走廊沿线对关键湿地的保护，都可以恢复和保护传粉者的迁徙途径。

法国比利牛斯山脉的阿波罗绢蝶（Parnassius mnemosyne）。

湿地

几个世纪以来，人们一直在将湿地中的水排干并干燥湿地，以便用作土地或开采燃料。北欧从湿地开采泥炭已经有一千多年的历史。直到今天，这些泥炭仍在为爱尔兰和俄罗斯的发电厂提供燃料。自18世纪以来，中西部农民一直在清理草原上的坑洼和泥沼，以创造更多的耕地。1953年以前，人们对湿地的研究较少，当时该术语还未被提出。湿地生态系统介于陆地生态系统和水生生态系统之间。今天，我们知道湿地非常宝贵，是地球上最多样化的生态系统，也是地球上两个最大的陆地碳库之一。尽管湿地只占陆地面积的6%，每平方千米的碳含量却是草原的6倍。仅泥炭地就储存了大约6 500亿吨的碳，相较之下，大气中的碳含量为8 850亿吨。

3亿多年前，茂盛的植物覆盖着炎热潮湿的土地，气候变化很小。潮湿的空气中充满了巨大的飞虫，包括翼展近0.7米的蜻蜓的"表亲"巨蛛，而地面上则遍布着1.5米长的千足虫。沼泽森林占据了北美、中国和欧洲的整个地区，它在石炭纪时期生产了我们今天的大部分化石燃料。今天的花园和林地仍保留着那个时代幸存下来的一些植物——马尾、苔藓和蕨类植物，相较而言，它们祖先的体形要大得多。

湿地仍然是地球上最丰富多彩的栖息地，是碳、多样性和生命的宝库。湿地的种类随土壤、气候、深度和生态系统而变化。它们可以是季节性湿地，也可以是永久性湿地；可以是淡水湿地，也可以是咸水湿地。它们

———————
苏格兰凯恩戈姆山国家公园阿伯内西森林中长有苏格兰松的湿地区域。

有各种各样的形状、形式和地点，包括沼泽、泥炭地、泥沼、红树林、泥潭、河口、潮汐沼泽、沟壑、漫滩、绿洲和牛轭湖。湿地范围从夏季北极地区的无数沼泽到南美洲14 000平方千米的潘塔纳尔湿地。它们是候鸟的觅食地，是海狸、树懒、水獭和水豚的庇护所，是产卵鱼类、软体动物和甲壳类动物的托儿所，是白鹭、苍鹭和鹤的池塘，是鳄鱼、青蛙、蛇和海龟的避难所。

在一些大型湿地中，饱和土壤内的死水创造了低氧环境，泥炭藓和其他植物在那里缓慢分解，几个世纪以后，形成了泥炭。加拿大拥有世界上最广阔的泥炭地，面积超过110万平方千米，是法国土地面积的两倍。北部泥炭地是由持续强烈的冰川冲刷所形成的大片水淹洼地组成。泥炭地的类型很多，包括巴塔哥尼亚安第斯山脉的亚高山泥炭沼泽和印度尼西亚的泥炭林，后者有15米深。如果将泥炭地森林改造成棕榈油种植园，就需要沟渠来排干水分并干燥剩余的土壤，从而导致大量的碳排放。

在雨水丰富且产生外溢的地方，湿地的重要性超过了河流和湖泊。随着水流缓慢渗入土壤，并在其中停留数天、数月或数年，湿地提供了无形的过滤和清洁服务。来自上游农场的污染物（包括硝酸盐和磷酸盐）被湿地的植物吸收，减轻对下游生物的影响，以防止出现像墨西哥湾那样的死区——以氮为食的藻类大量繁殖，杀死了海洋生物。在强降雨时，湿地有助于防止极端洪水和土壤侵蚀。在干旱时，它们的蓄水能力可以维持溪流和河流中的水流。在这两种情况下，湿地恢复都比建造钢铁和混凝土基础设施（包括渠道、大坝、屏障、堤坝和防洪墙）更便宜、更有效。

世界各地的湿地一直受到开发的威胁。在过去的一个世纪里，超过65%的湿地从地球上消失。为了保护世界上剩余的湿地，1971年，在伊朗拉姆萨尔召开了国际会议，会上通过了《拉姆萨尔公约》。现在有一份包含2 400多个湿地遗址的清单，被称为拉姆萨尔清单（Ramsar List），这份清单已经引起国际社会的重视。清单涵盖了保护区、避难所、拦河坝、潟湖和湖泊，其中包括博茨瓦纳的奥卡万戈三角洲、法国的卡玛格、荷兰的瓦登海和美国佛罗里达的大沼泽地。如果单纯从经济角度考虑，设置保护区并不划算。然而，当我们将湿地抽象为数量、类型、生物多样性和功能时，就不能忽视它们对人类社区的影响。例如，如果没有潘塔纳尔河，热带降雨会迅速席卷陆地，造成下游洪水。雨季期间，大约80%的潘塔纳尔河漫滩被淹没，孕育了大量的植物、陆地动物和鸟类。从原住民到当地居民再到旅游业，至少有270个社区依赖潘塔纳尔湿地，但并非所有这些社区都在保护潘塔纳尔河。许多较新的社区正在通过无限制的养牛放牧、草甘膦大豆农业和过度捕捞使湿地和周围土地退化。2020年，有近三分之一的潘塔纳尔稀树草原、森林和灌木丛发生火灾。恩孔特罗·达斯瓜斯（Encontro das Águas）国家公园是世界上最大的美洲虎庇护所之一，但是这个保护区几乎被完全摧毁，而巴西政府对此没有采取任何措施。

与此同时，湿地恢复正在世界范围内进行，这是有效的气候保护行动之一。在伊利诺伊州（Illinois），根据湿地倡议的要求，人们正在移除湖泊的排水瓦（地下管道）。迪克森水禽保护区（Dixon Waterwill Refuge）一个世纪以来一直是农田，2001年，志愿者和工作人员开始拆除该区域65千米的黏土管道网络，这个网络每天将4万立方米的水排入伊利诺伊河。排水瓦拆除后，亨内平湖和霍珀湖（已被排干用作农田）在3个月内重新被水淹没。如今，迪克森水禽保护区是成千上万鸟类的迁徙场所。2018年，科学家和专家花了一个周末对该区域进行了调查，共发现了915种生物，有植物、鸟类、无脊椎动物、爬行动物、两栖动物、真菌、哺乳动物和鱼类，这个曾经的玉米地，如今是一个多样的动物园。迪克森水禽保护区的动物中还有白鹈鹕，它们有2.7米长的翼展，有鲜艳的靛蓝旗帜，它们是史前的长毛啄木鸟。飞机驾驶员和登山者观察到白鹈鹕在怀俄明州4 198米高的上空盘旋滑翔。这些鸟儿依靠热气流升到这个高度，过了一段时间，它们会滑翔下来，然后重新开始。这强调了再生的基本原则：它是自然的默认模式。一旦我们停止对环境的焚烧、刮擦、毒害、切割和排放，转而为生命创造条件，生命就会重现其壮观的多样性，无一例外。

海狸

　　大自然最好的水修复技术来自海狸光滑、油腻的皮毛和凿状门牙。海狸是水生生态中的关键物种，为鲑鱼鱼苗、海龟、青蛙、鸟类创造了水生栖息地和湿地。客观地说，它们也是大型啮齿类动物，而且每天非常忙碌。当谈到对地球的改造时，它们仅次于人类。

　　海狸是精致和熟练的工程师，不知疲倦地建造水坝、运河和家庭住所。在海狸建造住所之前，它需要建造一座水坝。这些大坝形成了一个深水避难所，可以保护它们免受诸如郊狼和熊之类的捕食者的伤害。它们锋利的牙齿和肌肉发达的下颚可以咬断树木、树苗和被砍倒的树枝，制作木棒或木杆；通过可抓握的前脚，它们将这些木棒和木杆埋进河岸出口，像细栅栏一样。随后，它们在栅栏中横向安装树枝和刷子，然后用杂草和泥巴填充开口和裂缝，使水坝可以防水。它们的小屋是

穹顶形的，高达3米，有隐藏的水下入口，通常位于池塘的中央。里面是一个由不同年龄的幼崽组成的大家庭，能够在结冰的池塘里越冬，在池塘里储存细长的树枝。这个家庭以树皮为食，它们像吃玉米棒一样咀嚼着叶子、树枝、百合块茎和根。

　　海狸是出了名的近视眼。它们透明的眼睑像游泳镜一样，在视网膜上折叠，让它们在水下看得更清楚。但在陆地上，它们依赖敏锐的嗅觉。海狸很难靠近，因为它们几乎总是避免与人接触，在你看到它们之前，它们会静静地潜入水下，在那里它们可以屏住呼吸长达15分钟，或者游到自己的住处。如果受到惊吓或感到害怕，它们会用带鳞片的桨状尾巴拍打池塘表面几下，发出震耳欲聋的声音，让遥远的海狸群落可以听到。随后，远处的海狸也会潜入水底，消失在池塘和小屋中。

了显著的转变。生态学家和科学家得出了相反的结论：海狸是整个生态系统的恢复者，对栖息地、漫滩、鱼类、含水层、野生动物和河流都有益。西北海狸公司（Beavers Northwest）的执行董事本杰明·迪特布伦纳（Benjamin Dittbrenner）发现，海狸筑造的水坝减缓了后面溪流和河流的水流速度，使溪流更充分、更长时间地流动，从而显著增加了地下水的补给。此外，当水流过河床下方的沉积物和多孔空间时，它会冷却。冷水最终以地表水流的形式重新出现在下游，造福了下游的鲑鱼苗和其他依赖富氧水生存的水生无脊椎动物。当喀斯喀特山脉（Cascades）中的积雪随着气候变化而减少，迪特布伦纳等科学家希望，海狸提供的生态系统服务和它们的水坝建设可以弥补部分水的流失。

华盛顿州的研究人员正在将海狸保护特别应用于恢复鲑鱼栖息地计划。他们从城市环境中捕获这些"令人讨厌"的海狸，并在高地河流系统中让它们重新繁殖，然后测量它们对生态系统的影响。美国国家海洋和大气管理局（National Oceanic and Atmospheric Administration）的生态系统分析师迈克尔·波洛克（Michael Pollock）估计，斯蒂拉瓜米什河（Stillaguamish）流域的海狸池塘曾为大约710万条银鲑幼鱼提供了重要的冬季栖息地，但随着海狸数量的减少，未经修缮的水坝倒塌，池塘干涸消失，银鲑幼鱼数量骤减至100万条。银鲑需要深水池和丰富的河岸植被，它们共同为幼鱼抵御了捕食者并提供了丰富的食物供应。由于水坝带来了意想不到的好处，海狸被称为地球的肾脏。水坝淤泥堆积在上游侧壁上，可以吸收杀虫剂和肥料等毒素，然后被微生物群分解和解毒。因此，海狸活动的好处包括提高地下水位、减少和保留雨水径流、为鲑鱼和其他物种创造栖息地、减少河床侵蚀以及增加河岸植被。环境记者本·戈德法布（Ben Goldfarb）撰写了一本关于海狸秘密生活的权威书籍，书中写道："海狸通过截流地表水和抬高地下水位，使我们的水道保持充足的水分，以应对气候变化引发的干旱。它们构建的湿地可以驱散洪水，并减缓野火的袭击。它们过滤污染，储存碳，还可以逆转侵蚀。而且，虽然我们的基础设施通常对生命有害，但它们为鲑鱼、锯蝇和蜉蝣等生物搭建了'水上摇篮'，治愈了我们造成的创伤。"

但是有一种捕食者并没有被池塘、小屋和尾巴的拍打吓倒，他们是毛皮动物捕猎者。据估计，在欧洲殖民之前，美洲河狸（Castor canadensis）数量在6 000万到4亿。从17世纪到19世纪，当海狸皮制成的帽子和衣服在欧洲流行时，它们被无情地猎杀并交易。到1900年，在美国东北部已经找不到海狸。当美国鱼类及野生动植物管理局介入并禁止进一步捕猎和杀害海狸时，海狸总数量估计只有10万。当时，仅有两种海狸免于灭绝：北美的加拿大海狸和北欧的欧亚海狸，后者最近被重新引入英国。今天，北美的海狸数量估计在1 000万到1 500万。

几十年来，海狸一直被认为是一种破坏性的、杀死树木的公害，需要彻底根除。现在，尽管杀害海狸的行动仍在继续，但在过去20年里，人们的认识发生

生物区

20世纪70年代，环境活动家和科学家推广了生物区的概念，用于描述由独特的景观和生态系统形成的地理区域，而不是构成我们的政治和经济体系的县、州和国家。生物区从空间和生物层面确定了生态系统和物理系统之间的动态关系，被人们普遍接受。生物区地图上没有标出郊区名称、政治边界这些鸟类或卫星无法识别的特征。最早命名的生物区之一是卡斯卡迪亚（Cascadia）——从俄勒冈州北部延伸到大陆分水岭和阿拉斯加（北美生物多样性和生态最丰富的地区之一）的铜河三角洲。据"一个地球（One Earth）"组织的研究人员称，有185个不同名称的生物区。

生物区的划分并不是为了取代政治划分。相反，对生物区的理解创造了符合生态管理的政治和文化系统。时任西雅图大学教授的大卫·麦克洛斯基（David

McCloskey）是第一个将卡斯卡迪亚描述为生物区的人，这个生物区是一片不断下降的水域。尽管生物区的地理特征是由物理和生物因素共同描绘的，但在保护本地植物和动物的同时，我们也要保护当地的文化。

生物区机构有三个目标。其中第一个目标也是最重要的目标是让居民从生态层面了解他们居住的地方：除街道号码和购物中心之外，还有一个不为人知的世界，为该地区生活提供支持。我们可以思考这样几个问题，淡水从哪里来？什么是分水岭？新鲜的当地食物来自哪里？人类社区对该地区有哪些影响？这些影响是有害的还是可持续的？生物区的目标就是维持现有自然系统和

俄罗斯堪察加半岛茹帕诺瓦河（Reka Zhupanova）上的俄罗斯棕熊。

再生退化的自然系统，无论是森林、渔业还是动物群。

第二个目标是教育和学习。再思考这样几个问题，如何以与该地区承载能力同步的方式满足人类需求？是否由于地下含水层枯竭而正在钻探更深的井？水坝是否阻碍了鱼类的迁徙并破坏了栖息地？工业污染是否正在破坏下游的海洋环境？燃煤发电厂是否在下风口向农作物和环境排放汞？通过强调社区的作用，生物区帮助人们可以识别和理解如何满足人类需求。

第三个目标是探索重建居住环境的想法。我们的重点不是拯救植物、动物、森林、荒野和生物圈中剩下的物种，而是如何基于地理位置重建环境，从而满足、尊重和增加所有生命系统的需求。从本质上讲，这是一个关于如何创造更多生命、更多纯净水、更多鱼类、更多树木、更多草原、更多湿地、更多野花草地和更强复原

力的问题。

创建一个生物区需要从整体上了解该区域，这意味着我们要从社区层面开展工作，把公共场所当成自己的家。有这样一个观点，如果我们无法监测，我们就无法管理。所以，确立生物区后，我们需要建立新的监测标准。直到今天，我们还没有适当的措施来衡量地球上发生的与生物圈有关的事情。只有有关气候、水和生物多样性的指标与我们居住的地方（我们最容易采取行动的地方）相关，它们才有意义。毕竟，我们对当地和外部更大世界产生的大部分影响都无足轻重，如同我们制造的垃圾和回收物。

2019年，非营利组织Ecotrust的创始人斯宾塞·比贝（Spencer Beebe）创建了鲑鱼王国（Salmon Nation），他称之为自然国家，与民族国家形成对比。他承认这既是一个想法，也是一个真实存在的地方。自然国家并不是为了消除历史上的政治边界（尽管它们可能不再起作用），而是为了创造一种超越政治边界的思想和行动。人类的生活需要清洁的空气和水、健康的土壤以及相对稳定的气候。向自然学习并代表自然行事，这与意识形态无关，也和生物区无关。虽然鲑鱼王国是依据野生鲑鱼这一重要物种的迁徙模式来划定的，它从加利福尼亚州北部的海岸和内陆山谷开始，途经不列颠哥伦比亚省西部，一直延伸到阿拉斯加州最西端阿留申群岛中的阿图岛。为什么是鲑鱼？因为它们是海洋和河流中的金丝雀，是环境健康的指标。

鲑鱼王国项目正在创建一个"乌鸦"网络，这是一个由数千名社区领袖自发组成的团体，正在带来积极的变化。他们是来自非营利组织和营利组织，包括"艺术家、音乐家、再生牧场主和农民、森林恢复者、社区渔民、医生、可再生能源和绿色建筑倡导者、微型住宅建设者、原住民领导人、慈善家、投资者、教师、科学家和顶尖的区块链工程师"。鲑鱼王国的目的是让"乌鸦"们更紧密地联系在一起，恰如本书的大多数读者，为了应对气候危机，愿意牺牲个人生活，参与一些大众活动。在混乱和动荡的时代，我们彼此依靠。比尔·毕晓普（Bill Bishop）曾写道："过去，人们出生时是社区的一部分，必须找到个体的位置。现在，人们出生时是个体，必须找到自己的社区。"在40年来致力于改善环境的努力中，比贝一直在打造和重建社区，推动文化改变，激发"人类对自身和地球新神话的想象力"。

野生动物

卡尔·萨芬娜（Carl Safina）

　　卡尔·萨芬娜（Carl Safina）的生态学著作被认为是文学作品——不但引经据典，而且通俗易懂、富有诗意，令人拍案叫绝。他最有名的两部作品分别是《更胜言语：动物如何思考、如何感受》（*Beyond Words: What Animals Think and Feel*）和《蓝色海洋之歌》（*Song for the Blue Ocean*）。一本伟大的生态学著作可以让读者用全新的眼光看待地球及其生物，让他们对生物世界产生同理心和共情。作为一位世界级的生态学家，萨芬娜的著作内容涉及动物认知和预知，他认为动物不仅有情感和思想，甚至还有与人类一样的自我意识，以及超出我

约瑟夫·瓦奇拉（Joseph Wachira）向地球上最后一头雄性北方白犀牛苏丹（Sudan）道别。这张照片是阿米·维塔莱（Ami Vitale）在肯尼亚中部莱基皮亚县的Ol Pejeta保护区拍摄的。"2009年，我在捷克（捷克共和国）的Dvůr Králové动物园第一次看到了苏丹。在砖铁围成的围栏里，被雪包围着的苏丹正在接受板条箱训练，学习走进一个巨大的箱子，这个箱子将把他带到将近6 000千米以外的南方肯尼亚。它慢慢地、小心翼翼地走着，花时间闻了闻雪。他温柔、魁梧、超凡脱俗。我知道我遇到了一个远古生物，它已经存在了数百万年（化石记录表明，它的血统已经超过5000万年了），一个世纪前，非洲还有数十万头犀牛，但现在，它的同类已经在我们世界的大部分地区消失。那年冬天，苏丹是地球上仅存的八头北方白犀牛之一"。

们预期的智力水平。例如，难以捉摸的小林鹬能比计算机模型更好地预测即将到来的飓风季节的强度吗？经过20年的研究，答案似乎是肯定的。它们从北美东部森林到南美越冬地的迁移时间预示了飓风季节的强度。萨芬娜提出，我们人类认为自己无所不知，动物世界缺乏心智，但真实情况并非如此。"自然界中有一种压倒一切的理智，而人类中常常有一种破坏性的精神紊乱。在所有动物中，我们人类可能是最不理性的物种，甚至是扭曲的、妄想的、焦虑的物种。"他认为人类特质中存在非人类意识，让我们开始用猎枪射杀狼、用鱼叉捕鲸（日本、挪威和冰岛仍然如此）、将灵长类动物从森林中赶走并将它们寄养在混凝土动物园中以及毒杀郊狼。他的努力为他赢得了无数荣誉和奖金，从麦克阿瑟天才奖到皮尤、霍根海姆和国家科学基金会的资助。他以严谨的科学为支撑，通过对生物世界的生动描述唤醒了世界对生物多样性的重视，他的著作让人感到惊奇、敬畏和着迷。

——保罗·霍肯

1976年6月，当时还是一名本科生的我开了一整夜车，前往新泽西州的岛海滩州立公园（Island Beach State Park）。在天亮前不久，我们抵达了目的地。当我们把一个纸盒从车上取下来时，北美夜鹰的声音充满了黎明前的天空。我们划船去了一个沼泽岛，在那里，我的同伴们终于打开了盒子，里面是三只略显困惑的毛茸茸的小鸟。它们是游隼，是美国首批圈养计划的一部分，该计划旨在防止其物种因滴滴涕（双对氯苯基三氯乙烷，DDT）的使用而导致灭绝。滴滴涕和相关杀虫剂在四年前就被禁止使用，以减轻环境对这些鸟类的致命威胁。我们把这三只小鸟放在一座特别搭建的塔里。我的工作是在未来的几周内照顾它们，直到它们羽翼丰满。我们谁也不知道让它们重新野化是否会成功，或者我能否让它们顺利长大。

情况时好时坏。去年，联合国的一个小组发布了一份报告的摘要，根据世界自然保护联盟评估为"受威胁"或"濒危"的物种比例，他们粗略推断21世纪将有100万个物种面临灭绝。特蕾莎修女说："如果我看见这么多人，我永远不会行动。"的确，这种对情绪的压倒性打击，这种对灵魂的巨大冲击，会让人感到"精神麻木"。不过，特蕾莎修女补充道："如果我看见某个无

幸的人，我会采取行动。"

如果说保护区和环境运动在某些方面存在不足，那就是大量的统计数据掩盖了真正的悲剧——数字让我们麻木。某一个单独物种的悲惨境遇不会引起人类的关注。但是，当很多物种遇到麻烦时，其中的每一个物种都显得很卑微，无论它们是使天空变暗，还是使草地沙沙作响，抑或是在水下的巨石中保持平静。猴子、大象、老虎、狮子、长颈鹿等动物都遇到了麻烦，在诺亚方舟的每一幅画中，它们每两个一组被方舟拯救。而现在，我们人类把它们一个接一个地送进地狱。人类就是它们的洪水——数十亿人正在吞噬世界。

在保护区中，有一个令人不安的悖论——"最受欢迎"的物种正在走向灭绝。10种"最具魅力"的动物，包括熊猫、大象、狮子、老虎这些我们在婴儿托儿所墙壁上画的那些动物，全都面临灭绝的危险，无一例外。因为物种在变得稀有之前不会被列入濒危物种名单，所以我们必须清醒地认识到，很多物种的数量正在减少。

数据统计是不可避免的，但是对于目前受到威胁的100万个物种，我们至少可以从更多角度对数据进行分析。根据统计，五分之一的哺乳动物面临灭绝的威胁。在鸟类物种中，超过1 450种（八分之一）鸟类受到威胁。在任何一个分析方式中，最受威胁的鸟类都是鹦鹉。在总计400种鹦鹉中，约有一半数量在减少，原因包括农业、伐木或网箱贸易捕捞，或者被作为食物甚至农作物"害虫"遭到捕杀。自由生活的非洲灰鹦鹉在野外濒临灭绝，数量已经下降到以前的1%。自1970年以来，北美已经失去了近30%的鸟类，欧洲的情况也很类似。虽然有些在野外灭绝的鸟继续被圈养，但它们的命运最终会是什么呢？

关于那个方舟：它没有足够的位置。以前常见的情况正在变得罕见。仅在北美，就有20种常见鸟类（超过50万只）在过去40年中下降了50%以上。波白（Bobwhite）鹌鹑（我年轻时在每片林地都很常见）已经减少了80%以上，即使是在环境良好的栖息地也是如此。自20世纪70年代以来，美国19种滨鸟数量减少了一半。自1950年以来，全世界的海雀和其他海鸟数量减少了70%。我在1976年时听说，北美夜鹰的数量下降了70%。

全世界大约有1 000种鲨鱼和鳐鱼，其中有四分之一的物种被认为是"脆弱"到"极度濒危"，只有23%的鲨鱼和鳐鱼被认为是安全的，这在所有脊椎动物中比

例最低。当我第一次出海的时候，双髻鲨、灰鲭鲨、蓝鲨的数量是如此之多，甚至可以让海洋褪色。但现在，有越来越多的"大规模死亡事件"动辄导致数千只鲨鱼死亡。2015年，在哈萨克斯坦，20万只赛加羚羊（占全球数量的60%）在一周内死亡，原因是当时异常的高温和湿度让一种无害的细菌变得致命。在澳大利亚，随着考拉和鸭嘴兽等标志性物种数量急剧下降，近期火灾造成的野生动物总死亡数量可能会非常惊人。在过去的几年里，由于全球变暖导致有关的食物减少，进而导致从阿拉斯加到美国西海岸的数十万只河豚、雪貂、金枪鱼、小水豚、海鸥和海雀面临饥饿。自19世纪末以来，

科学家记录了700多起大规模死亡事件，影响了2 400多个动物种群，包括哺乳动物、鸟类、鱼类、两栖动物、爬行动物和海洋无脊椎动物，更多类似事件则未得到记录。

过去，在夏天的路灯下，有很多飞蛾飞舞，经常有蝙蝠在灯光的照耀下捕食飞蛾。去年夏天，在长岛，一

———————

高鸣鹤是北美最稀有、最高的鸟，翼展2.2米，头戴红帽，眼睛呈黄色。由于农业导致湿地面积减少，加上大量猎杀，1938年只有15只高鸣鹤存活下来。目前，这里的候鸟和圈养鸟类数量已超过100只，这是有史以来最成功的再生项目之一。

位朋友说："看看路灯。"我们连一只昆虫也看不见。在德国，科学家发现飞虫数量下降了约80%，在波多黎各卢基洛（Luquillo）雨林，地面昆虫数量下降了惊人的98%，树冠昆虫数量减少了80%，并伴随着食虫鸟类、青蛙和蜥蜴数量的急剧减少。科学家们目前正在整理由于农业和气候变暖而导致全球蝴蝶、蜜蜂和昆虫数量急剧下降的数据，其灭绝速度是哺乳动物和鸟类的8倍。面对这种不同寻常的紧急情况，科学家们称其影响"至少可以说是灾难性的"。

此时此刻，人类已经难以和地球上的其他生命共存。这不是一个好的现象。我不认为这就是我们想要被历史记住的方式，除非我们站在全局的高度决定保持或消灭哪些物种。然而，全局正是让人麻木的地方。

幸运的是，我们每个人不必考虑全局。在过去的40年里，我的办公室里有几处地方都昨着甘地的名言。他说："我们每个人的行动似乎微不足道，但最重要的是我们一直在行动。"它可以是小事情，也可以是大事情。你也许可以参与其中，比如把猎鹰放回天空，或者成为美国鱼类及野生动植物管理局的负责人。一个名为杰米·拉帕波特·克拉克（Jamie Rappaport Clark）的妇女最终都做到了。在个人微小努力的基础上，可以产生重大的效果。

当我们集体决定不再将动物驱赶出它们的家园时，效果出现了。由于《美国濒危动物法案》（Endangered Species Act）的实施，超过四分之三的海洋哺乳动物和海龟获得保护，数量显著增加。在我年轻的时候，因为滴滴涕的使用，鱼鹰几乎从地球上消失。现在，它们以近2米长的翼展在我们的海湾和河流上空翱翔。农场维持边缘栖息地之后，飞蛾和蝴蝶数量也随之增加。保护工作已经扭转了动物数量减少的趋势，拯救了20多种鸟类、各种哺乳动物（从啮齿动物到鲸）以及数十种其他动物。

世界各地的自然保护主义者正在努力让鸵鸟、犀牛、大型猫科动物、熊、猿、鹤、鹿、羚羊、水獭、麝牛、鹦鹉、蝴蝶等动物种群保持稳定。短尾信天翁曾因羽毛而在北太平洋筑巢岛上灭绝，通过对它们的严格保护，已将六只重新发现的个体扩展到了4 000多只。北美的高鸣鹤是世界上最稀有的鹤类，在1938年时，成年高鸣鹤数量减少到15只。如今，经过严格细致的保护工作，包括圈养繁殖和恢复几个自由生活的种群，成年高鸣鹤数量多达250只，如果加上未成年的高鸣鹤，总数量约为这一数字的两倍。

1985年，我从纽约前往加利福尼亚观看一只加州秃鹰。它们的种族濒临灭绝，只有六只留在野外。但秃鹰在圈养中繁殖良好。今天，加利福尼亚、大峡谷地区和墨西哥的巴哈半岛有300多只自由飞行的秃鹰。如果美国国会没有通过1973年的《美国濒危动物法案》，秃鹰可能已经灭绝。1960年左右，美国秃鹰只有400对，生活在加拿大南部。今天，它们的数量上升至约14 000对。自2007年以来，它们就被从濒危物种名单上剔除。褐鹈鹕的数量在40年内增加了700%以上，而1967年被列为濒危物种的美洲短吻鳄如今数量丰富。相较于历史上的任何生物，美洲野牛可能遭受过最肆无忌惮的屠杀，到1900年，黄石国家公园的野牛从6 000万头减少到只有23头。今天，它们的数量超过3万头。

其他物种的复苏更加艰难，而且效果并不明显。被称为弯角剑羚的大型北非羚羊在20世纪30年代还有数万只，而到了90年代初，它们已经在野外灭绝，最近，它们在乍得被重新引入。由于偷猎，黑犀牛的数量比1960年减少了98%；尽管失去了一个亚种，但积极的保护使它们的数量翻了一番，达到5 000头左右。灰鲸在大西洋被捕杀直至灭绝，在亚洲北太平洋地区可能只有150头，但它们在北美西海岸恢复情况非常乐观，从墨西哥的加利福尼亚半岛（Baja California）到美国阿拉斯加州，经常可以看到它们。大西洋座头鲸也恢复得很好，当带着狗在纽约长岛的海滩上跑步时，我经常可以看到它们。

没有人能够完成所有这些工作。但是很多人都可以参与其中的一个部分，这就是产生效果的原因。如果我们更仔细地思考这些问题，它将对我们所有人以及物种提供帮助，更具体地说，让我们关注有意义的事情，留心剩下的美丽物种。美是最能体现我们所有最深切关注和最高希望的唯一标准，是重要事物存在的简单试金石，它包括自由生命的持续存在、适应和人类尊严。

在剩下的荒野中，濒危物种和野生动物需要我们无私的关心和照顾，不仅是为了它们，还为了包括人类在内的一切物种，以及美丽所暗示的一切。当我们习惯性地追求实用性时，我们不能忽视这样一个观点——一个必须经常提及的观点：我们生活在一个神圣的奇迹中。我们应该为此采取行动。

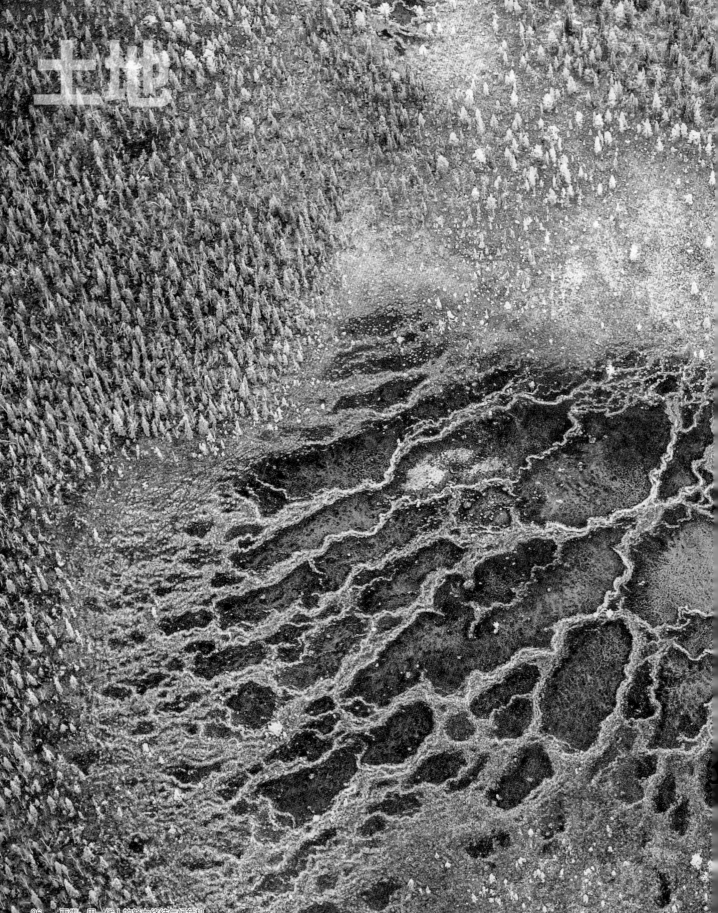

简介

在英语中，土地这个词具有很多含义：土壤、地面、家园、生活方式、国家、人民。

地球上最早的土壤出现在37亿年之前——那是地球诞生8亿年之后。土壤是由酸雨对岩石的化学风化形成的。它含有少量碳，暗示着生命的存在。大约30亿年后，藻类生物从海洋迁移到陆地边缘的淡水中，随后发生的事情非常关键：藻类吸收阳光和稀薄的空气进行光合作用，完成糖的合成。当时有很多种藻类，其中一种进化成了陆生植物。1亿年后，这些植物长出了叶子和根。真菌是陆地植物早期的亲密"盟友"。它们从岩石中收集营养物质，并与植物中的碳进行交换，通过这种相互作用，建立了互惠互利的伙伴关系。植物和微生物的繁盛和灭亡，形成了有机沉积物，也就是我们今天所知道的土壤的起源，这种富含营养的介质维持着陆地上80%的生命。

植物生命在不断进化，同时变得更加复杂。阔叶、针叶和苞片从太阳中收集起了更多的能量。死去的根创造了有机物质和水的通道。细菌遍布在植物根部，后者分泌的糖类供养着地下生物群，为细菌提供能量，以增加植物对矿物质养分的利用率。真菌丝建立了菌根网络，与植物合作，将营养、水分和信息传递到根部，以交换能量。随着土壤生命的增加，土壤的保水能力也在增强，进一步扩大了植物物种的范围和多样性。

光合作用改变了地球周围的土地，支持了不断增长的物种多样性。陆地无脊椎动物（从蠕虫到蚂蚁）四处蔓延。草食动物在土壤中挖洞，并将土壤变成通风良好的介质。非洲蜣螂在夜间出现，将重量是自身重量50倍的粪球滚进洞穴。生物的挖掘和咀嚼增加了土壤的肥力，改变了土壤结构。大型脊椎动物的粪便和尿液也提高了土壤的肥力。土地变得更具渗透性，容纳了更多的雨水，使其能够养活更大的植物，从而从大气中吸收更多的碳。植物和树木散发出水蒸气，形成雾、云和雨，使土地降温，改变了地球的水文状况。

在过去的2000年间（地质年代的一小部分），城市化、农业和森林砍伐极大程度地改变了自然碳循环。被砍伐的森林被用于燃料、建筑、工业和农业。随着犁的出现，土壤暴露在空气中，其储存的碳被氧化成二氧化碳。有生命的生态系统变成无生命的泥土，很容易遭到侵蚀。工业耕作方法将土壤碳含量从平均3%降至1%。杀虫剂和除草剂杀死了土壤中的生命，使世界各地的土地变成了沙漠。鸟类、蝴蝶、蠕虫和其他生物的食物变得短缺。土地一旦开始退化，土地上的人们将承受痛苦的后果。本节将介绍土地退化的原因和解决方案。土地和人类一样具有复原力。再生农业和退化土地的恢复扭转了碳的流失和土壤干燥的趋势。我们可以选择可以捕获更多碳、释放更多氧气的农业方法，以再生我们的农场、森林和草原，从而为地球上任何地方的所有人和所有物种提供帮助，产生不可估量的益处。

瑞典北部拉普兰省拉普尼亚地区连绵的沼泽和针叶林，现已被联合国教科文组织列为世界遗产。弦状沼泽是一种带有隆起山脊和岛屿的沼泽，那里逐渐倾斜的地面在一年中的大部分时间都被冻结。它们属于一个被称为图案植被（patterned vegetation）的分类，边缘有最终会变成泥炭的湿地莎草和木本植物。

再生农业

我们对月球表面的了解比地球表面更多。月球是由已知的矿物碎片组成的，而地球土壤则拥有自身的生态系统，由数万亿种生物组成，其中大多数尚未被认识。数亿年前，生物系统开始创造土壤层，即地球的外层，岩石、植物、大气和水在这里融合，共同形成土壤。从那以后，生命一直在进化。当你采集一匙健康的土壤时，你手头上就有一个地球上最复杂的生命系统；在不到150年的时间里，由于工业化农业的发展，这个系统已经出现退化。自1850年以来，所有人类活动产生的二氧化碳排放中，大约35%是由农业和森林砍伐造成的。

全世界有1 500万农民和数以万计的农场和牧场正在采用农业方法改善土壤健康状况，恢复土地，促进农业和粮食生产。再生农业包括农林业、生态农业、林牧复合、牧场种植、提升有机物和先进的轮牧；具体方法包括免耕法、复合覆盖作物、草原作物、多年生作物、动物融合和作物多样化；目标之一是封存大气中二氧化碳，提高土壤的健康，促进土壤碳含量显著增加。再生农业已成为再生活动的通用原型和模板。它将农业转变为一种具体的方法，用于促进生物多样性，提升人类和动物健康水平，提高植物活力和传粉者生存能力。

"再生农业"一词是40年前由有机农业倡导者罗伯特·罗代尔（Robert Rodale）首创，但它的起源是原住民农业。在美洲、非洲和亚洲，土地已经连续种植了数

北卡罗来纳州斯坦利县的一位生产者在种植玉米前将覆盖作物卷走。"毛毯状"的工具通过滚动或卷曲提供了季节性的杂草保护、水分保持和土壤微生物的食物。

千年。最古老的一种再生实践形式是玛雅农民采用的名为米尔帕（milpa）的森林花园系统。再生实践在西非得到了很好的实施，在那里，人们通过使用木炭和绿色废物创造了持久的"黑土"，其肥力是稀薄、贫瘠的雨林土壤的3到4倍。非洲原住民农业知识在美国南部的白人种植园中得到了广泛应用。这些做法引起了乔治·华盛顿·卡佛（George Washington Carver）的注意，他对这些做法进行了科学研究，并分享了自己的知识，使其成为20世纪初美国再生农业的先驱。

如今，围绕再生理论和实践的学习、实验和合作激增，这在很大程度上是由于工业化农业和所谓的"绿色革命"造成的破坏，导致了高产杂交种子（不会自我繁殖）、化学肥料和杀虫剂的使用增加。再生农业在作物多样性、微生物学、土壤化学和动物融合方面体现的进步，使其成为当之无愧的新兴技术。它比智能手机更复杂，比互联网涉及更多的互动，比任何机器或设备有更多的运动部件——"生物部件"。当然，它们本质上不是部件，而是多种系统中的生命元素。尽管再生农业错综复杂，但它有明确定义的方法，可以由世界各地的农民和牧民实施。重要的是，它的产量可以与传统农业持平，甚至更高；再生农业可以提高土壤的复原力和生产力，从而在未来提供更高的回报率。

如果我们一味强调碳汇的功能，再生农业的整体影响将会被掩盖。如果再生农业实践能够在世界四分之一的农场和草原上分阶段实施，它们将在未来30年吸收并保留550亿吨温室气体，对全球气候产生至关重要的影响。再生农业的这一能力已经吸引了工业化农业公司的关注，他们认为可以通过出售碳信用额度获利。安海斯布希（Anheuser-Busch）、拜耳孟山都（BayerMonsanto）、嘉吉（Cargill）和其他公司正在采用碳交易作为首选气候解决方案，这引起了混乱。再生农业是一种覆盖土壤、农业和作物的系统方法，而不是一份菜单，让人们从中选择一些项目以便进行宣传。而且拜耳孟山都参与碳汇活动有些讽刺，因为他们曾为历史上销量最大、破坏性最强的农用化学品草甘膦申请了专利。这种除草剂是一种抗生素，可以杀死微生物，减少了土壤中的碳。

我们可以通过一种简单的方法来理解工业化农业和再生农业之间的区别。工业化农业为植物提供化学形式的氮、磷和钾。再生农业为土壤及其微生物提供食物，再通过土壤为植物提供养分。工业化农业不需要由植物、土壤和昆虫组成的复杂生态系统，而是采用用单一种植、激光制导拖拉机、喷雾器和化学投入物取而代之，以获得产出（作物）。随着土壤肥力的下降，工业化农业需要更多的投入来维持作物产量。随着土壤的恶化，植物的健康状况也随之恶化，使作物更容易受到昆虫的侵害。随着杀虫剂的使用越来越多，天敌消失了。杀虫剂、除草剂、化肥、杀菌剂和抗生素的组合对土壤、农民、家庭、牲畜和野生动物造成了伤害——美国农民的癌症、帕金森病和自杀率是世界上所有职业中最高的。工业化农业也会对气候造成影响，全球约六分之一的温室气体排放来自农业领域。

关于未来几十年土壤中能吸收多少碳，科学家们进行了争论，但这个问题对农民来说意义不大。农民正在转向再生实践，以便在他们的土壤中获取和储存更多的水，降低成本，阻止侵蚀，摆脱债务，并生产更优质的作物和牲畜，用于维持他们的家庭。以下是再生农业的基本原理和技术。

重新碳化土壤。土地表面以下15到17厘米的土壤含有所谓的不稳定碳，随着季节变化，它们被土壤吸收或从土壤排出。封存的碳位于土壤更下方，不会轻易排放到大气中。植物根系渗出物的糖分中富含碳，这些碳被释放到土壤中并被微生物吞噬。土壤中的细菌、真菌、原生动物、藻类、螨虫、线虫、蠕虫、蚂蚁、蛴螬、甲虫和田鼠相互捕食、繁殖、代谢废物和溶解矿物质，使上面的植物获得养分。土壤内部是一个社区，而不是一种商品。贫瘠农田和草地的平均碳含量为1%。戴维·布兰特（David Brandt）在俄亥俄州卡罗尔（Carroll）的农场1978年的碳含量不到0.5%；如今，他的再生农场的碳含量为8.5%，高于相邻林地的6%。

限制干扰。应尽可能减少对土壤的机械扰动，尤其是耕作。犁耕破坏了土壤结构，撕裂了矿物颗粒的聚合体，破坏了空气和水积聚的微小孔隙。它还破坏微生物的精细组合，包括有益的真菌。除草剂、杀虫剂和合成肥料等化学干扰也会严重损害土壤中的生物生命。免耕（no-till）和减耕（reduced-till）系统允许土壤建立和提升生物复杂性。当土壤被反复耕耘（主要是为了防止杂草）时，土壤生物会暴露在阳光和天气下，导致土壤干燥，生物死亡，产生额外的温室气体。这是因为微生物在消化过程中会自然释放二氧化碳，而反复耕作会将储存的碳释放到大气中。

覆盖土壤。覆盖作物在冬季保护土壤，在夏季帮土壤降温。覆盖土壤的想法是尽可能长时间地保持土壤上面的植物生长，以保护土壤免受风和水的侵蚀，同时为生物创造栖息地。光合作用是太阳能量进入土壤的方式。光秃秃的地面只能加热，使土壤干燥，杀死土壤中的微生物。所以除了沙漠、海滩和岩石斜坡，我们很少能在自然界看到裸露的地面。覆盖作物也会减轻暴雨的影响，使水缓慢地到达地面。它们用根为土壤增肥，用分泌物喂养微生物群。它们固定氮并转化矿物质，包括钾和磷，以便于植物吸收。如今，农民们正在使用各种各样的覆盖作物，使他们的农场看起来更像一个蔬菜园：豇豆、荞麦、车前草、菊苣、向日葵、羊茅、大豆萝卜、科迪亚克芥末、埃塞俄比亚卷心菜、邓代尔豌豆、黑眼豌豆、朗格多克野豌豆、毛野豌豆、普通野豌豆、雏鸡野豌豆、深红色三叶草、紫花苜蓿、冬黑麦、蚕豆、亚麻、黑燕麦、鹰嘴豆、紫顶萝卜、绿豆。美国原始的高草草原包含两百多种覆盖植物。

增加土壤水分。对一个农民来说，最重要的不是降雨量的多少，而是有多少水分渗入地下。当土壤失去微生物时，土壤的结构开始恶化，透水性变差。土壤吸收雨水或灌溉水的能力称为渗水率。一种称为球囊霉素（glomalin）的黏性物质可以帮助土壤形成一种肥沃、易碎的结构。球囊霉素是一种富含碳的蛋白质，由真菌和腐殖酸在土壤中混合产生。在传统耕作的土地上，球囊霉素很少见，土壤渗水率可以低至每小时0.6厘米，更多的水聚集和流失，造成侵蚀。但再生农业的农民报告说，再生土地的渗水量增加了10到30倍。这些海绵状的固碳物质使土壤成为地下蓄水池。

由于全球变暖，大气中含有更多的水分，暴雨更加严重。让土壤收集尽可能多的水，这对于防止洪水和侵蚀至关重要。在俄克拉何马州，每生产1千克小麦，就会有3千克土壤因侵蚀而流失。提高土壤保水性意味着可以种植更大的植物，从而可以通过光合作用储存更多的碳。更多的碳增加了土壤有机物，更多的有机物能储存更多的水，这反过来可以提供给人类和动物更多的食物。增加土壤水分也能增加土壤的复原力，从而帮助农民应对更不稳定的降雨和干旱模式。此外，还有一个好处：地球表面温度大约80%由水圈决定，水圈是大气和地球上所有水的总和。在过去的两个世纪里，地球一直在变干。森林砍伐、工业化农业、过度放牧和高温导致土地干燥，地表温度升高。再生农业为周围环境降温，土地表面温度可以低0.556～1.112摄氏度，这有助于植物生长，土壤温度可以比裸土温度低很多度。

饲养动物。大自然的"农业"永远离不开动物。然而，现代农业的标志之一是农业作物和动物的分离。几千年来，每一个农场、牧场或稻田都有马、牛、绵羊、山羊、鹅、鸡、鸭或鱼（特别是在亚洲），它们密不可分。多年来，从业者通过在牧场上进行适应性快速轮作放牧，获得生态效益。放牧刺激植物生长，让更多的碳进入土壤。这同样适用于农田和牧场。一个健康的农场不仅要养殖家畜，还必须为鸟类、传粉者、捕食性昆虫、蚯蚓和微生物提供栖息地，并将它们融合在一起。

如今，农作物和动物在物理上彼此隔离，有时甚至相隔数千米，营养循环因此受到影响。在传统的稻田里，鱼类已经无法生存。在引入杀虫剂之前，鱼类以藻类和昆虫为食，并给作物施肥；农场动物吃草，提供农

这种土壤丰富而深沉的颜色表明这是健康的土壤。作物、草和覆盖作物的多样性创造了一个保护毯，可用于保护土壤。

田所需的肥料和尿素。在再生农业中，移动（mob）或轮牧技术会增加土壤的碳和肥力。传统的放牧方式也可以做到这一点。放牧的效果很明显，反刍动物啃食更能刺激草类分泌物的产生，它们会向根部发送强大的激素信号以促进生长。如果农民不想从事畜牧业，蠕虫和蚯蚓养殖也会对土壤肥力和碳封存产生显著影响。总之，通过覆盖作物和放牧可以替代每年消耗的2 087亿千克氮肥中的大部分，避免这些氮肥污染溪流和河流，并造成海洋死区。

我们必须认识到，土壤健康就是植物和人类的健康。没有土壤的健康，就没有植物的健康；没有植物的健康，就没有人类的健康。矿物质、微生物群落和植物营养素对人类健康至关重要。人类营养不良会导致慢性疾病。即使你吃的是富含营养的食物，如果土壤中缺少必需的矿物质，你所食用的植物也不会含有足够的矿物质。植物依靠土壤微生物来溶解矿物质并进行吸收。和人类一样，压力促使植物改变和适应，使其根部在更深的地方寻找水分、矿物质或营养，或者改变叶子的化学成分来抵抗害虫。传统农业则相反。植物快速生长所需的一切都以钾肥、过磷酸钙和氮肥的形式在靠近地表的地方提供。土壤几乎是无菌的，它只是保持植物直立的媒介。这些植物面临的压力较小，通常看起来很强壮，但实际很脆弱，容易受到昆虫、真菌和锈病的侵袭。除草剂（主要是草甘膦，一种致癌物）会消除植物之间的竞争。此外，传统耕作的植物生长速度更快，根系较浅，营养也较低。道理很简单：依赖化学物质的植物不能创造健康的食物；过度加工食品不能养育出健康的儿童；抗生素和药物不能创造健康的动物。与50年前相比，我们的水果和蔬菜的营养明显减少。食物看起来"丰富"，实际很贫乏。1965年，4%的美国人口患有慢性病；现在是三分之二，并且有46%的儿童患有慢性病。

真正的再生农业可以增加植物和人类的营养，原因很简单：它不与自然对抗，而是与自然保持一致。再生农业是再生社会的核心，因为它是我们食物、营养和福祉的来源。气候影响的三分之一来自我们的粮食和农业系统，大多数人类疾病也是如此。再生的首要原则是创造更多的生命，这是我们的切入点。

美国再生农业科学的先驱是亚拉巴马州塔斯基吉大学的乔治·华盛顿·卡佛。像今天的再生农民一样，他创造了一门"前瞻性"的农业科学，设计了改善土壤健康状况的方法——采用轮作法种植含氮豆科作物，在被单一种植耗尽肥力的土地上恢复土壤健康。他借鉴了非洲原住民的农业知识和实践，这些知识和实践可以追溯到两千多年前。

畜牧业融合

当加布·布朗（Gabe Brown）开车回到北达科他州的家庭农场时，这个农民突然冒出这样一个想法：如果在自己处于生长季的农田里放牛，会出现什么情况？

通常，布朗在农场的牧场区放牧牛群，直到深秋才把牧场变成农田，他会播种覆盖作物用于保持土壤被植物覆盖。覆盖作物在冬天为他的牲畜提供饲料，牲畜的粪便为土壤提供养分。这是布朗不断改善土壤健康状况计划的一部分。在20世纪90年代中期，在发生了一系列灾难后，他决定放弃传统农业，转而从草原生态中汲取灵感。他在农田里全年种植覆盖作物，避免土壤裸露在外，并尝试多种植物和动物的组合，包括鸡和猪。为了模仿野牛群的放牧行为对土地的影响，布朗在他的牧场上放牛，每平方千米牛的重量为907千克，每天让它们穿过围场一次。后来，在他访问加拿大之后，他决定大幅提高放牧密度，达到每平方千米9 000千克，并在夏季的部分农田上放牧。他不再种植玉米或小麦，而是将覆盖作物转化为经济作物，用于饲养牲畜。他知道这是

一个非常不正统的想法。但他试了一下，结果奏效了，土壤质量继续改良。

就在那时，布朗意识到，将畜牧业融入整个农场运营可以创造真正的再生。

在某种程度上，布朗正在让农业回归本源。数千年前，牲畜被驯化，在随后的几个世纪里，全球农作物的种植与牲畜饲养交织在一起，包括使用粪便作为肥料。在今天的许多传统文化和原住民文化中，牲畜养殖和农作物种植以各种方式组合在一起。

从历史上看，农民可能会饲养一小群牛或在谷仓里

格雷格·朱迪（Greg Judy）在他位于密苏里州拉克市（Rucker）的6.5平方千米的绿色牧场上。他专门研究南方波尔牛，这是一种英国品种，特别适合草食。朱迪实行轮牧，不使用激素，也不使用蝇耳标签或杀虫剂。取而代之的是，该农场有450个燕子鸟舍，用于自然控制苍蝇。从前，朱迪使用传统的农业方法使他近乎破产，现在他教授放牧课程，帮助其他农民生产可靠、健康的作物和牲畜。

养猪。在拖拉机出现之前，农民在田间使用马和牛耕作。在20世纪70年代的北美，随着鼓励专业化的国家农业政策发布，农业开始发生变化，牲畜饲养和作物种植相互独立，农民可以选择其中一种。这种分裂一方面导致了单一种植体系的出现（主要是玉米和大豆等高度集约化的作物）；另一方面导致了肉类和乳制品的工业化生产，包括饲养场和限制性动物经营。这两个系统都旨在最大限度地提高产量，并尽可能高效、廉价地向市场提供统一的商品。麻烦接踵而至。随着商品农业对环境和人类健康造成损害加剧，一场以有机化为中心，并着眼全局的实践活动兴起了，这些实践旨在恢复土地的活力，并提供健康的食物。许多农民从大自然中汲取灵感，种植多种作物并将堆肥施用于土壤。

在过去的20年里，人们对牲畜饲养和农作物种植的融合产生了兴趣，部分原因是在新一代农民和农业专家的引领下，我们对土壤微生物学的研究取得了重大进展。这是向再生农业的土壤建设和生物富集目标迈进的一步，加布·布朗恢复其贫瘠土地的历程也体现了这一点。研究显示，地上动植物管理与地下碳储存和碳循环之间存在许多联系，这也增加了我们的知识，拓宽了我们的目标。关于再生农业对碳封存和土壤改良的益处，澳大利亚土壤科学家克里斯汀·琼斯（Christine Jones）开展了调查。根据调查结果，布朗相信牲畜可以在农场中发挥更积极的作用，并可以改善碳循环。

畜牧业和农业融合的例子包括鸡在农田觅食，牛在果园吃草，以及葡萄园中的羊、牧场上的多种食草动物。通过对美国农业和畜牧业整合的历史进行回顾，我们发现了一系列实践方法，包括在同一块土地分时饲养动物和种植作物，在同一块土地交替种植或同时种植一年生和多年生作物，用于放牧和作物生产。许多类型的动物可以在一个系统中集成饲养，包括火鸡、鸭子、猪、兔子、绵羊、山羊、马、鸵鸟、骆驼，甚至鱼。在中国，鱼塘与鸭和鹅的结合几乎使鱼类产量翻了一番。在东南亚，牛和山羊经常在橡胶树、棕榈树和椰子树下吃草，它们在给土壤施肥的同时控制杂草生长。

畜牧业融合也可以发生在牧场。在乔尔·萨拉丁（Joel Salatin）位于弗吉尼亚州的波利弗斯（Polyface）农场，牛、鸡、猪、兔子和火鸡以精心编排的顺序轮流饲养。冬天，牛在谷仓里喂食干草，它们的粪便与木屑和玉米混合，形成堆肥。春天，当奶牛在被赶到牧场

时，猪会挖出谷仓的堆肥，堆肥开始吸收二氧化碳。这些富含碳的堆肥随后被铺在牧场上。在牛转移到下一块地方后，鸡、火鸡甚至兔子都会被引入牧场，对它们的粪便进行消毒和回收。在埃里克·哈维（Eric Harvey）位于澳大利亚新南威尔士州的吉尔盖农场（Gilgai Farm），5 000只绵羊和600头牛被整合到一个叫作弗莱德（flerd）的单元中。哈维利用它们不同的饲料偏好、放牧行为和它们粪便的成分来提高植物的活力、多样性和密度，在不到10年的时间里，吉尔盖的植物种类从7种增加到136种。

将畜牧业融入农场生产有多种好处，包括增加整个系统的营养平衡。例如，家禽粪便中的氮含量很高，这是植物所需要的。肥料和堆肥的应用可以改善土壤中的生物活性，进而改善养分循环、土壤结构和持水能力。在得克萨斯州，研究人员对肉牛和棉花混合系统进行了一项为期5年的研究，结果表明，牧草与棉花混合地块的有机碳、土壤稳定性和微生物活性高于连续棉花地块。在澳大利亚，农业-畜牧业一体化正在帮助农民提高生产力，保持土地的可持续性，并减少与气候变化和市场波动相关的风险。一项研究表明，谷类作物具备饲料和粮食双重用途，可以显著提高牲畜和作物生产力，幅度为25%至75%。农作物-畜牧业的整合还可以创造多样的景观，为野生动物提供栖息地。

尽管农业-畜牧业融合具有优势，但在实施方面仍存在挑战：传统农场主始终认为这两种系统代表不同类型的农业，不应混为一谈。气候变化活动人士对牲畜在温室气体排放中的作用提出了反对意见，特别是消化过程中的甲烷排放（称为肠道发酵）。尽管根据美国国家环境保护署的数据，2016年牲畜的直接排放量仅占美国温室气体总排放量的2%。另一个障碍是一些消费者的文化传统，他们骨子里反对农业-畜牧业融合。最后，许多农民不具备熟练整合农业和畜牧业所需的经验或技能。

克服这些挑战的一个动机是经济效益。在加布·布朗的农场，由于土壤健康状况的改善，土壤中的碳含量不断增加，这大大增加了该行动的价值，而牲畜是这一成功的关键组成部分。在旅途中，布朗经常听到其他农民抱怨他们的农场缺乏盈利能力。"当我向他们询问他们的生产模式时，"他写道，"我通常会发现他们不会在自己的土地上饲养任何牲畜。我鼓励所有经营者利用牲畜来提高收益。"

恢复退化土地

一天，比尔·泽迪克（Bill Zeedyk）在新墨西哥州西部的一个牧场散步，他走在一条被侵蚀的河床上，看见一道铁丝网栅栏，栅栏下面横跨深深的沟壑，栅栏柱悬挂在他头顶几米的地方。经过询问农场主，他得知栅栏是在60年前修建的，柱子最初是在地面上——这表明这个地区在很短的时间内发生了很大程度的侵蚀。

这对泽迪克来说并不意外，他知道西南部的大部分地区都处于类似的退化状态，他亲自考察过。10年前，泽迪克以美国林务局的野生生物学家的身份退休，随即开始了一项新的任务：找到一种方法使遭到破坏的河流恢复健康。在林务局的工作中，泽迪克观察到，蜿蜒曲折的水道和深沟遇到一连串的麻烦：河床的上游曾经有缓坡的排水道，现在由于对河床的头部切割，形成了6米高的垂直落差，排干了潮湿的草地；同时还有一些设计拙劣的土路和河流交叉口，破坏了水在陆地上的自然流动，造成大面积侵蚀。随着地下水位的下降和植被的改变，海狸、野生火鸡和其他动物的栖息地逐渐消失。侵蚀也影响了牲畜，因为小溪变成了陡峭的沟壑，造成了淤塞。不仅仅是溪流，泽迪克还观察到了该地区牧场和森林的退化。

根据联合国政府间气候变化专门委员会的数据，地球上约25%的无冰土地因为人为因素出现退化，影响了多达30亿以土地为生的人口。虽然数百万人已经成功迁移，但估计仍有10亿贫困人口被困在原地。

土壤侵蚀是最常见的土地退化类型。自然景观受到草地和树木等植物的保护，缓冲了风、雨和融雪的侵蚀

澳大利亚西澳大利亚州的雅拉雅拉（Yarra Yarra）生物多样性走廊项目旨在通过恢复土地来连接现有的自然保护区，进而创建一条200千米长的走廊。自2008年以来，该项目已在140平方千米的土地上种植了3 000多万棵本地树木。该区域90%以上的面积在20世纪10年代被清理，不再适合传统农业。上图是他们最早种植的植物之一。在积极的管理下，灌木和草将在树木之间重新生长。这种种植技术正在其他地点实施，包括更密集的行距、树木等高线排列，以及全时段禁止绵羊放牧。

作用。当这些覆盖物被农业耕作、过度放牧、伐木或土地清理所影响或移除时，土壤就会暴露在自然环境中，一场风暴就可以把农田的犁沟变成沟壑。对作物施用化肥和杀虫剂也会导致土壤退化，因为这会夺走微生物的生命并破坏养分循环，而地下土壤颗粒正是依靠微生物的作用才能结合在一起。当土壤从农场流失时，它也会带走植物生长所需的养分，如磷、氮和钾。土壤流失与气候变化相结合，会降低作物产量，尤其是在生态脆弱地区。这种损失可能会导致人口迁移、冲突加剧和政治不稳定。数千年来，人类在土地利用的过程中，潜在的碳排放一直在发生。截至2018年，农业、林业和其他土地使用产生的温室气体排放量占全球排放量的22%。

干旱地区的土地退化更为严重。干旱地区约占所有土地的40%，养育了近20亿人口，其中大多数人生活在贫困之中，容易受到干旱的影响。旱地中的土壤通常十分贫瘠，缺乏有机物质，如果管理不当，就更容易受到侵蚀。旱地退化的主要原因是牲畜过度放牧、树木砍伐、耕作和生物燃料生产。受气候变化影响，土壤保持植被持续丧失，加上降雨量的减少，将导致这些地区继续受到侵蚀，从而面临沙漠化的风险。

新墨西哥州的大部分地区和大西南部地区一样，都是干旱地区，当地植物都是耐旱植物。这些地区年降水量较低，其中大约一半来自强烈的夏季风暴，土壤很薄，地表植物很容易受到干扰。美国自然资源保护主义者阿尔多·利奥波德（Aldo Leopold）在美国林务局的西南沙漠地区开始了他的职业生涯，他曾将该地区的生态描述为"一触即溃"。到了20世纪50年代，由于该地区牧场几十年来牛群和羊群的过度放牧，加上高地上的大量伐木，已经"扣动了扳机"。例如，曾被称为新墨西哥州粮仓的里约普尔科河（Rio Puerco）曾经长达320千米，如今，里约普尔科河变成了一条9米宽的侵蚀沟渠，在该地区所有水道中，它河水中的泥沙量含量最高。

当水道被侵蚀时，无论大小，它们通常会变直并向下塌陷，失去其自然的弯曲度。突发性洪水造成的破坏性尤其大。为了对抗这些不良趋势，修复受损的河流，比尔·泽迪克开发了一套修复工具箱，通过在水道中放置精心设计的小型结构修复河道。泽迪克的工具由岩石和木材制成，可以减缓水流速度，让河流开始"愈合"。他的许多设计都有意将水流从河道的一侧重新定向到另一侧，他称这种技术为"诱导曲流"。他的结构从河流中捕获来自侵蚀高地的沉积物。沉积物形成了一个新的漫滩，增加了河流的稳定性。由此，莎草、灯芯草和其他植物可以利用新的沉积物作为营养源在水中和河岸上生根。这种方法具有多种再生效益，包括改善鱼类栖息地，为野生动物和牲畜提供更多植被，恢复湿地以补充地下水，减少道路磨损，建立更健康的流域，让所有人受益。

泽迪克是一支由专业人员、自然资源保护主义者、科学家和农学家组成的新兴团队中的一员，这个团队的目标是恢复退化的公共土地和私人土地。几年前，在面对由于土地管理不善造成的环境破坏时，自然和野生动物的倡导者认为应该采取一种不干预的方式——他们更倾向于完全限制或消除人类活动。但随着全球土地退化规模的扩大，许多人将注意力转移到了土地恢复上。由于传统原住民实践越来越得到认可，在原住民、农民和牧场主的领导下，在科学研究的支持下，土地恢复工具箱的应用范围越来越广，包括使用覆盖作物来保护土壤，将各种动植物融入农业环境，以及重新造林等。

关于恢复退化的土地，最简单的措施是解除对自然再生的限制。例如，停止过度放牧以让草和其他植被重新生长。同样，一旦过度捕捞的压力降低，海洋中的鱼类资源的多样性也会得到改善。大自然的默认模式是再生。我们破坏的不是这片土地，而是我们与它的关系。亿万年来，大自然不断从洪水、火灾、飓风、火山爆发，甚至偶尔的小行星撞击等各种干扰中恢复过来。限制人类对自然过程的干预通常是恢复土地成本最低的措施。对于自然恢复受到严重影响或存在灾难风险的地方，如深水河流或杂草丛生的森林，恢复可能还需要人力支援或干预。

所有土地恢复策略都有一个共同点，那就是恢复土壤中的碳。它不仅可以通过创造生命条件来恢复自然过程，而且还可以帮助我们在一代人的时间内结束气候危机。根据一项重大研究得出的结论，在所有再生解决方案中，土壤需要储存所有碳含量的四分之一。其中的40%需要保护现有土壤免受退化，60%需要恢复土壤以储存更多的碳。如果能够终止导致土地退化的行为，消除对自然再生的限制，我们将朝着这个方向迈出一大步。

堆肥

阿尔伯特·霍华德（Albert Howard）爵士在32岁时被印度政府任命为帝国经济植物学家。他在洛桑试验站接受过植物学、真菌学和农业方面的培训，并在英国从事相关工作，表现出色。在印度中央邦，霍华德有过一次改变人生的经历。在他向农民传授"科学"的农业方法时，他发现这些农民使用的是一种古老的本土基于模仿森林的堆肥方法的农业技术，而这些技术明显优于他所信奉的技术。

堆肥是有机物腐烂和分解所形成的，在自然界中，所有的垃圾都变成了食物。然而，在城市中，自然垃圾需要得到清理。当它们被埋在厌氧垃圾填埋场时，这些有机废物会产生一种温室气体——甲烷。森林的情况则有所不同。树叶、针叶、球果和种子从树木脱落，在地面上变成垃圾，混合了鸟类和食腐哺乳动物的粪便之后，它们一起成为蠕虫、细菌和真菌群落的营养物质。分解者们将树皮、沥青、纤维素、萜烯和复杂的淀粉消

化并分解成腐殖质。腐殖质是一种营养丰富的黑色混合物，可以滋养下面的土壤，促进上面生物的增长。这一循环是所有可持续农业方法的基础，无论是有机农业、生物动力农业还是再生农业（作物可以是美国农业部规定的不符合这些原则的有机作物）。健康的农业需要死亡和腐烂才能创造增长和富足。如果一个农场在过去曾经是森林，就像欧洲的大多数农田一样，霍华德认为这些农业生态系统类似于森林生态系统。他还认为，现代农业科学是对"自然运行"的背离，并将支持工业化农业的人称为"实验室隐士"。

任何一个在原始森林存在的物种（比如加利福尼亚红杉），都经历过极其丰富的自我组织和自我维持的

英国用堆肥蔬菜和动物粪便制成的工业堆肥。

生命历程。霍华德认为工业化农业所生产的作物生命历程则恰恰相反。当然，他不是独自提出这个观点，他的妻子加布里埃尔·马太·霍华德（Gabrielle Matthaei Howard）成为印度的第二位帝国经济植物学家，她和她的丈夫一起完成了所有研究，得出了相同的结论。数千年来，亚洲、非洲和美洲的农民已经发现并实践了一种可持续农业形式。组织原则是一样的：把土地创造的一切都归还给土地，而堆肥是完成这一古老农业循环的关键、桥梁和途径。

堆肥大部分是由被丢弃的废物形成的，主要来源包括食物垃圾和残渣（所有生产的食物中大约40%被丢弃在农场、加工厂或家中，而不是被消费掉），再加上食品加工的副产品——豆荚、果壳和切屑。在有畜牧业的农场里，粪肥是堆肥的主要组成部分。除食物垃圾外，市政当局还利用树叶、草屑、稻草、木屑和锯末生产堆肥。如果纸板和印刷材料采用大豆油墨打印，也可以粉碎后用作堆肥。

堆肥的生产过程可以是主动的，也可以是被动的，就像在森林中一样。农场堆肥通常是在沟渠或狭长的料堆中制成。被动生产方法是将天然废物与动物粪便、一些水分、一些血液或骨粉混合在坑道中，然后盖上盖子，加热10到12周。还有另外一个做法：在堆肥材料的表面上，每天或每周添加新的有机废物，如浸过尿液的动物垫料。制成后的堆肥可以撒在上面，从而为新的一批堆肥引入微生物群落。主动生产方法包括使用机械方法对堆肥进行翻转和充气，以加速加热和氧化。市政堆肥都是用堆料来完成的，在北方地区，有时在室内进行，以保持足够的温度。

农民和园丁并不掌握大部分堆肥生产材料。与森林的封闭生态系统不同，集约化农业将作物材料从原产地转移到遥远的郊区和城市地区。从那里开始，几乎所有未食用食物中潜在的能量和碳都退出了营养循环。在美国，96%的食物垃圾被填埋或焚烧，只有4%被制成堆肥。这意味着美国2018年焚烧或掩埋了5 000多万吨堆肥生产材料。

2009年，旧金山成为美国第一个要求分离所有有机材料的城市，如今该市每年将80%以上的垃圾从垃圾填埋场转移，将数十万吨有机材料变成堆肥。旧金山的堆肥成功实践始于1921年，当时，一群意大利移民组成了拾荒者保护协会（Scavengers Protective Association）。

每个家庭会付钱给这些拾荒者，让他们用马车运走垃圾；而拾荒者会支付给酒店和寄宿公寓购买大量食物残渣和剩菜，高价出售给城市郊区的养猪户。随着城市的发展，这个拾荒者联盟与相互竞争的对手联合起来，经过多次迭代，最终建立了绿源再生（Recology）公司。这是一家私营公司，自1932年以来拥有城市垃圾收集专属权。如今，这家员工所有制公司已成为一家价值数十亿美元的企业，向纳帕和索诺玛山谷的当地农场和酒厂提供堆肥，让营养循环中的断裂链重新连接起来。

在该国一些没有路边捡拾装置的地区，市民组织者通过与当地农场和城市花园合作，提供社区堆肥和手工捡拾服务，填补了这个空白。当有价值的营养物质从"裂缝"中流失时，该公司建立了商业模式，重新找到并利用它们。之前的马匹和手推车，现在变成了面包车和可重复使用的塑料箱，新一波拾荒者和堆肥活动家可以为全市提供市政服务。

无论如何培育和丰富土壤生命，恢复土壤是农业的核心和再生的基石。不给土壤施肥和不给人类提供营养类似，最终都会带来"疾病"。植物的疾病表现为作物死亡、产量低和害虫侵扰。阿尔伯特·霍华德爵士认为，植物疾病是一种需要追踪的线索，而不是简单地杀害昆虫或有机体。

在地球广阔的草原上撒一层薄薄的有机堆肥能解决气候危机吗？根据加利福尼亚大学伯克利分校的科学家的说法，如果在加利福尼亚州近24万平方千米的牧场中仅5%的土地上使用1.27厘米的堆肥，就可以抵消这个州农业和林业部门一年产生的温室气体排放。他们发现，堆肥显著促进了植物生长，提高了土壤的持水能力，并促进了土壤对大气二氧化碳的吸收。

虽然堆肥对土壤的贡献众所周知，但它还有其他不为人知的积极影响。人类现在被认为是一种超级有机体，因为我们的肠道微生物群包含的有机体数量是人体细胞的两倍。土壤生物的贡献同样被低估了。人类体内复杂的真菌、细菌、古细菌和原生生物可以影响消化和免疫，预防疾病，控制大脑健康，刺激重要激素的产生等。土壤是相似的。微生物的多样性、数量和功能在很大程度上仍然未知。就像益生元和益生菌可以改善肠道健康一样，堆肥对土壤也有同样的作用。总之，堆肥为几乎每个人提供了一个拥有可操作的气候解决方案的机会。

蚯蚓养殖

当农民莫莉（Molly）和约翰·切斯特（John Chester）打算恢复他们农场的土地时，他们决定求助于一个低调的合作伙伴：蚯蚓。

2011年，切斯特家族接管了杏巷农场（Apricot Lane Farms），并着手将农场的传统经营模式转变为再生模式。这个农场是一个52万平方米的果园和牧场，位于洛杉矶西北部1小时车程的文图拉县（Ventura County）。农场的再生经历记录在纪录片《最大的小农场》（The Biggest Little Farm）中，最初的挑战是如何尽快恢复农场贫瘠土壤中的生物健康。关键在于借助蚯蚓的帮助，他们将其收集在位于物业棚内的12米长的堆肥箱中，并投放来自农场的有机废物（包括牛粪），以喂养这些数量巨大的红色蠕虫。蠕虫们愉快地咀嚼有机

加利福尼亚州文图拉县杏巷农场果园鸟瞰图。

的最后一本书中，他报告了他近40年的研究结果，这些研究主要是在他的后院花园中进行的，研究内容是关于土壤蠕虫通过不断的进食和运动而产生新的土壤蠕虫的数量。他看着他放在地上的一块石头和煤块随着周围土壤的隆起而慢慢消失。他推测，蠕虫粪便通过消化过程增加了土壤的肥力，这一理论有助于改变公众的态度，此前公众一度认为这种低等的无脊椎动物是一种害虫。

今天，我们知道蠕虫可以在许多重要的方面帮助我们。蚯蚓在土壤中的存在本身就是一个强烈的信号，表明土壤条件适合再生农业，因为它们不能忍受太热、太冷、太干、太湿、酸性或碱性的土壤，而且它们就像植物一样需要足够的氧气和水。在食物方面，蚯蚓会吃任何有机的东西，通常每天消耗的食物量占它们一半的体重。在适当的条件下，蚯蚓的繁殖速度很快，数量可以在60天内翻一番。蠕虫的粪便中充满了从它们所消耗的有机物质中释放出来的营养物质，包括对植物生长至关重要的磷和氮。不仅如此，这些粪便还是水溶性的，加之蠕虫会在土壤中挖洞，留下粪便故而其中的营养物质很容易被植物根系吸收。一项研究表明，在再生农业系统中，蚯蚓的存在平均能使作物产量增加25%。

蚯蚓通过挖洞使压实的土壤变得疏松，并为水和氧气创造了许多通道。有蚯蚓的土壤比没有蚯蚓的土壤排水快10倍，这有助于防止农田被洪水淹没。它们还能清除土壤中的毒素、有害细菌和重金属，如铅和镉，而且它们的粪便不含金属。达尔文了解到，蚯蚓的不断搅动扩大了表层土，包括牧场和森林中的表层土，它们在那里积极分解动物粪便、植物碎屑和落叶。此外，蚯蚓还是包括鸟类在内的捕食者的食物，使它们成为生命大循环的一部分。

蚯蚓养殖除了提高花园、农场和牧场的健康水平和生产力外，还减少了进入垃圾填埋场的有机物的数量，而垃圾填埋场是温室气体排放的重要来源。这主要是因为在土壤中，一些蠕虫物种的粪便与碳紧密结合，使饥饿的微生物更难分解它们。蠕虫本身也会消耗微生物，最近的一项研究表明，我们可以通过减少分解过程中产生的温室气体量来改善气候状况。这一点很重要，因为随着全球变暖导致土壤温度升高，微生物将变得更加活跃，从而排放更多的二氧化碳，所以蚯蚓对于微生物的消耗可以帮助减缓温室气体排放的增加，同时有利于土壤的再生。

材料，生产富含营养物质和有益微生物的粪便。然后，切斯特夫妇将蠕虫堆肥浸泡在水中，为微生物添加一点糖，并将由此产生的"茶"混合到农场的灌溉系统中，最终将富含营养的混合物散布在整个土地上。

切斯特夫妇所做的正是蚯蚓养殖——利用蚯蚓分解有机物质和制作堆肥，这在世界各地的许多地区中有着悠久的历史。蠕虫改变地球的能力吸引了农民和科学家，包括它们最著名的粉丝查尔斯·达尔文。在达尔文

造雨者

人类可以制造雨水，使地球降温，为土地补充水分，并使沙漠变绿。这种想法最初被认为是不切实际的幻想。

微生物不是只存在于土壤中，天空也有微生物。细菌伴随着雨、冰雹、雨夹雪和雪落在我们的头上。这个水循环始于陆地和海洋蒸发产生水蒸气，当水蒸气上升到大气中时，它会冷却。然后水蒸气在微观粒子周围形成水滴和冰晶，产生了云。几十年来，科学家们一直认为这些颗粒只是惰性矿物，例如灰尘。尽管研究人员知道细菌会在高达6千米的气流中穿越大气层，但他们认为强烈的干燥、紫外线和严寒会使这些微生物失去生命。然而，细菌是地球上最具韧性的生物之一。它们可以在熔岩喷口、热液池和有毒废物中这样的极端环境中茁壮成长。它们甚至可能存在于金星上。事实证明，它们也生活在雨滴和雪花中。

研究人员确定，造云细菌含有可以形成冰的蛋白质——类似于滑雪场用来造雪的蛋白质。大自然的天空中也在做同样的事情。事实上，这些细菌会在比尘埃颗粒更高的温度下凝结和冷冻水。研究发现，世界各地都有造云细菌，包括韩国、美国蒙大拿州和路易斯安那州、法国，甚至南极洲。怀俄明州上空云层中三分之一的冰晶是由有机物构成的；亚马孙森林上空的云雾中充满了生物粒子。一个单一的细菌有机体可以是一千个冰晶的来源。研究这些微生物脱氧核糖核酸（DNA）的科学家发现了新的菌株，包括以前与雨和冰形成无关的物种。而一项对云水的直接研究发现了2.8万种不同种类的细菌。

爱达荷州克拉克县锯齿山脚下的山艾树草原上的阵雨。

这些发现是为地球降温和补水的潜在突破，原因是这些造雨细菌起源于植物，即我们可以通过管理当地植被刺激云的形成。拉塞尔·施奈尔（Russell Schnell）是最早发现这种现象的科学家之一，他在调查为什么肯尼亚西部的茶园不断经历创纪录数量冰雹的时候，发现茶树叶片上的微生物与冰雹中心发现的细菌相同。显然，风把这些微生物从植物中带走，并将它们送到高空。在那里，它们成为冰雹的种子颗粒——这是一个循环。通过降水，这些微生物恢复到寄主植物中并迅速繁殖，然后再次被风带走。这个过程甚至发生在海洋中，在那里，藻类植物中大量繁殖的细菌通过上升流移动到海面，然后被风暴搅动成海雾，并被风吹到大气中。

这个发现的影响是深远的，它表明如果植物产生的微生物会导致陆地上的降水，那么植物的减少就会导致当地的雨雪减少。即过度放牧，或将一个植物丰富的生态系统转变为耕地和单作物农场，都会造成干旱；相反，植物的恢复可能会增加降水量。因此，由于气候变化造成的沙漠化有了解决方案：我们可以在植物上有意培养出播云细菌，这样它们就可以被风吹向大气，在那里凝结水蒸气。随之而来的雨雪会使下面的土地变绿。

这种可能性是由小型水循环造成的。自然界中的水分流动通常被描绘成一个大圆圈：云层形成雨雪飘落到陆地，水顺着河流流向大海，水蒸气从海洋表面上升到大气中，在那里凝结成云，最终通过雨雪回到陆地。水在陆地和海洋之间的这种流动就是大的水循环。然而，最终降落在陆地上的水分只有40%到60%来自海洋，其余部分则来自陆地本身。中国80%的水分来自西部大陆的湖泊、植物、树木和土壤中的水分。通常情况下，这些水分从哪里来，就会回到哪里去。如果土地被绿色植物覆盖，那么土壤就是富含碳的海绵，吸收雨水和雪。然后水会蒸发回大气层，再次形成云。

人类的一些行为，如燃烧化石燃料，对大型水循环的破坏非常严重。但小型水循环的破坏也会在很大程度上危及生态系统和日常生活。森林砍伐、过度放牧和工业化农业做法往往会导致局部水循环的崩溃，而这可能造成长期干旱、地下水位下降、严重洪水和温度升高等严重后果。例如，在西非，荷兰科学家休伯特·萨维尼耶（Hubert Savenije）发现，源自海洋水分蒸发形成的降雨量逐渐被热带雨林蒸发的水分所取代。越是向内陆移动，这种情况越明显，占比甚至达到总降雨量的90%。这意味着随着森林逐年被砍伐，内陆国家变得越来越干燥。这使土地处于危险之中。

这些危机之中也孕育着机遇。我们可以利用在土壤、植物中再生碳储量的方法恢复小型水循环。健康、富碳的土壤可以储存大量水分。碳含量的增加以及随之而来的微生物群落可以促进植物生长，进而增加蒸发量，产生水蒸气和云层，云层转化为雨和雪，让水重新回到土壤和溪流之中，进而使气温降低。另外，裸露的土壤几乎不会产生水蒸气。它直接吸收太阳辐射，使温度升高。它会产生灰尘，但不会形成雨水。

人工造雨需要想象力，想象我们湿润的土地，凉爽的地球，富足的生活。我们一直被教导要多干事，少做梦，这导致我们忽视了所拥有的丰富资源，包括大量的阳光、氧气、氮气、二氧化碳、土壤、植物和水——资源无处不在。我们只需要改变我们看问题的角度，例如，蒸发通常被视为一种损失，我们希望将其最小化。但多达三分之二的落在陆地上的水是由小型水循环产生的，所以从另一个角度，蒸发可以被视为降水的主要来源。请想象自己站在农场或草原上播云催化剂，随风上升，飘浮在土地上空。蒸气变成水，凝结成云，最终变成雨水，降落到地面。

几个世纪前，西奈半岛充满了生机，但人类活动造成了土地退化，最终形成了沙漠。想象一下重新绿化埃及的西奈沙漠（Sinai desert）。这是荷兰科学家蒂斯·范德霍芬（Ties van der Hoeven）的梦想，他是天气制造者（The Weather Makers）公司的联合创始人。这家公司计划通过引入大量的动物和植物将西奈半岛的上半部分从棕色的沙漠变成绿色的农场和森林。天气制造者公司计划从地中海沿岸的一个湖泊中疏浚沉积物，以恢复湖泊的活力；同时，他们将沉积物散布到陆地上，促进农业活动和土壤的恢复。由此，湿地将得到恢复，树木重新生长，植物重新蔓延。此外，由于蒸发会产生云层，改变海风的方向，并带来水分。所以公司将在山丘上建造雾网以吸收这些水分以保证气温降低，绿化面积进一步扩大。

我们的未来不是预先决定的，而是可以被我们改变的。它可以是绿色的、繁荣的、富足的，充满生命的活力。前提是我们必须朝着这个方向努力。

生物炭

2012年，澳大利亚农民道格·鲍（Doug Pow）为扭转气候变化提出了一个离奇的想法：给他的牛喂食生物炭，他决定测试这个想法。

生物炭是一种增压木炭。它是有机材料（如木材、谷物秸秆、草类植物，甚至花生壳）在500摄氏度以上的温度下缓慢烘烤所形成，这一生产过程被称为热解。整个过程中需要限制氧气供给，所以通常在一个专门设计的烤箱中进行。生物炭是一种轻质、稳定、接近结晶的物质，富含碳且高度抗分解，可以持续数千年而不会发生生物分解，它主要用作土壤添加剂，以改善其功能，尤其是在退化地区和自然肥力较低的地方。考古学家最近证实，南美洲亚马孙盆地部分地区的原住民族在数百年甚至数千年的时间里，向他们土地上的稀薄土壤中注入了大量的生物炭。这种被称为特拉普雷塔（terra preta）的深色富碳土壤提高了农业生产力，并养育了这个地区约800万至1 000万人口。如今，它仍然营养丰富，经常被挖掘出来作为盆栽土在巴西市场上出售。

然而，生物炭不是肥料。相反，它具有坚固的结构和抗腐蚀性，使其成为再生过程中重要参与者（微生物、矿物质和水分子）的理想长期住所。当有机物质被热解时，以前的细胞和隧道状的通道（负责将水和养分输送到植物的各个部位）在生物炭中产生了空腔。这些空腔的绝对体积很大，意味着有足够的空间让有益真菌的菌丝等营养物质和微生物进入。微生物喜欢聚集在一起互相支持，这些腔室为微生物的聚集提供场所。植物的健康和生长正依赖于植物根系和这些聚集的微生物、真菌之间复杂的"交换"系统，在这个系统中，通过地上光合作用产生的根系碳为真菌和微生物提供了必需微量矿物。此外，生物炭还带有负电荷，可以吸收钾和钙等带正电的矿物质。它也很容易在空旷的地方储存水分，供植物使用，帮助它们度过干旱期。

由于微生物和蚯蚓几乎无法消化生物炭，因此，它

西弗吉尼亚州农村创业和经济发展研究所（Institute for Rural Entrepreneurship and Economic Development）成员约瑟夫·卡普（左）和家禽养殖户乔希·弗莱在西弗吉尼亚州沃登斯维尔的弗莱家禽农场工作。卡普正在帮助弗莱推销他的生物炭产品，这种产品由鸡粪制成。

可以通过长时间"锁定"碳来帮助扭转气候变化，否则这些碳会通过自然循环回到大气中。例如，当我们修剪树木或修剪草坪时，如果只是把修建的树木或草坪简单地埋在垃圾填埋场，它们会随着时间的推移分解，释放甲烷和其他温室气体。但如果这种类型的生物垃圾被转化成生物炭并添加到土壤中，那么这些碳在几个世纪内都不会进入大气。通过大规模生产生物炭并将其添加到土壤中，我们每年可将全球温室气体排放量减少2%。生物炭的热解过程还会产生气体和液体副产品，这些副产品可以转化为生物燃料，这是一种可再生能源。生物炭的原料可以是各种废弃的有机材料，例如来自工业奶牛场和饲养场的大量动物粪便。生物炭系统灵活高效，可根据用途进行调整。不同的原料生产不同类型的生物炭，每种生物炭都有自己的特性，生产方法也多种多样——从传统的地下坑到高科技的烤箱都可以生产生物炭。为了加速生物炭在土壤中的作用，我们最好在使用前将它与其他有机物质（如堆肥）混合，并用水或富含营养的液体将其润湿，以吸引微生物和真菌。

无论使用什么原料，或者如何生产和制备生物炭，都会面临同样的挑战，即如何高效、经济地将其掺入地下。对于花园和小型农场，人们通常手工将生物炭嵌入表土，这个过程会使用铲子、锄头或其他工具。在较大面积的土地上，人们通常使用撒肥机、播种机或拖拉机。然而，如果不能迅速将生物炭混合到土壤中，多达30%的生物炭可能会因风蚀和水蚀而流失，尤其是在裸露的土壤上。因此，机械铺展后，最好通过浅耕实现生物炭的掺入，尽管由此产生的对土壤的干扰可能会对下面的微生物世界产生负面影响。或者，生物炭可以通过连接到犁上的播种机掺入地面，这种播种机在土壤中切割一个狭窄的切口，在移动过程中播撒生物炭，然后用一个拖盘覆盖切口。这种方法的缺点是能掺入地面的生物炭数量更少。以上每种方法都会产生燃料、劳动力和资源成本，这可能会限制它们在农场或牧场的使用规模。

这就是为什么鲍考虑把生物炭作为牛的食物。

为了扭转澳大利亚西南部小农场的气候变化，鲍决定在牧场上施用生物炭，但他缺乏必要的机械将这些物质注入土壤。所以，他想出了一个新的策略：把生物炭当作食物喂给他的牛。鲍知道，自罗马时代以来，为了对抗疾病，人们已经给牲畜喂食少量木炭（它可以吸收

毒素）。因此，他将生物炭与糖蜜混合在桶中，并将桶放在他的牛面前，牛很快吃完了这桶食物。由于生物炭不会被动物消化，它将作为肥料有效地分布在整个牧场上，这些工作由蜣螂免费完成。蜣螂并非原产于澳大利亚，因此鲍不得不使用几十年前引入的一种原产于非洲的蜣螂。它们成对工作，快速处理粪便，将其与所有生物炭一起埋在地下。

鲍与农业研究人员合作，在3年时间里重复了这一新策略。在这段时间里，他目睹了农场土壤的显著改善，这一观察得到了科学家们的支持。他们在一篇研究文章中写道："初步调查结果表明，这种策略在改善土壤性质和增加农民收成方面卓有成效。"生物炭从牛的肠道和粪便中吸收养分，在消化过程中几乎没有分解的迹象，之后，生物炭混合物被蜣螂运输到38厘米深的土壤中。他们还对这种方法的成本和收益进行了财务分析，认为它"提供了非常积极的证据，表明生物炭实践可以快速商业化。"鲍指出，除帮助生物炭掺入土壤，蜣螂的快速行动可防止粪便中的氮变成一氧化二氮，这是另一种温室气体。

用生物炭饲养牛可能还有另一个重要的好处：减少动物排放的甲烷，甲烷是一种强大的温室气体。全世界大约有10亿头牛，它们产生的温室气体排放量占畜牧业温室气体排放的70%。这些温室气体大部分是甲烷，由肠道发酵产生，并通过牛的打嗝释放出来。人们已经探索了各种策略来减少这种甲烷的排放，包括喂食牛油籽、酒糟和海藻。2012年，越南的一个研究小组尝试在牛饲料中添加少量生物炭，发现甲烷排放量减少了10%以上。进一步的研究正在进行中，以确定生物炭在这一领域的潜力。与此同时，有关科学家于2019年对科学文献进行广泛审查后得出结论，生物炭作为饲料添加剂有可以改善动物健康，减少营养损失和温室气体排放，增加土壤有机质含量和肥力。"与其他良好实践相结合，在饲料中加入生物炭可以提高畜牧业的可持续性。"这是他们的原话。

鲍不仅在农场使用生物炭，他还用它种植鳄梨，进一步展示了这种"黑金"的再生能力，具体如下：

（1）提高农业生产力；

（2）降低农业成本；

（3）改善土壤健康和恢复力；

（4）将废物转化为资源；

（5）通过固碳为解决气候危机做出贡献；

（6）减少牲畜产生的甲烷和其他温室气体排放；

（7）与大自然合作生产健康食品。

鲍告诉采访者："我们尽可能多地模仿自然系统，这并不困难，而且肯定是经济的。鉴于我国森林最近发生的灾难性火灾，为了减少森林地面可燃物数量，我们可能需要将大量可用的可燃物质转移到农业中，从而迅速重建我们宝贵的土壤碳库。"

最近，生物炭在农业之外的用途迅速扩大。例如，它被添加到混凝土中，以减少开裂，提高抗侵蚀性，并制造出更灵活的材料。混凝土是仅次于水的世界上第二大商业用途的物质，它是由石灰石、黏土和其他材料在非常高的温度下烘烤而成，这个过程消耗大量能源，每年产生的温室气体超过200亿吨，占全球温室气体排放量的5%。这意味着改善混凝土生产有可能成为生物炭的重要应用。该产品有时被称为"碳凝土"（charcrete），事实上，出于监管原因可能无法用于农业的原料（即食物、污泥、人类排泄物），但特别适合用于混凝土。生物炭倡导者阿尔伯特·贝茨（Albert Bates）和凯瑟琳·德雷珀（Kathleen Draper）表示，"将我们10%的水泥和砂浆从硅酸盐转向生物炭，将抵消

1%的年度温室气体排放。"

生物炭的其他工业用途包括高速公路建设、铺砌道路、内部建筑材料、屋顶砖、绝缘和湿度控制装置、石膏、电池、可回收塑料、运动服装、纸张、包装材料、轮胎、家居用品、空气清新剂、"灰色"滤水器、电磁辐射吸收装置、三维（3D）打印机墨水、化妆品、油漆、药品等。使用完成后，如果可行，生物炭可以被回收，用于另一种有用的产品，或者转化为土壤改良剂，从而结束循环。

生物炭尊重生物学原理，提高生命质量，这既是一种态度，也是一种实践。正如炭领域专家大卫·亚罗（David Yarrow）所描述的，21世纪我们面临的挑战是，如何在农业以及生活中将抗生素转变为益生菌。"要达成这种关系的逆转，我们需要将微生物视为盟友，而不是敌人，"他写道，"开明的种植者鼓励有益生物和微生物的数量激增，而不是根除它们。"

生物炭促进了土壤再生，可以加速碳的吸收和封存，从而支持和扩大地球上的生命多样性。

西弗吉尼亚州沃登斯维尔乔希·弗莱农场的鸡粪和木屑制成的生物炭。

芦苇莺的呼唤

查尔斯·马西（Charles Massy）

查尔斯·马西兼有三种不同寻常的身份：农民、学者和智者。他在澳大利亚东南部长大，年轻时接受过传统农业的训练，或者用他的话来说，他"被引导"进入主流工业技术，他的父亲、朋友和邻居都在使用这种技术。经过几十年的勤奋实践，他意识到自己对自然本身知之甚少，包括生物系统、生态学、土壤生物学、能量流以及遍布土壤和生物世界的生物网络。而且，他一直在和附近居住了12 000多年的恩加里戈（Ngarigo）原住民交流，了解他们对这片耕种放牧土地的认识。他在雪山有一片18平方千米的牧场。他在牧场上饲养美利奴羊，并且取得了成功。但在当了35年农民后，他决定回到堪培拉上学，并于2012年获得澳大利亚国立大学人类生态学博士学位。他开始与原住民长者合作，了解他们如何在数千年的时间里重建"国家"，包括火生态的使用。马西是一位才华横溢的作家和诗人，在再生土地实践方面，他撰写了颇具文学素养和价值的书籍——《芦苇莺的呼唤：新农业，新地球》（*Call of the Reed Warbler: A New Agriculture, A New Earth*），该书于2017年出版。正如澳大利亚人所说，这本书很纯粹，和作者一样真诚。

——保罗·霍肯

现在是8月下旬的一天，凌晨4时，大地、树木和漂白的稻草上都出现了厚厚的霜。当我走到我的农场小屋时，银河在我头顶弯曲，每颗星星在清澈的空气中剧烈地跳动，南十字星座慢慢地转动着。我能看到一些原住民族称为"空中鸸鹋"的黑色形状，鸸鹋的头依偎在南十字星下。当我的脚踩在草地上嘎吱嘎吱作响时，一只雄性喜鹊在烛台树冠的某个地方发出轻柔、悠扬的叫声。

在这个宁静的夜晚，我陷入了沉思。我的经历和我的国家紧密相关：我的家族在这个国家生活了五代，我一生的大部分时间都生活在这个国家；我在这个国家长大，整天赤脚奔跑，与小羊嬉戏玩耍，探索茂密的灌木丛。在这个国家，我发现了自然世界，并对鸟类、哺乳动物、爬行动物和其他生物以及它们赖以生存的植物和地下居所产生了一生的兴趣，我在这些地方捕获并绑扎鸟类进行研究，收集蝴蝶、聚光灯下的猫头鹰和奔跑的有袋动物，我学会了追踪小袋鼠，并用薄荷口香糖从空洞中引诱出隐藏的夜鹰。

还是在这个国家，我学会了用手枪和步枪打猎，在附近的溪流里钓鳟鱼（先是用虫子，然后是苍蝇），给奶牛挤奶，砍柴和劈柴，屠宰绵羊或牛，赶拢牲畜（绵羊、牛、山羊），骑马和跳马，驾驶农用卡车、拖拉机和摩托车，启动柴油发动机和泵，以及使用手动剪毛机（水平很糟糕）。

然而，尽管我和这片土地关系密切，但我逐渐意识到，很长一段时间以来，我并没有完全理解它。因此，我可能在一些围场给这片土地造成了巨大的破坏，也许至少需几千年才能恢复。我现在知道，如果我们想对它进行有益的管理、培育和再生，那么我们需要了解这样一些问题：它来自何处？它由什么组成？如何运转？它在我们之前被如何管理？它上面有哪些有机生物和植被？这些有机生物和植被如何发挥作用？在一次生态启蒙之旅中，澳大利亚新的再生农业对我造成了巨大的冲击。

再生农业不仅是景观管理，也涉及食物的健康问题：现代工业化农业生产的食物不仅毒害我们，让我们肥胖，也让我们营养不良；同时，再生农业，它也包含那些看似普通的农民们改造土地的行为，城市社会及人类福祉的潜力。这类行为，也是在为全球的气候问题提供一个解决方案。我意识到，目前是关乎人类在地球上的生存和未来最关键的时刻。

人类已经从一个有机的、不断更新的经济模式转变为一个以索取为主的经济模式。正如已故的生态思想家托马斯·贝里（Thomas Berry）所指出的那样，我们现在继续"将自己视为一种超越的存在模式。我们不再真正属于这里。"

农业占用了地球陆地面积的38%，既是地球上最大的土地使用者，也是人类最大的工程生态系统。因为它以植物为基础，植物通过光合作用从大气中吸收碳来制造和储存糖类，而这些植物的根生长在地下，因此健康的农业有可能长期埋藏大量的碳。此外，健康的农业土壤中可以更持久地封存碳，同时尽量减少碳的流失，这反过来又对水循环及地球温度调节产生重大影响（地球表面温度80%由水圈控制，水圈是指地球上所有形态的水，包括地下水、雾、湖泊、云、河流和海洋）。问题在于，传统的工业化农业实践正在排放碳而不是储存碳，如通过燃烧植被以清理土地、使用化石燃料（用于化肥和化学品生产以及为农业机械提供动力）、过度放牧、耕作等。

大苇莺（Acrocephalus arundianceus）在水中潜水捕鱼。

我们可以不必这样。再生农业可以扭转工业化农业的碳排放特征，增强生态和社会效益。它可以通过各种方法做到这一点，但所有方法都是基于重建植被和恢复健康、有生命的土壤（即含有植物、昆虫、细菌、真菌和其他有机体的土壤）。在大范围的农田、草原、边缘稀树草原和干旱地区进行再生农业的实践，可以为气候变化提供解决方案。

前几天，我和孙子哈米什（Hamish）开车去镇上踢足球。在路上，我们经过一位开着拖拉机的农民，他正在用草甘膦喷洒围场。9岁的哈米什转向我，脸上带着疑惑的神情。"爷爷，"他问道，"他们为什么在种植前要消灭一些植物？"我一时无语。这是一个深奥的问题，但答案却很简单："你不必为了种植而消灭其他物种。"

在我22岁的时候，我开始接触这种观点，同时开始了解再生农业的重要性。我的父亲比我大40岁，当时他突发严重心脏病，不能继续工作，我立刻离开了大学，回到家接管了农场的管理工作。虽然我的学位只能依靠业余时间来获得，但我在农场的学习从第一天就开始了。

在农场长大的我并不具备管理能力。多年来，我一直从事体力劳动，而且很不成熟。随后，我孜孜不倦地学习管理技能。我征求父亲的意见，担任了农业部官员。我阅读科学领域文献和父亲撰写的关于管理苜蓿、改良牧场和反刍动物的图书。我还向那些被认为是这个地区最好、最上进的农民寻求建议。在最初的几年里，我引入了主流的西方工业化农业方法。不到10年，我自认为已成为莫纳罗地区的一名称职的牲畜牧场经理。

我现在发现，尽管我接受了多年的"教育"，但我实际上了解得很少。尽管我在大学接受过动植物生理学和土壤学方面的培训，我自身也对自然界和人类生态学非常感兴趣，但我没有意识到存在着一种完全不同的管理方法及相应的知识体系。随着时间的推移，这种盲目性意味着之前的错误不断重复，直到在我能够敞开心扉接受另一种看待问题和思考的方式。

这种观点认为，土壤不是无生命的化学盒子，我们

的农场是一个复杂的生物实体，由动态循环、能量流、自组织功能网络和超乎想象的共同进化系统组成。再后来，我发现这样的观点既包含了最古老的原住知识，也包含了最新的科学知识，而且它与人类健康息息相关。此外，从经济和生态的角度来看，这种方法可能同样可行。最确定的是，它至少在不破坏环境的同时养育全世界。我开始四处奔走，寻找以前的农民，他们过去改造了农业，而且还在继续改造。我意识到这些农民一直处于地下农业改革的最前沿。

最近，我拜访了其中一位致力于再生农业的农民——我的朋友戴维，他曾经是澳大利亚顶尖的经济学家之一。我们驱车穿过他的农场，参观了他使用"自然序列农业"的方法再生的小溪和围场。这是一个干旱的年份，两边邻居的农场都变得光秃秃的，没有草地或灌木，也没有任何种类的生物，更不用说任何绿色了，从上游邻居流入大卫农场的小溪被严重侵蚀。然而，穿过栅栏，大卫围场里的同一条小溪和围场以外部分形成了鲜明的对比。在这里，侵蚀已经愈合；小溪穿过岩石，流入大池塘；那里有大片的芦苇，小溪两边的围场都有绿色饲料，向外延伸数百米。当我们站在小溪边讨论这个转变时，突然从一大片芦苇中爆发出一连串美丽的鸟鸣。那是一只芦苇莺，虽然在我们面前，但是我们看不见它。它美妙的声音让我的心灵感到震撼，因为我意识到，这将是150多年来第一次有芦苇莺回到那个山谷。这一切都是因为大卫使这片土地再次恢复健康和再生。

芦苇莺的呼唤是有力的隐喻。因为我意识到，存在一个再生农民先锋队，他们对地球富有同情心，他们正在与志同道合的城市姐妹和兄弟（他们同样关注食品安全、人类和社会健康，以及地球及其自然系统）一起努力，大卫就是其中的典型代表。该队伍正在澳大利亚和世界各地迅速壮大。他们的再生运动正在使景观、人类及社会恢复到大自然为之设计的健康状态。在我们进入潜在灾难性时代之前，它可以扭转我们对地球母亲和人类社会的破坏。总之，这些农民为地球的再生提供了一个模板。

简介

如果我们放眼世界，那么我们会发现有很多的人生活在焦虑、痛苦或恐惧之中。他们没有权利和土地，缺乏生计和收入，面临粮食短缺，看不到机会。这些都会导致连锁反应（例如搬迁或贫困），让他们的生活雪上加霜。对一些人来说，他们的日常生活可能是一连串的麻烦，甚至面临冒犯和侮辱，比如边缘化、种族主义、排斥、剥削、不尊重和歧视。一些儿童由于营养、健康和教育出现问题发生夭折或发育迟缓；一些女性面临性侵的威胁或已经遭到了侵害；很多男性从事着繁重、低薪、没有前途的工作，这让他们感到羞愧；当原住民回到他们数千年来居住、狩猎和觅食的土地时，他们可能面临被逮捕的命运，有时甚至被杀害。

有一种毛利人习俗被称为"玛纳奇唐加（manaakitanga）"，新西兰奥特亚罗瓦（Aotearoa）的所有公立学校都在教导这种习俗。它的内涵是友善、慷慨和关心他人，包括照顾他人、保护他人、向他人提供热情款待和支持。这个词的核心是关心所有人，无论老人还是小孩。它将集体置于个人之上，让你意识到每一个人都有意义和价值。客人、陌生人和其他人的重要性不亚于自己的重要性，甚至超过自己的重要性。"玛纳奇唐加"展示了我们现代生活中缺少的东西：通过尊重和礼遇与他人建立联系，这是一种普遍的需要。如果我们要团结起来结束气候危机，这种品质不可或缺。

本节中的主题词包括妇女、原住民、有色人种和儿童。在人类历史的这个时刻，聪明的我们应该仔细倾听一些人的呼声，包括那些受气候变化影响最大的人、那些正在忍受饥饿和贫困的人、那些正在做出改变的人。尽管气候变化的技术解决方案很多，但气候变化的全面解决方案需要被更广泛的理解和实践，弱势群体声音很少被听到，因为特权阶层的意见会将其淹没。本节内容反映了其中的一些观点，这些观点具有很好的原则性和洞察力，同时也具有普遍性。

原住民

如果可持续性是最高科学准则，那么我们应该寻找这样的一批人：他们在一个地方生活数千年，却没有破坏当地的生命承载能力。根据这个定义，这些人是原住民。

——纳瓦霍族（Diné）思想领袖帕特里夏·麦卡贝（Patricia McCabe）

造物主告诉我们："这是你的土地。在我回来之前，请为我保留它。"

——霍皮长老托马斯·巴尼亚卡（Thomas Banyaca）

作为澳大利亚原住民，让我们思考这样几个场景，有助于我们理解原住民的感受：我们生活了5万年的土地被别人剥夺了，然后他们告诉我们这片土地从来都不是我们的；我们的文化是世界上最古老的文化，有人却告诉我们它一文不值；我们誓死保卫自己的家园，并遭受了痛苦和牺牲，然后历史书中记载我们不战而降；无论是和平年代还是战争年代，澳大利亚原住民为他们的国家做出了重大贡献，历史书对此却只字未提。我们在运动场上的拼搏激发了人们的钦佩和爱国热情，但却没有消除偏见；我们的精神生活被否定和嘲笑，我们遭受了不公正的待遇，然后又因此受到指责。

——澳大利亚第24任总理保罗·基廷（Paul Keating）

（从左到右，从上到下）厄瓜多尔亚苏尼国家公园巴米诺社区的沃拉尼（Waorani）妇女。博茨瓦纳卡拉哈里加齐地区纳罗圣族（Naro San）人。埃塞俄比亚达纳基尔洼地的阿法尔（Afar）妇女。尼泊尔图曼朗唐地区的塔芒（Tamang）妇女。西伯利亚西北部亚马尔亚尔赛尔区的涅涅特驯鹿牧民。印度东北部那加兰邦屯桑区长那加（Chang Naga）妇女。厄瓜多尔亚马孙地区兰查马科查扎帕罗（Záparo）人。埃塞俄比亚奥莫河谷的哈默族（Hamer）妇女。埃塞俄比亚下奥莫河谷的阿伯曼（Arbore）人。厄瓜多尔亚苏尼国家公园巴米诺社区沃拉尼人。西非塞内加尔北部富拉尼族（Fulani）妇女。厄瓜多尔亚苏尼国家公园巴米诺社区沃拉尼儿童。

原住是指"在特定土地或地区自然起源或出现"。当应用于人类时，它意味着特定生物区域所固有的与生俱来的人类文化，就像本地植物和动物一样。换言之，原住民通过他们的语言和身份来确定原住的定义和内涵。当殖民者第一次到达现在的美国领土时，据说有590个不同的民族；然而，殖民者所理解的"民族"概念与原住民的理解并不相符。这个词促成了原住民作为孤立的部族进行运作，而不是拥有庞大、重叠、跨文化和流动的治理结构。今天，近4亿原住民生活在5 000多种本土文化中，这些文化仍在使用地球上最古老的语言。

对原住文化的残酷征服源于15世纪的教皇法令，后来被称为发现原则（Doctrine of Discovery）。在亚洲、阿尔克布兰（非洲）、龟背岛（北美）、阿比亚亚拉（美洲）、澳大利亚和奥特亚罗瓦（新西兰）地区，只要在土地上插上一面旗帜，就可以基督教教皇的名义获得土地所有权。如果原住民的文化不符合欧洲标准，同时他们也不是基督徒，那么他们的反诉就被认为是无效的。侵略者对主权的主张产生了所有权的概念。绝大多数原住民民族没有（现在仍然没有）将土地视为一种归属，而是认为自己属于土地。殖民者把自己看作独立于土地的个体，而原住民把自己看作是生活在土地内的生物群落，这种

菲西科·阿基西塔（Fixico Akicita）是马斯科（吉克里）克民族[Muscogee（Creek）Nation]的成员，当他以谈到如母亲般的土地时，他流下了眼里。"这是我们的家。我们选择这样生活……我向子孙后代做出了承诺。为了那些还没有出生的人。如果我的生活受到了伤害，希望以后会没事。"

理解上的差异，成为殖民者从龟背岛上的原住民那里窃取600万平方千米土地的借口。

在1823年美国最高法院的约翰逊诉麦金托什（Johnson v. M'Intosh.）案中，发现原则被写入美国法律。剥夺原住民土地的裁决是由大法官约翰·马歇尔（John Marshall）起草的，他声称"发现原则赋予欧洲国家拥有新世界土地的绝对权利"。这个"新世界"对原住民来说绝非新鲜事物，因为他们从远古时代起就管理着这个地区。托马斯·杰斐逊（Thomas Jefferson）声称发现原则是国际法。虽然马歇尔法官拥有属于本案管辖范围的土地，并从裁决中受益，但他没有回避。两人后来都得到了露丝·贝德·金斯伯格（Ruth Bader Ginsburg）法官的呼应，金斯伯格在2005年根据发现原则裁定奥奈达民族（Oneida Nation）的土地所有权，认为在殖民之前被原住民"占领"的土地的所有权属于发现国，首先是英国，然后是美国。2015年6月，教皇方济各（Pope Francis）为教会的"严重罪行"向所有原住民道歉；尽管如此，天主教会从未废除15世纪教皇授权的发现原则。

由于对天气、植物、动物、迁徙、药物、森林、食物和海洋的深入了解，原住民在陆地和海洋上繁衍生息了数千年。他们践行观察科学，数千年来持续收集有关自然世界的发现，改编成隐喻，并通过口口相传流传下来。早在哥伦布到达之前，原住民就经历了激烈的战争和冲突，并从中发展出先进的和平与共存机制，例如，易洛魁族（Haudenosaunee）五国通过和平的方式建立了民主制度。

一些原住民居住在不适宜人类居住的地方，例如白令海沿岸的尤皮克人、育空地区的特林吉特人、格陵兰岛的因纽特人。为了生存，尤皮克人学会了提前两年预测天气。他们通过对海水、冰、苔藓、海豹、雾、毛皮、鱼、海鸥、驯鹿等进行及时而细致的观察，获取早期的气候迹象和指标。

今天，原住民管理着世界四分之一的陆地，全球85%的生物多样性保护区属于原住民居住区。人们注意到，语言多样性最丰富的地区也是生物多样性最丰富的地区。母语让原住民对他们的家乡建立了复杂的感情。母语教导原住民一种不同的观察、认知和存在的方式。相较之下，在西方，学生们在使用一种科学的学习方法，这种方法将人、植物、动物、物种的生命本身与栖息地、河流、草原或森林地面孤立开来，仿佛一种植物

或物种可以在没有其他一切的情况下生存。这种科学方法被人们自豪地称为"自然祛魅"，它为人们操纵、研究、控制和精确预测提供条件。这是有道理的，除非你控制或消除了所有的变量，否则你怎么能进行实验呢？或者，你怎么能发明杀虫剂、合成肥料或制造药物？这种方法看似聪明，但是也是不完整的，甚至是危险的。我们的控制往往缺乏远见，我们使用短期目标替代长期可持续性。这种方法看似可以准确地感知和测量，但因为关系无法测量实则掩盖了渗透到所有存在中的相互依赖关系。原住民的生物学和科学知识是复杂而精密的。它是一种对造物的神圣性充满尊重的本体论，以数千年来积累的详细观察和洞察力为基础，改编成语言和实践，在祈祷中受到尊重，通过仪式被铭记。如果我们要恢复与生物圈的关系，使气候问题得以解决，原住民的知识至关重要。

殖民主义煽动了几个世纪的强奸、暴力、种族灭绝和剥夺。在某些时间和地点，当这种暴力被认为是"不可接受的"时，殖民者反而试图剥夺原住民文化，他们把原住民的孩子从父母身边带走，强行转移到遥远的寄宿学校，穿上制服，禁止说母语，像新兵训练营的学员一样进行控制，并教授一种贬低他们文化和历史的思维方式。除努力抹杀原住民的文化外，原住民的孩子还受到寄宿学校和一些进入原住民家园的教会的身体和性虐待。海龟岛（Turtle Island）的迪内和沙丽吉、澳大利亚的贡加里、阿比亚亚拉的阿加鲁纳、纽芬兰的贝奥图克以及数千种其他文化能够在战争、疾病、种族灭绝和屠杀中幸存下来，这并不容易。

将原住民文化边缘化、有罪化和取代原住民文化的措施在21世纪仍然存在。肯尼亚切兰加尼山（Cherangani Hill）和玛森林（Mau Forests）中的森格韦尔族（Sengwer）和奥吉克族（Ogiek）人正面临着侵犯人权的行为，他们被强行驱逐，因"偷猎"被捕，甚至被生态卫士杀害。有一段时间，外国人甚至获得了追踪和杀害森格韦尔族人的许可。森格韦尔族人在这里的存在可以追溯到14万年前，但他们现在却被逐出了他们在博茨瓦纳的土地。在印度，阿迪瓦西（Adivasi）人被驱逐出老虎保护区，并因从事采集野生蜂蜜的传统做法而面临起诉。喀麦隆的巴卡（Baka）人被禁止进入他们的传统狩猎区，且遭到逮捕和骚扰。

在世界范围内，原住民正在努力拯救他们的传统土地，使其免遭剥削和物种灭绝。亚马孙流域原住民组织（COICA）协调员何塞·格雷戈里奥·迪亚兹·米拉巴尔（José Gregorio Diaz Mirabal）指出："如果你只想拯救昆虫和动物，而不是原住民，那就存在很大的矛盾"。第一民族（First Nations）正在艾伯塔省建立公园阻止采矿，迪内人关闭了他们保留地上的一座燃煤发电厂，尽管这意味着失去高薪的工作；而在亚马孙地区，卡亚波人、沃拉尼民族、乌胡伊乌瓦瓦人和其他民族正在对付武装入侵者，这些入侵者试图砍伐、狩猎、开采，甚至想把原住民的土地夷为平地，以便从事农业。

他们的努力为他们赢得了一个盟友，那就是被称为"30×30"的全球运动，其目标是在2030年之前保护地球上30%的土地和水域。几乎每一个自然保护组织和57个国家都参与了这项工作，这些国家成立了"自然与人类雄心联盟"（High Ambition Coalition for Nature and People）。这个联盟的成功将取决于阻止对原住民土地的占用和对原住民的攻击。这意味着我们需要保护原住民免遭种族主义的伤害，帮助他们恢复语言，并在其主权受到侵犯的地方帮他们收回主权。我们需要借助原住民的知识建立一种对地球全新的认识，帮助我们消除人与自然的分离，以解决气候危机。

德布拉·安妮·哈兰（Debra Anne Haaland）是美洲原住民普韦布洛（Pueblo）卡瓦基亚（Kawakia）部落的注册成员，自13世纪以来，这个部落一直生活在现在的新墨西哥州。她和莎丽丝·大卫（Sharice David）是当选为美国国会议员的两名原住女性，哈兰现在是美国第54任内政部长，是第一位担任内阁成员的美洲原住民。

辛杜·乌马鲁·易卜拉欣

传统知识和气候科学对于帮助农村社区应对气候变化至关重要，原住民愿意分享他们的知识，帮助缓解和适应气候变化。

——辛杜·乌马鲁·易卜拉欣

辛杜·乌马鲁·易卜拉欣是撒哈拉以南非洲萨赫勒地区沃达贝部落（Wodaabe）的一个牧民，也是乍得原住民妇女和人民协会（Association for Indigenous Women and Peoples of Chad）的联合创始人，该协会旨在保护原住民权利和环境完整性。2015年，她被选为民间社会组织的代表，参与通过《巴黎气候变化协定》，向全世界承诺对气候变化采取行动。作为一名在乍得长大的农村妇女，易卜拉欣在该国首都接受了正规教育，在这一过程中，她了解到妇女在很多领域被排除在社会重要角色之外。她还了解到了气候变化等环境问题。如今，她是全球运动的领导者，她倡导提升原住民妇女和边缘化社区的地位，以便他们能够更好地参与制定影响全球未来的政策和实践。

沃达贝部落是非洲富拉尼族的一个子部落，成员都是游牧牧民，他们从一个地方迁徙到另一个地方，为他们的牲畜寻找水源和草，有时一年旅行多达1 000千米。这种生活方式使部落的人民与自然世界和谐相处。

沃达贝牧民是这些地区最后的游牧民族，他们从喀麦隆北部萨赫勒迁徙到乍得和尼日尔。易卜拉欣和她的牧民同伴每天步行数千米取水，这是干旱土地上雨季来临前的宝贵资源。易卜拉欣引入了自然资源绘图项目，以便于沃达贝部落在长途迁徙中获取资源，她是乍得原住民妇女和人民协会的创始人之一。

"我们彼此了解,"易卜拉欣谈到这种亲密关系时说,"大自然是我们的超市,我们可以在那里获取食物和水;大自然也是我们的药房,我们可以在那里找到药用植物;大自然还是我们的学校,我们可以在那里更好地学习如何保护它,以及它如何回馈我们。"易卜拉欣指出,她的祖母不仅可以预测当天的天气,还可以通过密切观察风向、云层模式、鸟类迁徙情况、水果的大小、植物的开花时间,甚至还有牛的行为来预测雨季的情况。这是一种只有生活在这片土地上才能获得的有用知识。易卜拉欣认为,这些知识需要与研究气候变化的研究人员分享。

她讲述了一个有趣的故事:她曾邀请一位科学家来到她的社区,有一天,当易卜拉欣说要下雨并迅速开始收拾晾在外面的衣服时,这位科学家非常惊讶,他抗议说天空很晴朗。易卜拉欣摇了摇头,她告诉研究人员,一位老妇人注意到有些昆虫正在将它们的卵带回家中,这是一个迹象。外面很快下起了大雨,科学家不得不躲在一棵树下。之后,易卜拉欣和这位科学家开始认真讨论如何将传统知识与天气预报结合起来。易卜拉欣说:"我就是这样开始与气象科学家和社区合作的,目的是提供更好的信息,让人们适应气候变化。"

她亲身经历了全球变暖的影响。她母亲出生时,乍得湖是非洲最重要的淡水湖之一,湖水面积约为25 000平方千米。易卜拉欣出生时,湖面已缩小到10 000平方千米。目前,它只有大约1 500平方千米。百分之九十的水域已经消失了。4 000多万人依靠乍得湖生存,包括牧民、渔民和农民。在其他地方,水也开始变得稀缺。随着气候危机的进一步恶化,该地区的冲突正在加剧。雨季变短了,而旱季变长了。易卜拉欣说,部落的居民生活越来越困难,他们不得不去更远的地方寻找食物和水。雨水变得不稳定,洪水也更为频繁。易卜拉欣还发现了气候对奶牛的影响——它们的产奶量不断减少。她记得之前每天挤奶4升,早上2升,晚上2升。而现在,奶牛在旱季每隔一天只产1升牛奶,在雨季每天只产1升牛奶。这种衰退贯穿了易卜拉欣的一生。

气候变化正在对部落的社会结构产生重大影响。易卜拉欣说,按照本地传统,男人应该养家糊口和照顾社区,如果他不能做到这一点,他的尊严就会受到威胁。因此,一些男性现在进入到城市寻找工作。他们离开家乡长达12个月,如果找不到工作,就会前往欧洲。对于留守的女性来说,这些变化带来的压力是巨大的。除了她们的习惯性劳作,寻找足够的食物以确保家庭健康外,许多女性还必须承担起男性的责任,比如提供安全保障。易卜拉欣说,这些变化激励女性成为创新者和解决方案制订者,将稀缺资源转化为整个社区的再生资产。易卜拉欣称这些女性为她的英雄。

易卜拉欣倡导将科学、技术和传统知识结合在一起,以保护原住民人民和地球,并恢复濒临崩溃的生态系统。她在这方面也有亲身经历。2013年,她在自己的社区发起了一个项目,聚集了数百人,通过一个名为3维参与式绘图(Participatory Mapping)的过程对该地区的自然资源进行分类。这个项目保障了女性的发言权,因为她们知道某些资源的确切位置,以及一年中可以利用这些资源的时间窗口。在从前,绘制地图的过程意味着挑战当地社区的男性。易卜拉欣回忆道:"在男人们构思出所有要可供绘制的资源位置点之后,他们邀请女人过来看看。当女人们过来以后,她们看着地图,然后告诉男人,地图上关于药材和食物的位置有很多错误,她们对地图提出了很多修改意见。"最终,男人、女人、青年和老年人一起确定了山脉、森林、水源、移民走廊和其他具有文化和环境意义的地点。该项目引起了政府官员的注意,他们认为这将有助于缓解自然资源冲突。

这个项目给了易卜拉欣声望和发声的机会。"人们逐渐接受我作为领导者,"她说,"我一直在改变社区我们社区看待女性和对待女性的方式。"

作为全球舞台上的领导者,易卜拉欣的观点很明确:原住民人民所掌握的知识对地球的未来不可或缺。她指出,虽然科学知识已经存在了200年,而且人们最近通过技术手段获取了大量数据,但原住民知识已有数千年的历史,需要得到尊重。我们的目标必须是将所有这些知识结合起来,共同应对气候危机,我们需要特别关注原住民的知识,因为他们经常处在全球变暖的前沿。分享会建立更强大的能力。易卜拉欣指出,发达国家也目睹了气候变化的影响,包括火灾、洪水和更强的飓风。在此情况下,我们需要以原住民为中心把所有的知识都汇集在一起。决策者必须改变他们的行为,为了实现这一目标,我们必须和他们分享我们的集体知识,对他们进行教育。时间很紧迫,我们必须加快进度。

致九位领导人的一封信

内蒙特·奈奎莫（Nemonte Nenquimo）

的居住地被压缩到更偏远、更小的地区。这种情况在2019年发生了变化。最初在教会学校接受教育的奈奎莫率先开始反抗，并成为一名活动家，共同创立了原住民塞博联盟（Indigenous-led Ceibo Alliance）。该联盟由阿伊·科凡（A'I Kofan）、西科派（Siekopai）、锡纳（Siona）和沃拉尼等原住民族组成。奈奎莫作为原告对厄瓜多尔政府提出诉讼，要求保护2千平方千米的亚马孙雨林免受石油勘探和非法采伐的影响。2019年，厄瓜多尔的一个三人法官小组做出了对她有利的裁决，要求国家政府遵守国际法标准，在任何土地被提供给石油公司之前，必须进行知情和公开的同意程序，这在亚马孙地区的历史上尚属首次。这个法律先例鼓舞了整个亚马孙地区的原住民。2020年，她被授予久负盛名的戈德曼环境奖（Goldman Environmental Prize），并被《时代》杂志评为全球最具影响力的人物之一。下面是她给九个亚马孙原住民国家领导人的信，信的开头是："我要向西方世界传达的信息，是你们的文明正在扼杀地球上的生命。"

——保罗·霍肯

内蒙特·奈奎莫是古老的沃拉尼族的一位女性原住民，居住在厄瓜多尔东部奥林特（Oriente）低地的帕萨扎（Pastaza）省，位于库拉雷河（Curaray）和纳波河（Napo）之间。这个地区属于最大的未开发亚马孙雨林地区之一，其中部分地区几乎没有人类存在，除了沃拉尼族。沃拉尼族是最后被发现的原住民族之一，其中有5个村庄社区继续拒绝与外界接触，并已迁往热带雨林中更偏远的地区。在沃拉尼族28 000平方千米的领土和周边地区，居住着数百种哺乳动物、800种鱼类、1 600种鸟类和350种爬行动物。该地区生物多样性异常丰富，包括粉红河海豚、水獭、狨猴、僧侣萨克斯、树懒、丝质食蚁兽、矛头蝙蝠、金卡犬和美洲虎，为原住民带来了丰富的生态学和植物学知识。

沃拉尼族大约有5 000名族民，他们的语言是沃特代多语（Waotededo），这种语言与任何其他语言都无关，是一种孤立的语言。他们的物质生活和精神生活与树木和森林相互融合，密不可分。在沃特代多语中，"森林"一词与"世界"一词相同。从20世纪90年代开始，他们的土地开始被石油公司开采，树木遭到非法采伐。随着这些活动的进一步扩大，沃拉尼族人发现自己

尊敬的亚马孙九个国家的总统，以及所有对掠夺地球负有责任的世界领导人，我们原住民正在努力拯救亚马孙，但你们让整个地球都陷入了麻烦。

我叫内蒙特·奈奎莫。我是一名沃拉尼族女性，一位母亲，同时也是我的族人的领袖。亚马孙雨林是我的家园。我之所以写这封信，是因为大火还在肆虐，石油公司在我们的河流中排放原油，采矿公司正在偷偷地开采黄金（500年来一直如此），留下露天矿坑和毒素；土地掠夺者正在砍伐原始森林，以便牛可以放牧；种植园正在种植作物，为白人生产食物；我们的长者正死于新型冠状病毒，而你们正在计划下一步行动，进一步削减我们的土地，以刺激从未惠及我们的经济。此外，作为原住民族，我们正在为保护我们所热爱的东西而斗争——我们的生活方式、河流、森林、地球上的生命，现在是你们倾听我们的时候了。

在我们亚马孙地区数百种不同语言中，都有同一个词来形容你们——局外人、陌生人。在我的语言沃特代多语中，这个词是"cowori"。这本不是个贬义词，但你们以一种可怕的方式让它变成了一个贬义词。对我们来说，这个词原本的意思是对他所掌握的权力和造成的

伤害知之甚少的白人。现在，你们已经成了它的代表。

你们可能不习惯一个原住民女人说你无知，更不用说在这样的平台上。但对原住民族来说，你对某件事了解得越少，它对你的价值就越低，也越容易被摧毁。我所说的容易是指你们不会有负罪感，不会有愧疚感，甚至充满正义感。这正是你们对我们这些原住民族、我们的雨林地区，以及对我们的星球所做的事情。

我们花了数千年的时间才了解亚马孙雨林，了解它的方式、它的秘密，学习如何与它一起生存和发展。对我的族人来说，我们认识你们才70年（我们在20世纪50年代被美国福音派传教士"联系"），但我们学习得很快，而且你们不像雨林那么复杂。

当你们说石油公司拥有神奇的新技术，可以从我们的土地下啜饮石油，就像蜂鸟从花中啜饮花蜜一样时，我们知道你们在撒谎，因为我们生活在石油泄漏的下游。当你们说没有焚烧亚马孙森林时，我们不需要卫星图像来证明你错了，因为我们的祖先在几个世纪前种植的果园冒出的烟雾已经让我们窒息。当你们说正在紧急寻找气候解决方案时（但仍在继续建立一个以开采和污染为基础的世界经济），我们知道你们在撒谎，因为我们离土地最近，也是第一个听到她的"哭声"的人。

我从来没有机会上大学，成为一名医生、律师、政治家或科学家。我的长辈是我的老师，森林也是我的老师。我已经从中学到了足够多的东西（我与世界各地的原住兄弟姐妹并肩交谈），我知道你们迷路了，你们陷入了困境（尽管你们还没有完全理解），你们的困境是对地球上每一种生命形式的威胁。

你们把你们的文明强加给我们，现在看看我们的处境：病毒全球大流行、气候危机、物种灭绝，以及导致这一切的普遍的精神贫困。这些年来，你们不断掠夺我们的土地，但你们没有勇气或好奇心去了解我们——了解我们如何看待事物，思考问题，以及我们对地球上生命的了解。你们不尊重我们的感受。

虽然我无法在这封信中把我们了解的知识传授给你们，但我能说的是，这与千百年来对这片森林、对这个地方的爱有关——最深层次的爱就是尊敬。这片森林教会了我们如何生活，因为我们倾听、学习和保护了它，它给了我们一切：水、清新的空气、营养、住所、药物、幸福和意义。但你们正在夺走这一切，对象不仅是我们，还有地球上的每个人，以及他们的子孙后代。

这是亚马孙的清晨，在第一缕曙光出现之前，让我们分享我们的梦想和最迫切的想法，我要对你们所有人说：地球并不指望你们拯救它，它希望你们尊重它。作为原住民族，我们也有同样的期望。

把森林变成农场

莱拉·琼·约翰斯顿（Lyla June Johnston）

莱拉·琼·约翰斯顿是一位诗人和表演艺术家，也是一位研究纳瓦霍族（Navajo）和夏延族（Cheyenne）历史的学者。她以优异成绩毕业于斯坦福大学，获得环境人类学学位，当时她的研究课题是导致美洲原住民大屠杀的暴力循环。据估计，阿比亚亚拉（美洲）90%的原住民人口死于奴役、暴力和疾病。后来，她创立了陶斯和平与和解委员会（Taos Peace and Reconciliation Council），该委员会致力于解决新墨西哥州北部的代际创伤和种族分裂问题。她还是Nihigaal Bee Iiná运动中的一名参与者，这是一场穿越纳瓦霍人的家园的祈祷之旅，行程长达上千千米，旨在揭露铀、煤炭、石油和天然气行业对纳瓦霍族土地和人民的影响。她又是布莱克山团结（Black Hills Unity）音乐会的主要组织者，该音乐会聚集了本地和外来音乐家，为布莱克山（Black Hills）的监护权回归拉科塔（Lakota）、纳科塔（Nakota）和达科塔（Dakota）民族祈祷。她还是再生节的创始人。再生节是一项一年一度的儿童庆祝活动，每年9月在世界上13个国家举行。她利用空闲时间学习即将失传的母语，种植玉米、豆类和南瓜，并与继承传统精神和生态知识的长者长时间交流。

——保罗·霍肯

在成长过程中，我没有固定的食物，尽管我的祖先有。我在杂货店、餐馆吃过快餐……我吃过你们印第安人事务局（Bureau of Indian Affairs）学校的午餐，非常难吃。他们让我们这些原住民孩子在学校喝牛奶，尽管我们在基因上患有乳糖不耐受症。和大多数人一样，我靠着殖民者的美国饮食生存下来。

当我大约27岁时，一位长者告诉我，是时候播种了，这包括很多事情：在橡树林周围焚烧，移植海带花园，为鲱鱼卵和鲱鱼产卵场腾出空间；在东部重新种植栗子林并把它们隔开，这样疾病就不会把它们消灭；清理森林中的下层森林，为鹿再次腾出空间；种植比我们今天吃的更小但营养更丰富的玉米；从仙人掌上再次收获种子，采摘浆果；再次种植灌木，这样下一就可以收获更多。通过这些活动，重建我们原住民代代相传的高度复杂的食物系统。这个系统经过数千年的反复试验，还在不断完善。食物在我们的语言中不是名词，而是一个动词，因为在我们看来，食物不是某一种东西，而是一个不断变化的、动态的、有生命活动的过程。现在是时候开始这些活动了。

有这样一个长期存在的说法：北美的原住民是简单的原始人，他们是半裸的游牧民族，在森林里奔跑，吃任何他们能找到的东西。这就是欧洲人过去和现在描绘我们的方式。这个说法已经存在了很长时间，以至于连原住民也开始相信它。现实情况是，海龟岛上的原住民

族是高度有组织的民族。他们群居在这片土地上，并对其进行全面的管理，他们修剪土地的植物、焚烧土地、在土地上重新播种、改造土地，以养活我们的民族。不仅是我们的民族，还有其他动物。

如果你想知道这片土地上几千年来发生了什么，你可以在地下钻一个约10米深的土芯，用它来分析某个特定地点的花粉化石。从底部到顶部，你可以确定每一层的年代，并确定花粉沉积的时间。它们提供了木炭化石的证据，揭示了人们将如何定期大面积焚烧土地。有一个土芯，来自现在的肯塔基州，可以追溯到10000年前。对这个土芯的研究表明，从10000年前到大约3000年前，肯塔基州主要是一片雪松和铁杉林。然后，大约

3000年前，在相对较短的时间内，整个森林的组成变成了黑胡桃、山胡桃、栗子和橡树林。此外，花粉还证明了羊角菜（lamb's-quarters）和水坑草（sumpweed）等可食用物种的存在。3000年前搬进来的人彻底改变了这片土地的景观和植物品种。

这些都是人为的或人造的食物景观，当地居民们会以一种非支配性的、温和的方式改造土地。同样，在亚马孙地区也有食物森林，土芯显示当地曾有许多种类的

加利福尼亚州约塞米蒂国家公园库克草地的黑橡树（Quercus kelloggii）。

水果和坚果树。研究表明，原住民共同创造了我们所知的亚马孙雨林。他们使用了特拉普雷塔土壤——这是一种在古代人类住区附近发现的改良土壤，如今被称为生物炭。数千年来，特拉普雷塔土壤产生了厚度很深、高度肥沃的土壤。我们最优秀的土壤科学家现在才开始了解它的工作原理。

另一个例子是加拿大的贝拉贝拉（Bella Bella），位于不列颠哥伦比亚省中央海岸。在这里，海带林由海尔茨克（Heiltsuk）民族种植和栽培。他们的海带林为鲱鱼提供产卵场。鲱鱼子对于这个生态系统中的生命网络至关重要。人类吃鱼子，狼吃鱼子，吃鱼子的鲑鱼又成为虎鲸的食物——鲑鱼子是整个食物链的基础。如果没有这种沿海岸线的海带林，整个生态系统就会消失。

人类注定是一个关键物种，我们和欧洲的科学家都发现了这一点。关键物种为其他物种创造栖息地和生活条件。如果你移除或消灭了一个关键物种，生态系统就会退化和崩溃。狼、海狸、海獭和灰熊都是关键物种，在生态系统中发挥着重要作用。

我们的存在是有原因的。每一个个体——每块岩石、每只鹿、每颗星星、每一个人的存在都是有原因的。世上不会有没有用途或功能的东西，除非某些东西的功能和用途还不为人知。原住民正试图让人类重新扮演关键物种的角色，以保证我们在这片土地上的存在滋养着这片土地及其居民。我们不能只考虑自己，这是一个低标准。正如我的朋友维娜·布朗（Vina Brown）所说，我们正在寻求无论到哪里都能增强生态健康，同时让土地变得比之前更好的能力。

我们的居住地、居住地上的生物群落或生态系统将决定我们如何与土地合作。例如，阿玛穆特桑（Amah Mutsun Nation）是加利福尼亚州圣克鲁斯（Santa Cruz）的原住民族，他们用橡树举行仪式，橡树树皮坚硬且耐火。这是因为数千年来它们一直与人类的火共同进化。阿玛穆特桑族有一条经验法则：每平方千米只保留3 500棵树。今天，在加利福尼亚州，你可能会看到每平方千米有5万到10万棵树，土地无法承受。这些树木即使供给充足，也会受到压力，因为土壤中的养分和水分有限。阿玛穆特桑人会用更大、更丰富、间隔适当的橡树林创造稀树草原，为鹿和其他有蹄动物提供丰富的绿色牧场。

据长老们说，阿玛穆特桑人每年都会砍掉低垂的树枝，因为它们可能会着火。秋天，他们会收集落叶，在橡树周围排成一圈进行焚烧。他们用烟雾祝福树木，烟雾会进入树叶，抑制或预防树木疾病。树上的虫子会掉到火里，确保橡子作物更健康。相互竞争的树苗将被移走，只有生命力最顽强的植物才能存活。原住民部落曾在整个加利福尼亚州实施这些做法，从而产生一种温和的压力，为森林中的所有生物维持秩序和健康。森林需要我们。我们用我们聪明大脑来恢复和加强我们和土地的关系。后来，由于部落被禁止进行传统的焚烧活动，全州都发生了灾难性的火灾。

当欧洲探险家首次在东海岸登陆时，他们为当地公园般的森林感到惊叹，并记录下森林的样子：树与树之间有空隙，有鹿从中间穿过。他们觉得这片"荒野"很美。"荒野"不一定是野生的，如果我们把土地称为荒野，我们就是在将自己与之对立起来，并认为只有无人涉足的大自然才是真实的荒野。一旦我们进入这片土地，它就不再是荒野。而且它可能不像你想象的那样"狂野"，因为健康的生态系统需要人类的双手小心照料。

拥有数千万头水牛的大平原的形成也和人类有关。人类赋予了大平原意义。人们过去称夏末为"印第安之夏"，因为当地的大火会使天空变得更暗。如果没有火，著名的高草草原将变成灌木丛、森林和无法食用的草场。是的，我们猎杀了水牛，但我们是在我们为它们打造的繁茂草原上猎杀了它们。我们没有跟踪它们，反而是它们跟踪我们来到了大平原。

我们在布法罗公地（Buffalo Commons）的实践中产生了一个术语：连续再生。如果你烧毁一个区域，区域内的生物会分阶段重新生长。燃烧一年后，会出现一组特定的动植物群。2年后，又出现了另一组动植物群。3年后，它会再次改变，4年后也是如此。大平原上总有一些地区处于再生的不同阶段，上面栖息着各种各样的动植物。因此，不同再生阶段的小区域覆盖了平原，增强了该地区的整体生物多样性。这是一个天才的发现，源自我们的祖先对土地和区域的耐心观察。

有时，就连我们自己的长辈也告诉我们，原住民不如其他种族聪明。然而，我们需要明白，在殖民者开始撰写关于我们的故事之前，在他们开始拍照之前，我们90%的族人都失去了生命，无论是因为疾病或者大屠杀。你看到的每一张北美原住民照片（黑白银版照片和锡版照片）都是在此后拍摄的。一同失去的，还有他们的智慧和知识。所有这些照片都是对伟大文明的嘲讽。

我们今天所知的原住民族都是幸存的民族，包括切罗基（Cherokee）、塞米诺尔（Seminole）、夏延、苏族（Sioux）。它们只是原住民部落中的一小部分，并不反映原住民的原始构成。为了让后代受到公平对待，我们呼吁全世界更深入地了解我们所听到的故事。在这片大陆上发生的故事远比我们现在所知道的要更伟大——北美原住民的原始组成是庞大的，而且是高度组织化的。考古学家有一个假设，如果原住民族人口众多，地球上就会有相关的记录，让我们今天可以看到。但我们今天也没有在地球上留下数百年后可以看到的记录，但我们留下了多样的生物群落。其中大部分生物今天仍然存在并支撑着地球，但另一部分也濒临灭绝。如今，除口述历史、当今世界生物多样的食物系统、在土芯之类的东西中发现的化石记录以外，几乎没有关于我们庞大人口的记录。

问题不是你怎样处理食物，而是你为什么这么做。你的行为会将一个生物群落变成另一个生物群落。但这样做的原因是尊重大自然的创造、改善居住地的土地、抓住每一个机会使基因多样化、尊重水的自然流动。只要你是基于无私的精神、服务的精神、社区的精神，技术和技能就会随之而来。

我们很难知道这个星球上发生了什么，以及曾经的文明是如何繁荣起来的。在欧洲人到来之前，仅加利福尼亚州就有超过80种不同的语言。在这种多样的知识基础上发生了不同寻常的事情，通过对这些事情的想象，可以帮助我们澄清谁更文明，谁更原始，并帮助我们重新创造世界。也许我们应该思考播种哪些种子，或者可以试着在花园里种12种不同的南瓜和12种不同的玉米。与其通过砍伐森林为农场腾出空间，不如把森林看作一个农场。如果你知道如何"照顾"森林，它就会为你提供很多食物，种类超过任何一个单一作物种植园。所以，让我们记住森林就是农场。如果你发现它时，它不是一个农场，那就小心翼翼地、毕恭毕敬地把它变成一个农场，不要削减森林的领地。

吃橡子的野生狍。

妇女和粮食

一个关键的气候行动路线，源自两个主要解决方案的共同作用：实现全球粮食系统的转型和提高妇女地位。在家庭、社区和政策制定层面实现性别平等，有助于提高农业产量，提升社会效益。农业在全球温室气体排放中占很大比例——如果将土地清理计算在内，占比接近四分之一。农业面临的气候压力给大部分人口带来了重大的粮食安全挑战，尤其是农村妇女。未来几十年，由于环境和气候造成的不利因素，预计世界粮食价格将上涨30%，价格波动也会一并加剧。农村妇女是社会中最边缘化的群体，她们对粮食安全问题尤其敏感。增强农村妇女的影响力，对于构建社区应对气候变化的复原力至关重要。在培训、教育、信贷和产权方面需要实现性别平等：妇女拥有的土地少于男性，但在粮食生产过程中，约40%的劳动由妇女承担。同时，要认识到妇女在耕种和传统烹饪知识传承和实践方面的价值，并将其融入农业政策的核心。

在世界许多地方，妇女是粮食系统的中坚力量，她们深度参与了这个过程的每一个环节，从种植和收割庄稼到计划和准备膳食。然而，在全球范围内，她们获得

Coodad是一家由妇女领导的可可种植者合作社，成立于2017年，位于刚果民主共和国维龙加国家公园附近，该公园被联合国教科文组织列为世界文化遗产，因其壮观的风景和世界上最后的山地大猩猩而闻名。该合作社是在再生巧克力公司Original Beans将生产重点扩大到妇女之后成立的。该公司认识到妇女在森林柴火管理和修复战争创伤方面的作用，因此为维龙加公园周围偏远村庄的数百名妇女组织了领导力和手工企业培训。"维龙加妇女（Femmes de Virunga）"合作社与越来越多的女性分享可可作物销售的知识和收入。2020年，每位参与合作社的妇女平均种植了30多棵新树，总数超过10万棵。公共森林保护区面积也在不断增大，已发展到1.3万个足球场的规模。

的农业咨询和支持服务非常有限，她们在生产层面的参与并不能增加粮食安全或为她们带来经济利益。90%的国家都至少有一项法律在经济层面阻碍妇女获得信贷和拥有土地等机会。联合国粮食及农业组织报告称，如果农村妇女能够获得与男性相同的资源，他们可将农作物产量提高20%至30%，并将全球营养不良情况减少12%至17%。而农作物产量的提升，又可以保护森林不受破坏。因为当现有土地产量很高时，少有农民在附近的森林去开垦土地。到2050年，这个解决方案可减少2 000兆吨的二氧化碳排放量。森林和粮食系统之间的深层联系也得以凸显——通过农林业和生态农业实践将两者结合起来，一直是农村妇女所领导的许多成功再生运动的核心。这些旨在改善粮食安全和水安全的举措将恢复生态系统，并在应对气候危机中展示了强大和全面的应对能力。

受森林砍伐和工业化的影响，再加上全球气温升高，在世界许多地方出现了严重的干旱和粮食短缺。旺加里·马塔伊发起了绿带运动，组织妇女大规模植树，恢复土地和水资源，并促进肯尼亚传统和有机农业的复兴。妇女在粮食系统创新方面的潜力源自对自然和农业关系的深刻理解，以及她们在日常劳动中为养家糊口而产生的强大智慧。正如马塔伊所说，只有每天步行数千米去取水的妇女，才能敏锐意识到水源什么时候会枯竭。所以，她们通常是第一批评估自然资源变化情况和可用性的人，她们会对这些资源进行适应性管理，以建立食物链的恢复力。

自1977年以来，绿带运动已种植超过5 100万棵树，并为数万名从事农林业和养蜂业的妇女提供了培训，成为妇女主导的粮食系统转型方法的典范。此外，位于印度卡纳塔克邦（Karnataka）的妇女地球联盟种子复苏项目（Women's Earth Alliance Seeds of Resilience Project）正与一个妇女主导的种子拯救组织合作，这个组织名为 "Vanastree"（意思是森林妇女）。由于化学农业和气候不稳定正在破坏当地森林和生物多样性，而且当地农民一直对其食物来源和药用植物进行控制，种子复苏项目支持当地妇女通过保护传统种子促进以森林为基础的农业和小规模粮食系统的运转。在参加了为期一年的培训后，这些妇女们相继建立了7个社区种子库，

使这个地区的种子生物多样性增加了43%。这些种子库可用于保护和储存关键种子品种，同时景观本身也成了种子保护区。妇女也学会了如何做一名成功的种子企业家——现在他们正在种植和销售种子并培训其他人使用抗旱和抗涝的本地种子，以确保食物的健康并创造收入。这些收入被重新投资于家庭和培训更多女企业家。

这些运动表明，妇女是当地资源的捍卫者和保护者，她们的领导能力对粮食系统产生了积极的影响。农场层面也建立了妇女保障机构，确保她们平等地接受教育和培训，且使男性和女性共同认识到妇女融入社会对家庭和社区的好处。

在印度，有四分之三的农村妇女从事农业工作。近十年来，由于政府支持农业工业化和农业公司化，导致耕地数量减少，农业受到了沉重打击。2021年初，印度发生了该国历史上最大和持续的抗议活动，农民要求政府撤销以牺牲小农为代价支持企业的立法，妇女冲在最前面。尽管父权制传统阻碍了印度妇女在农业中实现平等，而且政府的做法越来越专制，但这次抗议活动是一次罕见的由男性和女性共同发起的基层抗议活动。

在美国，家庭农场总是把妇女作为农业的重要组成部分。现在，越来越多的妇女正在接管农场经营或独自耕种。1997年至2017年，作为主要农业生产者的妇女数量从209 800人增加到766 500人，这是农业史上最大的人口变化之一。由于传统农业社区中存在的阻力、障碍和性别歧视，农村妇女正在建立网络和组织，为她们提供安全保障，避免承受"像男人一样耕作"的压力。她们面临的农业挑战对所有农民来说都是一样的：商品化市场、有毒农药、农产品价格低迷以及利润微薄。此外，她们更难获得的贷款，而且有些农业设备专为男性设计，她们使用起来很困难。当然，妇女也给农业带来一些新的理念，她们更加强调人际关系，更加注重自身和土地的可持续性、再生技术、网络和协作学习。在世界各地，妇女们继承了关于土地、气候和植物的原住民知识，并将其一代一代传承下去。出于许多原因，妇女更容易认识到，我们的幸福与土地的健康密不可分。农田的恢复和更新意味着从男性主导的采掘型农业转型为包括每个人的社区化再生农业。

灵魂之火农场

莉亚·彭尼曼（Leah Penniman）

　　莉亚·彭尼曼的生活和工作经历是一个传奇的再生故事。她通过对纽约奥尔巴尼（Albany）附近的灵魂之火农场（Soul Fire Farm）的有效运营，解决了当地食物主权、种族主义、农业、监禁、表层土、营养和有色人种等问题。作为有色人种，在种族主义社会长大，她意识到"养活自己就是解放自己"。南方黑人农业的灭绝是一个精心策划的破坏性计划，几乎摧毁了一个专业农艺师的知识、智慧和饮食方式。想象一下，你是一个加纳的克罗博妇女：你在1740年遭遇绑架和奴役，被锁链锁在船上，并被不知名的人以未知的原因送往未知的土地。但你很聪明，将种子藏在头发里，希望有一天可以种植在某个地方，前提是你能够幸存下来。伴随大西洋奴隶贸易，他们头脑中关于再生农业的历史、知识和与生俱来的理解几乎被抹去。多年后，莉亚返回故土开始了学习之旅。她追寻祖先的足迹，在硬质地层上生产出肥沃的黑壤土，为都市青年建造了一个生活的圣地，并开始种植健康的食物。许多有色人种的年轻人从未见过农场或花园，但在莉亚的教育和激励下，他们变得热爱土地，开始种植粮食作物，了解生命的形成过程。莉亚让食物拥有了灵魂，创造了一片充满喜气和生机的神奇农田。灵魂之火农场以切实可行的方式展示了再生是如何将健康、营养、土壤、社会、教育以及重获尊严和自我意识联系起来的。

——保罗·霍肯

　　我们家有三个混血的黑人小孩（我是其中的一个），由我们的白人父亲在北方农村抚养长大。在青年阶段，我发现很难找到归属感。在我们保守的、几乎全是白人的公立学校里，一些白人孩子嘲笑、欺负和攻击我们，我对他们的恶意感到困惑，对学校感到恐惧。后来，我在森林中找到了慰藉。当内心不堪重负时，我脚下的土地一直为我提供坚固的支撑，雄伟、坚实而稠密的白松树干为我提供了一个稳定依靠。我以为只有我一个人将地球视为神圣的母亲，但其实我的非洲祖先正在向我传播他们的宇宙学，他们的声音穿越时空："女儿，坚持住，我们不会让你倒下的。"

　　我从没想过我会成为一名农民。在我十几岁的时候，随着种族意识的发展，我得到了一个清晰明确的信息：黑人活动家关注枪支暴力、住房歧视和教育改革，而白人则关注有机农业和环境保护。我觉得我必须在"我的人民"和地球之间做出选择，这两种选择是对立的，必须从中作出选择。幸运的是，我的祖先还提供了另一个方案。有一天，我在路上看到一张传单，上面宣传马萨诸塞州波士顿的食品项目（The Food Project）提供一份暑期工作，应聘者有机会种植作物并为城市社区服务。幸运的是，我被这个项目录取了。从第一天起，当新鲜收获的香菜的香味残留在我的指缝里，额头的汗水刺痛我的眼睛时，我发现自己迷上了农业。当我学会种植、看护和收割农产品，以及后来在波士顿最艰苦的社区准备和供应这些农产品时，我身上发生了一些深刻而神奇的事情。通过在土地上简单重复的劳作和成果的分享，我感受到了自身的价值，并与各种肤色的同龄人共同努力，脚踏实地，为黑人社区种植有生命的农作物——这就是我存在的意义。

　　通过美国全国黑人农民和城市园丁会议（BUGS）和不断壮大的黑人农民网络，我开始意识到我在可持续农业方面受到了很多错误的教育。我了解到，"有机农业"是一种发展了数千年的非洲原住民系统，并在20世纪初由塔斯基吉大学（Tuskegee University）的黑人农学家乔治·华盛顿·卡佛博士首次在美国推广。卡佛进行了广泛的研究，将作物轮作与种植固氮豆科作物结合起来，并详细介绍了如何再生土壤生物。他的系统被称为再生农业，帮助许多南方农民摆脱单一种植，转向多样化的园艺经营。

　　另一位塔斯基吉教授布克·T.威特利博士（Booker T. Whatley）是社区支持农业（CSA）的发明者之一，他将其称为客户会员俱乐部。他提倡多样化的自选种植，全年生产各种各样的作物，并开发了一个系统，允许消费者以超市价格的40%购买农产品。此外，我还了解到，社区土地信托最初是由黑人农民在1969年创立的。土地信托是非营利组织，通过土地合作所有权和土地使用和销售的限制性契约来实现土地保护和经济适用房目标。除了促进社区土地信托，黑人农民还展示了合作社如何满足其成员的住房、农业设备、学生奖学金和

贷款，以及组织机构变革等物质需求。1886年成立的有色农民全国联盟和合作联盟，以及范妮·卢·哈默（Fannie Lou Hamer）1972年成立的自由农场，都是合作农业运动中黑人领导的典型范例。

在了解卡佛、哈默、威特利和新社区的事迹后，我意识到，在这些年里，我们接收到的信息是只有白人才是土地的管理者，只有白人才是有机农民，只有白人在谈论可持续性，我所看到或听到的关于黑人和土地的故事都是关于奴隶制和佃农，关于胁迫和野蛮，苦难和悲伤。之所以会这样宣传，背后有充分的理由。残暴的种族主义——残害、私刑、焚烧、驱逐、经济暴力、法律暴力——确保了我们黑人的根基不会深入而安全地传播。

1910年，在黑人土地所有权的鼎盛时期，占总面积的14%的6.4万平方千米的农田由黑人家庭拥有和耕种。但现在只有不到1%的农场归黑人所有。我们的黑人祖先被以强迫、欺骗和恐吓的方式离开他们的土地，最后有650万黑人移民到北方城市，这是美国历史上最大规模的移民。这绝非偶然。正如美国政府批准屠杀水牛以驱逐美洲原住民离开他们的土地一样，对于任何加入全美有色人种协进会（NAACP）、登记投票或签署任何与民权有关的请愿书的黑人，美国农业部和联邦住房管理局也拒绝为他们提供农业信贷和其他资源。当卡佛的方法帮助黑人农民成功地还清债务时，白人地主的回应是将他们活活打死，烧毁他们的房屋，并将他们赶出自己的土地。

然而，这段发展至今的历史真实存在，从中我们也能看出黑人的专业知识、对土地的热爱、彼此之间的感情。当我们作为黑人被反复告知我们在土地上唯一的存在方式是作为奴隶从事危险且繁重的体力劳动时，了解这段真实而高尚的历史，知道我们曾经是农场主和生态管理员，对我们的内心是一种慰藉。

通过强化黑人农民在土地上的归属感，我准备创建一个以黑人社区需求为中心的使命驱动型农场。当时，我和我的犹太丈夫乔纳（Jonah）以及我们的两个年幼的孩子奈希玛（Neshima）和艾米特（Emet）住在纽约奥尔巴尼南端，这个社区被联邦政府列为"食物荒漠"。在个人层面，这意味着尽管我们努力为年幼的孩子提供新鲜食物，尽管我们拥有丰富的农业技能，但获取优质食物的结构性障碍仍然存在。街角小店专营多力多滋和可乐，所以我们需要一辆汽车或出租车才能到最近的杂货店，以获取高价和过期的蔬菜。没有可用的地段供我们种菜。无奈之下，我们注册了社区支持农业（CSA），每天把孩子放在背包或者婴儿车里步行3.5千米到达蔬菜购买点，以高昂的价格购买这些蔬菜。由于蔬菜数量很多，我们不得不将它们堆放在正在休息的孩子身上，以便长途跋涉回到我们的公寓。

乔纳和我都有多年的农场工作经验，工作的农场包括马萨诸塞州巴里的多手有机农场（Many Hands Organic Farm）和加利福尼亚州科维洛的生活动力农场（Live Power Farm）。当我们的邻居得知后，他们开始问我们是否计划建立一个农场来养活这个社区。起初我们犹豫不决。因为我是一名全职的公立学校科学教师，而乔纳有他的自然建筑生意，我们正在抚养两个年幼的孩子。但我们内心深处拥有对人和土地的爱，这份热爱最终让我们决定接受这份邀请。为了给这个项目提供资金，我们把微薄的积蓄、朋友和家人的贷款，以及我每年40%的教学工资投入其中。我们选择的土地价格相对低廉，但在电力、化粪池、水和居住空间方面的必要投资，使成本增加了两倍。在数百名志愿者的不懈支持下，经过4年的基础设施和土壤建设，我们打造了"灵魂之火农场"，这个项目致力于结束粮食系统中的种族主义和不公正现象，为生活在食物荒漠中的人提供健康的食品，并将技能和知识传授给下一代农民。

我们的首要任务是回馈我们在奥尔巴尼南端的社区。虽然政府给这个社区贴上了"食物荒漠"的标签，

但我觉得"食物种族隔离"这个词更准确，因为它清楚地表明，我们有一个人为的隔离体系，使某些群体获得丰富的食物，并阻止其他群体获得必要的营养。大约2 400万美国人生活在食品种族隔离制度下，他们很难获得负担得起的健康食品。这一趋势和种族相关——白人社区的超市平均数量是黑人社区的4倍。缺乏营养食品给我们的社区带来了可怕的后果。糖尿病、肥胖症和心脏病的发病率在有色人种中增幅最大，尤其是非裔美国人和美洲原住民。这些疾病与饮食有关，主要是因为食物中不健康脂肪、胆固醇和精制糖含量过高，或者水果、蔬菜和豆类不新鲜。在我们的社区，儿童主要食用加工食品。目前，超过三分之一的儿童出现超重或肥胖，这一比例在过去30年中增加了4倍。这使我们下一代面临终身慢性疾病以及几种癌症的风险。

在灵魂火农场，我们必须对土壤进行改造，以便生产出我们社区所需的食物。我们努力使用免耕方法处理边缘的、多岩石的、倾斜的土壤，我们设法创造了厚度大约0.3米的表土。在这片富饶而年轻的土地上，我们准备种植80多种蔬菜和小水果（大部分是祖传的类型），并选取对我们的社区具有文化意义的农作物为重点作物。我们每周都会进行一次采摘，将其装箱成均匀的份额，每份包含8种到12种蔬菜，外加一打鸡蛋、豆芽和家禽，供南端社区的成员食用。

在早春的时候，社区成员们报名参加了这个项目，并承诺尽可能多地购买我们农场的食品。我们使用了一个滑动比例模型，会员根据自己的收入和财富水平进行投入，而我们承诺在整个收获季节每周向他们提供丰富、优质的食品。根据我们的气候条件，收获季节将持续20到22周。我们将这些蔬菜食品直接送到了生活在食品种族隔离制度下的人们的家门口，并接受政府的补贴，例如联邦补充营养援助项目（SNAP）。这消除了获取食品的两个最紧迫的障碍：运输和成本。使用农场共享模式，我们现在可以养活80个到100个家庭，其中许多家庭原本无法获得必需的食品。一位成员告诉我们，如果没有这个蔬菜盒，他的家人只能吃煮熟的意大利面。

尽管我们持续为首都区6个社区生活在"食物种族隔离"之下的人们提供营养丰富的食物，但我们知道我们需要做更多的事情，所以我们已经着手推进一些事项。我们将工作扩大到青年赋权组织，特别是与法院裁

定、制度化的、国家层面的青年合作。可以说，我们这个时代最重要的民权问题是渗透到刑事"司法"系统中的系统性种族主义。"黑人的命也是命（Black Lives Matter）"运动已经引起了全国的关注。有色人种更有可能成为警察拦截、逮捕和警察暴力中的目标。一旦进入司法系统，他们往往会得到低于标准的律师服务和更长的刑期，而且很难获得假释。2014年警方杀害埃里克·加纳（Eric Garner）和迈克尔·布朗（Michael Brown）的事件并不是孤立的事件，而是针对有色人种的国家暴力事件的一部分。

黑人青年很清楚，这个制度不尊重他们的生命。"你看，你要么死于枪下，要么死于变质的食物，"一个年轻人在参观灵魂之火农场时说。"所以，这真的没有意义。"这种宿命论是一种内化的种族主义，在黑人青年中很常见。这清楚地表明，这个国家需要一场团结一致的社会运动，从根本上铲除种族主义，让这些年轻人能够对美丽的黑人生活抱有期待。所以，我们在第三年启动了青年食品正义（Youth Food Justice）计划，旨在将我们的年轻人从刑事处罚体系中解放出来。

我们与奥尔巴尼县法院达成协议，年轻人可以选择完成我们的农场培训计划来代替惩罚性判决。我们必须中断将我们的青年妖魔化和定为犯罪的学校–监狱模式。我们认为，年轻人需要来自同一地点、具有类似背景的成年人的指导，充分尊重他们的人性。

根据"向前跑（Race Forward）"智库的数据，即使在今天，在食品系统工作的黑人、拉丁裔和原住民普遍比白人工资更低，福利更少，并且无法获得健康的食品。我们的黑人前辈和同时代人一直是可持续农业和粮食正义运动的领导者，并将继续发挥领导作用。我们所有人都应该知道，拥有我们自己的土地，种植我们自己的粮食，教育我们自己的年轻人，参与我们自己的医疗和司法系统——这样才能获得真正的权利和尊严。

正如托尼·莫里森1977年在其小说《所罗门之歌》中所写："'看到了吗？看看你能做什么？别介意你不认识字母，别介意你生来就是奴隶，别介意你失去了你的名字，别介意你父亲去世了，别介意什么都没有。在这里，这是你可以做到的事，只要全心全意，全力以赴。停止哭泣'土地说，'停止在世界的边缘采摘，利用自己的优势。我们住在这里，在这个星球上，在这个国家，在这个县城。别无选择！我们在这块岩石上找到了家，你没看到吗！没有人在我家挨饿；没有人在我家哭泣；如果我有家，你也有！掌握这片土地，我的兄弟们，我们可以任意处置它，在上面播种、收割、出租、购买、出售——你能听到我的声音吗？把这个声音传下去！'"

清洁炉灶

虽然所有清洁炉灶的目标都是减少有害颗粒物排放，提高燃料效率，但不同类型的炉灶使用的是不同的技术和燃料来源。一些炉灶使用废弃的木屑，取代了从完整森林中采伐的木材，减少了森林退化。生物消化器等闭环系统可将动物粪便中的甲烷转化为烹饪燃料，从而减少温室气体排放，并消除对化石燃料的需求。其他型号的清洁炉灶由太阳能、电力或化石燃料提供能源，包括液化石油气或天然气。

即使炉灶依赖化石燃料，只要能够减少黑碳颗粒排放，提高燃烧效率，最终也会减少与烹饪相关的温室气体排放。用低碳燃料替代木材，每年有可能减少约0.4吉吨二氧化碳当量的排放。一项研究发现，用改进的强制通风炉代替家庭中的传统炉灶可以使黑碳颗粒的平均浓度降低40%。另一项研究发现，使用颗粒火炉可减少90%以上的污染物。

传统炉灶产生的黑碳颗粒影响云的形成，改变降雨模式，从而影响植物、动物和人类。当黑碳颗粒沉积在雪和冰上时，它们又会吸收辐射，减少阳光向大气反射，从而提高地球表面温度。黑碳并不是传统炉灶唯一令人担忧的副产品。火焰冷却时产生的灰白色烟雾中含有碳颗粒，这些碳颗粒可以吸收与黑烟一样多的阳光辐射，对健康的影响可能更严重，甚至可能致癌。

在海地家庭中，女性花在收集柴火和准备食物等家务上的时间是男性的两倍。当妇女和女孩为炉灶收集木材和其他燃料时，她们遭受性别暴力的风险会增加。清洁烹饪解决方案可以减少做饭所需的时间，并减少收集木材燃料的时间，这两者都让妇女和女孩有时间从事其他活动，例如接受教育、赚取收入、扩大家庭受益、或者单纯地休息。

所有清洁炉灶都有一个相似的目的：减少准备食物所用的燃料，减少烹饪所需的时间，在满足当地需求和文化考虑的同时保持功能性、灵活性和安全性。美食和烹饪实践往往植根于一个国家的历史和传统中。在非洲，许多国家制定了广泛采用液化石油气炉灶的目标，但在社区层面，尤其是在偏远地区遇到了培训需求、安全问题以及与液化石油气相关的高昂成本等障碍。研究表明，虽然液化石油气炉灶在减少黑碳排放方面非常有效，但它们在家庭中的长期使用率最低。虽然使用有机燃料的强制通风炉的黑碳排放量更高，但它们的使用率更高，因为它们与当前的烹饪实践最为相似。

尽管联合国基金会在2010年发起了大规模的清洁炉灶行动，但在2015年至2017年，低收入国家中，只有一小部分家庭使用了清洁燃料和烹饪技术。最近，研究人员发现了阻碍清洁炉灶普及的原因。起初，烟雾问题仅仅被视为一项工程挑战，忽视了实际做饭的人的需求。此外，倡导者往往是来自其他国家的局外人，不清楚当地的实际情况。因此，有关部门已经制定了新的战略，用于推广清洁炉灶的使用。我们需要倾听当地女性的声音；意见领袖的支持对新技术的采用至关重要；教育工作也很重要，它可以让人们了解与烟尘有关的健康风险。社区修复破损炉灶的能力也是必需的，价格和供货

渠道同样是关键，我们需要一并考虑。清洁炉灶及其燃料的价格不能太高，也不能太难更换，否则人们只愿意使用传统炉灶。因此，折扣、补贴、返款、送货上门等措施都被证明是有效的。

从长远来看，电气化最有希望为大量人口带来更清洁的炉灶。随着电网扩展到农村地区，电网提供了可再生且价格更低的能源，电炉推广使用的机会将扩大。清洁炉灶一旦通过适当的方式融入社区，将成为家庭和社会再生的核心。

Gyapa炉灶是在加纳制造的，加纳是世界上森林砍伐率最高的国家之一。因此，加纳和气候关怀与救济国际组织（ClimateCare and Relief International）联合制造了Gyapa炉灶。该炉灶的衬里和覆层由当地陶艺工人和金属工人制造，可以使木炭或生物质燃烧更加充分也为当地提供就业机会。迄今为止，已经制造了410多万个Gyapa炉灶，为用户节省了7 500多万美元。它可以减少50%到60%的烟雾和能源消耗。

女童教育

每个女孩，无论来自哪里，无论身处何种环境，都有学习的权利。每一位领导人，无论是谁，无论拥有什么样的资源，都有义务实现和保护这一权利。

——马拉拉·优素福扎伊（Malala Yousafzai）

女童的普及教育是充分实现性别平等和赋予妇女权利的重要前提。兑现女性的潜力是实现地球再生的最重要途径，没有之一。任何系统，无论是社会系统、生态系统还是免疫系统，都遵循一个普遍的原则：只有将更多的系统与自身连接起来，才能创造一个健康的再生系统。

出于习俗、信仰和无知，在很多文化中，女童仍然被视为次要群体。这种文化的形成是一个漫长的历史，充斥着支配、恐惧和无知。我们应该消除这种文化，因为它关乎我们的生存。

2004年，芭芭拉·赫兹（Barbara Herz）和吉恩·斯珀林（Gene Sperling）为普及教育中心（Center for Universal Education）撰写了第一份关于女童教育影响和益处的权威研究报告。后来，斯珀林开展了进一步的研究，并于2016年与丽贝卡·温斯洛普（Rebecca Winthrop）共同撰写了一本书：《女童教育中有哪些关键要素》（*What Works in Girls' Education*）。这个问题有一个很简单的答案：当女童得到充分的教育和赋权时，一切都会变得更好。

正如斯珀林和温斯洛普所说，这本关于女孩教育的书本不应该存在。尊重和包容是常识，本应深入人心，

姐妹们从肯尼亚北部莱基皮亚伊瓦索的小学回家。这所学校和其他地方学校由洛伊萨巴荒野保护协会的生态旅游收入资助。

显而易见。女童教育将产生非同寻常的影响。然而，赋予妇女权利的价值不能被指标简化。

在世界许多地区，女童教育停滞不前的原因之一是费用。教育需要资金，在许多国家，这是一个限制因素。单独的厕所和月经用品也是一个限制因素。未来几年，世界将面临的最大风险是全球变暖及其对土地、森林、商业、食品、移民、水和城市的影响。我们不能对此视而不见。大量证据表明，受过教育的女性群体可以从根本上降低婴儿死亡率、童婚、家庭规模、疟疾和艾滋病，从而提高人类健康水平、经济水平和农业产量，促进社会稳定。教育可以终止贫穷的恶性循环。当女孩被迫成为童养媳时，她们通常无法进行计划生育，平均有大约5个孩子，而且孩子的健康状况较差。接受过高中教育的女孩平均生育2个孩子，并且能够赚取更多收入，可用于确保孩子的健康和教育机会。这种良性循环始于支持女孩继续接受教育，而不是为了让哥哥弟弟们完成学业而去工作，或者为了帮家里剩下一份口粮而嫁人，这样只会越来越穷。

此外，还有更深层次的东西：女性的思想和智慧。如果日常生活是一场永无止境的斗争，人类就很难进行发明、想象和创新。因此，人类福祉由联系、合作和社区决定，如果将女孩和妇女排斥在外，人类福祉也会到压制。当更多女性开始工作时，女性和男性的工资都会上涨。民选办公室中的女性人数与公平、正义和经济福祉之间存在直接关联；全球卫生系统中76%的基本工作人员是受过教育的女性；制造业中质量控制小组的出现源于第二次世界大战中女性弹药工人的观察，她们与男性分开工作，但产生了更好的结果。女性为机构和企业治理带来新的协作技能、思维、观点和态度，可以促进生产力提升、创新增加和收入增长。上述内容之所以看起来像一则新闻，是因为女性在所有领域的努力和贡献被世界遗漏和忽视。这些信息需我们不停地重复，女童教育也是如此。

马拉拉·优素福扎伊是巴基斯坦的一名女权主义者，可能也是全球女童教育斗争中最具影响力的领袖。她的马拉拉基金会（Malala Fund）在中等教育入学率最低的8个国家开展活动，努力实现一个简单的目标——为每个女孩提供12年免费、安全、优质的教育。他们投资于当地活动家和教育工作者，倡导在国家内部和跨国领域制定更好的政策，并通过其数字出版物《集会》（Assembly）扩大妇女和女孩在教育倡导第一线的声音。马拉拉基金会的做法直接消除了阻碍女性发展最普遍、最根深蒂固的障碍。通过这些方式，他们向我们展示了推进这一关键事业的方向——文化态度、政策和表现形式，我们应该集中精力朝着这些方向迈进。

与此同时，女孩上学的意愿十分强烈。阿富汗41%的学校没有校舍；塔利班有歧视和暴力袭击；女孩们在帐篷、楼梯间和家里学习。尽管面临性骚扰、泼酸攻击、法律失效、贫困、性别歧视、缺乏教师等问题，女孩对教育的需求仍然无法抑制。阿富汗有一种叫作兰代（landai）的短诗，由一个女人口头传另一个给女人。15岁的利马·尼亚齐（Lima Niazi）写下了下面的诗句：

你不让我去上学。
我不会成为医生。
记住：有一天你会生病。

这正是全球的现状的一个隐喻。我们需要成为医生，治愈分裂我们的伤口，治愈我们唯一的家园的创伤。我们需要互相帮助；我们需要每个人都参与地球、人类、土地和生物的再生活动。气候问题是一个危机，也很紧急。如果不加以关注，即将到来的气候变化将打破社区的结构，摧毁人们的生活，让我们后悔莫及。解决气候危机需要我们解决许多其他问题，但这使解决紧急问题变得更容易，而不是更困难。我们知道，系统变化包含并扩大了人类参与的潜力。从某种意义上说，我们的气候解决方案一直指向错误的方向——把煤、汽车和碳排放作为主要问题。当然，这些的确是很重要的问题，许多人也都在想办法解决它们。然而，我们也需要转向其他方向，考虑最本质的问题，即我们的信仰和我们如何对待彼此。

恢复善举

玛丽·雷诺兹（Mary Reynolds）

玛丽·雷诺兹是爱尔兰韦克斯福德（Wexford）著名的景观设计师和园艺设计师。她毕业于都柏林大学（University College Dublin）景观园艺专业，是一位园林学博士、作家。她回忆说，她年轻的时候，有一次在家庭农场迷路了，是农场的植物让她感觉她和家人在一起的。那种经历从她一直铭记在心。2002年，28岁的雷诺兹参加了著名的切尔西花展，在英国传统园艺研究领域崭露头角。她向英国皇家园艺学会提交的作品用薄荷叶包裹起来，上面写着："人们环游世界，去参观未被人类涉足的自然美景，但现代园林很少注意这些环境的简单和美丽。"她的参赛作品《凯尔特人的避难所》（Tearmann si-A Celtic Sanctuary）与切尔西花展的任何其他作品都不一样。它有德鲁伊宝座、月亮门和放置在池塘上方的火盆，周围环绕着大量来自爱尔兰的本土植物。这个荒野中的圣地获得了金质奖章，并在园林界产生了巨大的影响，因为它向我们展示了如何创造景观，如何修复我们与自然的关系。2015年，一部关于她在切尔西的事迹的传记电影《狂野不羁》（Dare to Wild）上映，该电影由演员艾玛·格林威尔（Emma Greenwell）和汤姆·休斯（Tom Hughes）主演，已在全世界播放

——保罗·霍肯

很长一段时间以来，我们几乎没有承认我们与数以百万计的其他生命共享地球，无论是植物还是动物，无论是在地上还是地下。在我们认识到这一点之前，野生动物的生存空间将越来越少。农业用地、公共用地和私人花园都使用强效化学品进行处理，使大多数生命无法生存。我们的水系统被污染了，我们的土壤正在退化成灰尘，被风吹走或被雨冲走，原生栖息地正在迅速枯竭。不断变暖的气候正迫使野生动物迁徙，以便能够生存下来，但城市和农业的扩张使它们没有安全的迁徙走廊。它们别无选择，被困在小岛上的避难所里。生命之网正在被撕碎，我们人类这种生物与这张网密不可分。一旦其他物种无法生存，我们也会一样。

那是爱尔兰的一个冬天的早晨，所有动物都在栖息，当时我产生了一个想法，对于任何人，只要拥有花园或者窗台，这个想法可以帮他们改善和动物的关系。那天，我在家里对着窗外发呆，一只受惊的狐狸从画板旁边经过，吸引了我的注意力。当然，真正让我感兴趣的，是有一对野兔在花园里追随着狐狸的脚步。不久之后，我发现一只刺猬沿着野兔走过的小路疾驰而过，随后消失在我面前的草坪边缘的厚厚山楂树篱之中。它们最终都消失在丛林中，那是我所关注的土地的一部分。由于现在是初冬一个阳光明媚的上午，这些动物通常处于冬眠或在夜间活动，我想它们一定遇到什么问题，所以我出去调查。我顺着它们来的方向，走到巷子的尽头，来到一条安静的乡间小路上。

然而，这条路今天并不那么安静。小路对面曾经有一片茂密厚实的土地，长满了金雀花、荆棘、刺山楂和郁郁葱葱的蕨类植物。今天，一个巨大的黄色毁灭性"怪物"降临了。我的邻居们终于获得了在地上盖房子的规划许可，准备建造一个花园，所以他们派了一台挖掘机来清理"垃圾"，根本没有考虑到居住在这片土地上的动物。

我惊恐地站在那里，看着眼前的一切，忘记了呼吸。我在很多地方都参与过类似的活动。20多年来，我一直是一名国际园艺设计师；在我工作的任何地方，我都进行类似的清理。就在那一刻，我才意识到我一直在做什么，我作为传统景观设计师的职业生涯，在那一瞬间就结束了。

我回到屋里，开始研究大自然的破坏。我很快意识到，生物多样性危机和迫在眉睫的气候危机一样隐蔽和危险。它没有受到太多关注，但它正在迅速降低地球自身的能力，包括维持清洁空气和水的能力，以及为包括人类在内的所有生物提供食物和栖息地的能力。生物多样性的破坏速度是惊人的，尤其是在过去50年内，每天都有多个物种濒临灭绝。它们永远不会回来了。我们最喜爱的一些生物正在被列入濒危物种红色名单，或者说已经是濒危物种。大多数人都患有"基线移位综合征"（shifting baseline syndrome），只需要几代人的时间，我们就已经忘记了地球、海洋和天空曾经拥有多么丰富的物种，忘记了海底广阔的牡蛎田如何使海洋保持水晶般清澈，忘记了海水中充满了各种生命，忘记了成群结队的候鸟和蝴蝶的数量多到可以挡住阳光。按照这个速

玛丽·雷诺兹的方舟区，里面种植了金雀花、山楂、荆棘和蕨菜。

度，我们生活的地球未来将变得荒芜。我们知道这一点，并且不得不接受这一点。这就是所谓"伟大的遗忘（Great Forgetting）"。

现在的花园里没有野生动物的庇护所，到处都是漂亮的、商品化的"花园植物"，这些植物没有在当地的食物网中进化。花园里喷洒了化学药物，除我们自己创造的景观外，不能生长任何其他东西。我们在不知不觉中和自然为敌，其实也是和自身为敌。

历史上的巨大变化都是源自细节，源自一些充满激情的、专注的人们开展的不起眼的运动。那天，在目睹了"动物难民"的逃亡之后，我开始撰写一个名为"我们是方舟"的想法（方舟代表着人类对地球的善举）。这是一个简单的想法，要求人们尽可能多地把花园还原成荒野，尽可能多地与其他动物分享。恢复土地，使其回归自然，这是这个想法的核心。为了模仿自然的、连续的过程，在我们称之为"花园"的岛国上，我们重建了原生植物和野生动物网络。对于我们被切断联系并被驱逐到生命边缘的其他物种来说，这将是一条希望走廊。

这似乎是一个巨大的飞跃，改变了人们对花园的看法：让草长得更长，让本地的杂草种子库从地里冒出来，重新启动生态系统。在地方层面，解决非原生植物入侵问题；在大自然需要帮助的地方，增加原生植物多样性。原生植物是大自然的基石，是地球的防护服。它们给我们提供呼吸的氧气，过滤我们的水，净化我们的空气，为我们提供食物。然而，我们几乎不会注意到它们，除非它们看起来漂亮或吃起来味道好。昆虫与原生植物之间有着复杂而特殊的关系，而这种关系对其他一切物种都会产生连锁效应。我们还要求人们在户外用琥珀色灯泡（最好不用灯泡），建造野生动物池塘和原木堆，并考虑在边界设置野生动物通道。我们的方舟计划是我们能为生命之网做些什么，而不是我们的花园能为我们提供什么。

要使这个计划得到有效开展，必须对人们进行引导。我要求人们在自己的土地上贴上自制的标语，宣称"这是一艘方舟"，这样他们不会因为花园杂乱而不好意思。相反，他们甚至会为之自豪，因为这样可以创造一个更新的、更友善的环境。此时，我们正在承担地球看护者的角色，并让尽可能多的野生动植物进入我们的方舟。我们需要学习如何分享，以决定启动这项运动的最佳地点。

我们有一个内容丰富的自制网站，给人们提供参考资源，教导他们如何将花园、农场、窗台、公园或学校变成方舟。这些资源告诉他们如何根据自己的能力以及土地的大小和范围增加更多的生物支持系统。我们要求人们尽可能远离破坏性的食物系统。如果可能的话，我们应该自己种植粮食，并支持当地可再生的有机生产者；我们需要尽可能多地把地球归还给大自然；我们需要成为大自然的守护者，而不仅仅是园丁。

这是一个全新的计划，任何拥有土地的人都可以采取行动。经过观察，大自然复苏的速度令人惊讶。几个月内，我们在世界各地拥有数千名"方舟活动家（Arkevist）"，他们都是一个在线团体的活跃成员。在美国，有些"方舟"面积高达6平方千米；而在挪威，有一个"方舟"只有一个装满当地杂草种子的窗口花坛

那么小。这些都是希望的种子。

人们在自己的方舟中寻找意义和快乐。他们的家庭已经可以为每只生活其中的刺猬、蜻蜓、蛴螬和野草提供庇护所和栖息地。尽管各式各样的生物来到他们修复的简单方舟中生活，但他们并没有满足。有一天，他们从邻居的篱笆上看过去，发现了更多机会——大学、中学、公园和工业区中未使用的绿地，也可以作为方舟。人们进一步开展运动，将这些空间让给自然，这样做减

如此处所见，黄鹀（Emberiza citrinella）喜欢站在树篱上，尽情歌唱。它的特色声音影响了贝多芬第五交响曲的主题。在整个英国和欧盟发展出不同的方言后，雌性黄锤鸟更喜欢与唱相同方言的鸟类交配。它们现在在英国被列为濒危物种。在过去的几十年里，它们的数量急剧下降，这在很大程度上是由于欧盟的集约型农业政策导致昆虫种群的消失及森林和树篱栖息地的消失。

少了对这些地方的维护，无疑是一种双赢的行为。

在相对较小的方舟中，我们无法重建野生、平衡的景观，例如那些通过野化过程大规模恢复的景观。顶级捕食者和大型食草动物是确保生命网络平衡的生态系统工程师。在生态系统的各个阶段，系统都存在不断的破坏和重建。地球和我们一样，处于不断死亡和再生的状态。显然，我们不能将更大的野生动物引入方舟，因为它们无法在支离破碎的栖息地中生存。因此，我们必须把自己变成狼、鹿、海狸，并履行这些生物通常承担的生态系统服务。所以你可以根据你所居住的地区了解当地生态系统的属性。如果你没有这些信息，一个简单的方法就是在小方舟里创造尽可能多的多样性。

在这个我们称之为家的神奇星球上，你能想象到的一切都已经存在。这些美丽、怪异、奇妙的生物，无论我们是否能够看见，都是我们实施方舟机会的理由——

去关注它们，保护它们，让它们茁壮成长，只有这样，我们才能存活下去。

人类应该挺身而出，学习成为生命之网的"编织者"，重新缝合我们已经断裂的生命连结。让土地恢复自然，为生命建造一艘方舟，这也是我们对自己内心的救赎。

普通刺猬（Erinaceus europaeus）是一种常见的动物，它们在花园中穿梭，发出类似于猪的鼻息声。它们在树篱建巢灌木中也可以在城市栖息地安家，包括墓地、排水管和废弃的铁路庭院，但更喜欢花园。它们主要吃甲虫、蛞蝓和毛虫，这使它们对园丁来说非常宝贵，一只刺猬可能有十几个不同花园的"领地"。

谁在糟蹋葡萄酒？

米米·卡斯特尔（Mimi Casteel）

粮食和农业系统密不可分，后者属于土地资源和劳动力密集型产业。再生葡萄栽培专家米米·卡斯特尔通过一篇文章向人们讲述了再生农业在社会公正、工人健康、工作保障、补偿和尊严方面的意义。棕色皮肤和黑色皮肤的农场工人是美国粮食体系的支柱。如果没有他们，这个系统就会崩溃。然而，在所有类别的工人中，他们的工资最低，没有任何福利或保障。从财务的角度，工人是财务报表的输入，通过使用合同劳工，这些"人力成本"被最小化。当工人的工资采用计件工资时，他们的工资水平通常低于最低工资。这种向付出了辛苦劳动的人给予最少报酬的做法源于奴隶制，而且至今依然存在。随着气候变化，作物歉收，田地里的温度过高，工人会更辛苦。我们的食物系统依赖于贫困的农场工人。然而，在俄勒冈州西部的米米·卡斯特尔的霍普韦尔葡萄园（Hope Well Vineyard），情况则有所不同。

——保罗·霍肯

大约一年前，我和好朋友们在通用语酒庄（Lingua Franca Wines）工作的日子是一段最黑暗的时光。因为我上完夜班后，早上还要到霍普韦尔（Hope Well）工作，没有足够的时间回家打个盹儿。我当时太累了，甚至懒得去取暖，只是坐在车里喝着停车场的热水瓶里的咖啡，因为我不想回家吵醒我的家人。不只是我，其他下了夜班的采摘工人也在停车场附近转悠，吃着黎明时分提供的温暖、便宜的食物。你可能会问，他们为什么不回家睡觉呢？

因为他们一会儿还要从事其他工作，也许是他们的日常工作，也许是倒班工作。我们汗流浃背，又脏又累，直打哆嗦。我朝我旁边的车看去，里面有一个女人在睡觉，胸前抱着两个婴儿。她的头发表明她是阿布利塔人（abuelita），婴儿们睡得很香，但她醒了过来。我看着她把孩子们交给他们的母亲，母亲已经吃完了零食，正和孩子们一起坐在车里，而阿布利塔人穿上她的

装备，登上面包车，和采摘工一起去下一个工作地点。

我看着他们离去，试图用手在保温瓶上取暖。我想起阿布利塔人一家三代在山谷另一边的农场工作。这时候，旁边的妈妈把孩子们固定在汽车座椅上，看起来很累，我敲了敲她的窗户，提出要跟她回家。在把孩子交给了孩子的哥哥姐姐之后，妈妈很快换上了她打扫房间时要穿的衣服，准备开始另一份工作。

随着黎明的临近，我要求她照顾好自己，尽快休息，感谢她的家人所做的工作，然后开车离开，去霍普韦尔与我的同事会面。在做这些事时，我头脑很清醒，但内心总有一股难以名状的感觉。

在霍普韦尔，我受到了同事们的欢迎，看到了他们的微笑，他们显然休息良好。他们都是很了不起的人，几十年来一直与我的家人一起工作，也跟随我来到霍普韦尔。我们的工作，对这个地方意义重大。

当我还是个孩子的时候，我就看到同一批男女在葡萄园工作，先是在贝瑟尔高地葡萄园（Bethel Heights Vineyards），现在又来到这里，他们的工作方式与我曾合作过的杰出合同工的工作方式存在很大不同。

简单地说，我请求这些人和我一起来到这个地方。我不能只要求他们出去做一项特定的工作，而是告诉他们应该怎样去做。我需要他们理解为什么这里的一切看起来如此不同；我需要他们明白，我们的工作始终是为了修复与这片土地的关系；我需要他们看看所有的东西是如何结合在一起的。

这里的葡萄树很轻盈。我们认真地工作，内心充满喜悦。那天早上，当我跨过大门，和我的工人热情拥抱时，我从未像现在这样感激我的家人，感谢一直努力维护的制度，即使世界不再采用任何固定的劳动模式，而是将所有可以外包的工作都外包出去，以便将责任全部转移给其他人。20多年前，贝瑟尔高地与坦普伦斯山（Temperance Hill）结成联盟，提供了全职工作，这些工作具有很好的福利和工作条件。

之所以我提起这件事，是因为停车场的工人和我在霍普韦尔的同事一样具有很好的能力。他们都是不稳定经济的一部分。他们的劳动构成了经济的基础，但是他们最终变成了工具。

这个国家正在做的最重要的工作被边缘化了。劳动变成了枯燥、无意识、无技能的任务，那些受过教育或有天赋的人也变成了工具人。我觉得造成这种状况的根

本原因在于劳务承包商，甚至是他们的雇主。他们让从前对工作人员充满感激之情的环境消失了，取而代之的是诋毁、疏远和迫害。

我认为，在土地上为我们的国家种植粮食和纤维是最崇高的使命。士兵、医生和律师这些职业都得到了称赞，那些全心全意为我们提供食物和衣服的人难道不能得到应有的尊重吗？简单地说，我们工作都是在空间移动我们的身体，在自由的环境中发挥自己的创造力，使用工具，付出努力。每个岗位都有不同的意义。

那个清晨停车场里的人，霍普韦尔的同事，在我跌倒时扶起我的人，和我一样遭受损失的人，我们是平等的。我们正在为您孩子创造未来。即使是那些被归类为"无技能"的人，他们的工作方向也可能会改变这个世界的命运。所以，诸位能否站起身来，对为您带来丰厚回报的劳动者表示最诚挚的感谢？

他们就是我们。我们的土地开启了他们的感情。我们的未来就是他们的未来。

致我的同事：何塞·路易斯、维克托、查波、蒂托、华金、布兰卡、加泰罗尼亚、亚松森、耶稣、尼古拉萨、弗朗西斯科、玛丽亚、伊莎贝尔、森特，感谢你们日复一日，年复一年的付出。感谢所有在农场、牧场、学校和医院工作的家庭，感谢你们！

慈善机构必须宣布气候紧急情况

艾伦·多西（Ellen Dorsey）

　　艾伦·多西是华莱士全球基金（Wallace Global Fund）的执行董事，该基金由亨利·A.华莱士（Henry A. Wallace）和他的儿子罗伯特·B.华莱士（Robert B. Wallace）于1996年创立。2008年，《时代》杂志将亨利·华莱士评为20世纪十大最佳内阁部长之一。亨利·华莱士曾在富兰克林·D.罗斯福政府中担任农业部长。当时，他领导的食品券（food-stamp）和学校午餐（school-lunch）项目，一直持续到今天。华莱士是第三代农业学家，他因为目睹了沙尘暴期间农民的困境，所以对人权和"普通人"极为关注。当然，他关心的不仅仅是农村人口的命运。1947年，他冒着极大的风险在南方发表了地方性种族主义的主题演讲，他说道："作为一个进步的民主国家，我们最大的弱点是种族隔离、种族歧视、种族偏见和种族恐惧。"直到今天，华

莱士全球基金仍秉承这一理念和宗旨，重点关注种族主义对人权和民主、气候、企业权力、相关运动的威胁。2011年，华莱士全球基金会召开了一次会议，呼吁城市、养老基金、大学、社团和基金会剥离所有化石燃料方面的投资组合，并投资于气候解决方案。然而，包括布朗大学和哈佛大学在内的许多机构对此置之不理，他们认为这个要求不符合投资组合理论，不能满足投资

第146页、第148页和第149页上的图片代表了华莱士全球基金受赠人创造的直接或相关成果。

61岁的朱莉斯·莫勒尔（Julieth Mollel）在坦桑尼亚阿鲁沙附近的家中准备用清洁炉灶做饭。她是一位Solar Sister组织的创业者，这个组织致力于通过赋予女性权利来消除能源贫困。通过一个女性经营的直销网络，该组织向非洲农村地区分发清洁能源产品，如太阳能灯、移动电话充电器和清洁炉灶。

增长和回报的需要。但是事实证明，剥离化石燃料资产不仅是道德考虑，在财务方面也是非常必要的。到2020年，埃克森美孚股票的市值下跌了50%。如果一家养老基金在2011年出售其埃克森美孚股票并投资于世界上最大的风力涡轮机公司维斯塔斯（Vestas），到2020年，他们的资金将增长20倍以上。2020年，美国最有价值的能源公司是新纪元能源（NextEra Energy），这是一家风力涡轮机公司，其估值超过了雪佛龙或埃克森美孚。无论投资组合规模如何，艾伦·多西都呼吁大幅削减资产，这样才会有未来。此时此刻，我们不应该把钱存起来。我们需要通过投资让地球、人类和所有生物能够再生，而这一目标同时取决于公平、社会正义和对普通人的尊重。慈善家正在观望。环境和气候事业获得的慈善资金不到全部慈善资金的2%。苹果联合创始人史蒂夫·乔布斯的遗孀劳伦娜·鲍威尔·乔布斯（Laurene Powell Jobs）承诺在她有生之年或去世后不久捐出名下280亿美元的资产，成了全球最大的气候资助者。

——保罗·霍肯

由于气候危机的规模越来越大，发展的速度越来越快，慈善机构应采取相应的紧急行动。我们有10年时间来改变造成温室气体排放的做法，进而改变温室气体的排放趋势。要想有效地做到这一点，就需要进行彻底的变革。作为深知这个问题紧迫性的最新一代慈善机构，我们仍然有机会采取行动。

慈善机构必须宣布气候紧急情况，并且开始相关的投资和支出。捐赠者必须愿意将气候置于一切工作的中心，包括资助基于气候的宣传、致力于系统性变革的运动以及更传统的研究、政策和技术。考虑到时间的紧迫性，基金会也应该大幅增加他们的投资范围，或者在未来10年内投资所有资金。当然，我们如何投资这些钱也很重要。如果我们不采取这些行动，我们将无法实现必要的解决方案。

如今，大多数基金会都没有把重点放在气候问题上，没有采取必要的紧急行动，也没有齐心协力制订统一的应对措施。这种情况必须得到改变。我们还有10年时间可以扭转局面，改变以往的做法。我们的财政资源可以投资于宣传，推动政府、企业和金融机构及时采取行动。我们可以为社区提供资金，使其能够适应不断变化的经济；我们可以参与能源转型的设计，并在新能源经济中创造经济机会，让所有人，而不仅仅是少数富人受益。我们可以通过捐赠和投资为关键研究和新技术解决方案提供资金，同时帮助开发新的经济模式，将公正和可持续性放在决策的首要位置，从根本上取代最初导致这场危机的经济模式。

为了让我们的地球气候保持在宜居的条件下，慈善事业必须和经济既得利益集团保持界限。这些既得利益集团几十年来一直在为维持其利润和权力而斗争，他们腐蚀政府，勾结官员，为所欲为。如果我们想要实现持久的改变，我们的战略需要建立权力来对抗权力。只有我们提供足够的资源来开展大规模运动，迫使政府要求所有的行业和金融机构参与其中，同时建立一个开放包容的新能源经济，我们才能成功。

为此，我们需要大幅增加应对气候变化的支出，为激进的想法投资，确保实现系统性变革，为地球和子孙后代提供机会。要实现变革，我们需要大力宣传，推动更多基金会跳出舒适区，并为一线领导者和社区筹集资金。我们需要提供足够的资源，以便扩大运动规模，让更多的人投入其中。这不同于单纯资助传统非营利组织，我们需要另外的方法。

在气候紧急情况下，我们还必须对我们的捐赠进行监督，包括我们投入多少，以及资金是如何使用的。慈善事业不能要求高于法律规定的5%的回报率，尤其在我们的捐赠规模不断增长的情况下。我们也不能投资化石燃料公司，因为如果我们捐赠的绝大多数资产都投资于最初导致气候危机的公司，即使盈余的钱用于应对气候变化，这样的做法也不能接受，后代也不会原谅我们。

以下是宣布气候紧急情况应包括的内容：

使气候成为使命的核心。 气候变暖影响着一切。它决定了基金会所服务的人的短期和长期福祉，无论其重点是社会服务、人权和民权、艺术还是社会公平和经济正义。将气候问题列为优先事项将有助于我们确定任务，推进变革，制定战略，并确定哪些受赠方最有能力推进某项紧迫议程。只创建与基金会的总体战略重点无关的小型环境补助计划是不够的，为了确保人类的长期生存，我们必须立即将气候问题作为贯穿各领域的优先事项。

提升资金的支出速度和力度。 各国政府未能投入必要的资源应对这一挑战。因此，慈善事业需要在资助任何气候应急响应方面发挥关键作用。我们需要更多、更灵活的资金来应对各个层面的气候问题，创造系统性变革，拯救我们的未来。在最近的一次慈善聚会上，美国劳工部长前部长和加利福尼亚大学伯克利分校教授罗伯特·赖希（Robert Reich）恳求观众为我们最大的气候运动提供资金，包括敦促我们使用更多的语料为他们提供支持，以确保成功。

在面临如此巨大的生存威胁时，如果在气候方面的捐赠还维持在法律要求的最低比例是不道德的。每个基金会和捐赠者都需要评估自己的剩余资产，以确定应该花费多少，但在气候问题方面的支出必须增加。基金会必须在董事会上提出这个建议：考虑在未来10年中支付一半的捐赠资金用于防止全球灾难，或者将捐赠资金全部用于防止全球灾难。

推动系统性变革。 气候变化绝非偶然——它是将利润和权力置于公共利益之上的经济实践和政治选择导致的结果。气候变化和区域性不平等是由我们当前的全球秩序决定的，在这个秩序中，金融远比政府强大。我们不能用另一种榨取经济取代当前的榨取经济，企业和金融系统的义务必须与气候风险挂钩。真正的系统性变革还需要将种族、经济、性别和环境正义作为我们思考、规划和资助气候行动的优先事项。

我们的政府应该为人民服务，而不是为其最大的纳税者服务。每个经济部门都必须改变，农业、交通运输、供水系统和化学品采购都需要重新设计，基础设施必须重建，政府需要投资扩大新能源系统。这些挑战中的每一个都需要对社区进行投资，都可以创造高质量就业机会，并为依赖过去采掘经济的工人和社区带来公正转型的机会。

对创新措施和系统级响应的需求为慈善事业提供了一个特殊机遇，让慈善事业可以支持大胆和激进的想法，将正义置于议程的首位，挑战不平等，并投资于社区。这些事情我们以前做过。当前的《绿色新政》（*Green New Deal*）的提案，以及取代工业化农业的创新农业生态模式，是美国在面对持续的气候灾难时取得的进步的延续。借助真正造福社会的创新，这些系统级的激进计划可以应对巨大的经济和政治危机。

借助运动。 历史告诉我们，如果没有大规模地动员公众，那么真正的变革永远不会发生。今天，在世界各

在巴西马托格罗索州圣何塞·多辛古附近的皮亚拉库村，卡亚波族领袖卡西克·拉奥尼·梅图克提尔（Cacique Raoni Metuktire）观看各个部落表演仪式舞蹈。数十名亚马孙原住民领袖聚集在一起，组成联盟，反对巴西总统雅伊尔·博索纳罗的环境政策。卡亚波族在其毗连的领地内保护了9万平方千米完整的亚马孙森林，是迄今为止世界上最有效的"保护组织"之一。

地，气候运动越来越多地由年轻人领导。原住民社区、妇女、有色人种社区和性少数群体正在共同崛起，他们提供了我们所需的思想和行动，以动摇根深蒂固的利益集团。慈善事业即使不资助他们，也不能将他们的抗议视为年轻人的冲动和天真。相反，我们需要与这些运动合作，借助非营利组织的能力支持他们，以确保他们的成功，而不是压制他们的力量。毕竟，单纯依靠基金会董事会顾问设计的气候解决方案，我们无法成功。

许多基金会和捐助者回避对运动的宣传或资助，但当强大的利益集团通过强大的能力阻挠政府行动时，宣传至关重要。单靠资助科学研究或政策建议，要求政府保证公共利益而不是少数人的利益，并不足以对抗当前能源系统的既得利益者。我们必须借助群众运动，并利用我们的集体资源来获得与基层同步的权利，而不是远离基层。

慈善事业可以支持勇敢的、抗议不公正的社会运动，如立石（Standing Rock）抗议、星期五消防演习（Fire Drill Fridays）、日出运动（Sunrise Movement）等。慈善事业可以找到适当的方式来资助这些政治运动，同时保持无党派性。我们可以帮助提升抗议者的领导技能，学习他们的战略，支持他们的组织工作，并从传统非营利组织中引进研究和宣传人才，以便在利益集团阻碍政府行动时提供帮助。我们的气候战略必须包括对他们的帮助，确保其优先事项得到推进。

善用每一笔捐赠。 2021年，捐赠和投资之间将没有隔阂——宣布气候紧急状态意味着使用我们所有的资源。要让世界及时获得100%的可再生能源，每个机构投资者都需要将我们至少5%的资产投入可再生的、清洁的、高效的能源技术和渠道。基金会还必须利用我们股东的声音向每个行业施加压力，以遏制碳的使用。

想象一下，慈善家们通过投资促进世界环保和公正的项目，取得了巨大的成就；想象一下，有一个基金会投资一个由原住民社区的风电场，给社区带来了可观的经济效益，并为基金层带来公平的回报；想象一下，你对女性主导的小企业的投资产生了可观的收入，同时首次将清洁能源带入社区。这些机会是无穷无尽的，而且在经济上是可行的。

任何化石燃料相关的资产都会导致气候变化加剧，对化石燃料的投资和资助让我们的工作适得其反。所以基金会必须从化石燃料行业中剥离出来。管理资产超过

14万亿美元的1 200多名全球投资者以及全球200家基金会已经从化石燃料行业撤资。事实证明，这是一个非常明智的选择，因为最近6年来，化石燃料行业的回报率惨不忍睹。5年多前开始撤资的基金比没有撤资的基金获得了更好的回报。投资剥离承诺不仅可以提高投资回报，履行信托义务，还能使基金会的投资组合符合气候紧急情况的需求。

面对如此严重的全球系统性危机，慈善事业的唯一合理反应是宣布气候紧急情况，并以全新的方式采取行动，应对挑战。我们只对董事会负责，我们在资源的使用方面拥有巨大的特权，而且我们与造成这种混乱的系统和经济参与者有着深厚的联系。从前，我们要求我们的受赠人、政府甚至企业采取什么样的行动。现在，是时候这样做了。

现在我们都是气候基金的资助者，但如果我们不迅速采取行动，我们可能就没有机会了。

以大象为代表的世界野生生物基金会，该基金会于1974年在南非成立，由万斯·马丁（Vance Martin）领导，已成为世界各地保护野生动物的首要组织之一。他们在六大洲召开了荒野会议，并写了一本关于荒野指南和国际荒野法律与政策的书。

简介

城市是文化、科学、艺术、美食、多样性和创新的载体，同时正在以惊人的速度消耗世界资源。城市的欲望和需求最终会破坏大陆和海洋上各种形式的生命，而且这种破坏并不容易被觉察到。21世纪文明的发展将取决于城市和郊区环境的变化。

在城市里，纸张、塑料、服装、电子产品、汽车和食品的废物源源不断。在夏威夷和加利福尼亚之间的太平洋垃圾带（Great Pacific garbage patch）的塑料，如果平均分配到地球上所有的人，每一个人可以分到250块。全球70%的温室气体排放来自城市消费，包括电力生产、制造业、建筑供暖和制冷、交通和废物。为了实现政府间气候变化专门委员会制定的目标，我们必须在2030年之前将温室气体排放量减半。这使城市和居住在城市中的43亿人成为问题的焦点，同时也成为解决方案的核心。

城市空气污染很严重，导致数百万人过早死亡。世界上92%的人口生活在空气质量不符合世界卫生组织标准的地区。化石燃料燃烧产生的排放物含有多种有毒物质，包括一氧化碳、氮氧化物、颗粒物、苯、甲苯、乙苯、二甲苯和多环芳烃化合物。这可能会对儿童的近期和长期健康造成不可逆的损害，并导致老年人过早死亡。

幸运的是，针对空气污染、噪声、废物、流动性、绿色住房和气候方面的问题，世界各城市的市长已经在着手解决。在这方面，市长的行动比国家或省级领导人更有效，他们必须要将社区、城镇和城市人民的力量团结起来，而不是让他们各自为战。为了让世界繁荣，城市需要成为再生实践、方法和结果的主要驱动力。

关键问题是，可再生能源能以多快的速度取代化石燃料并用于交通、供电、供暖和制冷？城市中的空气能像森林中的空气一样干净吗？我们需要多久时间才能让儿童健康成为常态？哮喘多久才能消除？通过自然和人类系统的再生，可以创造多少体面的、有生活保障的工作？再生的农业土壤的肥沃程度和生产力如何？我们能在草原、湿地和农田中回收和储存多少水？我们不知道再生生命的极限是什么，但如果有一天，地球获得重生，温室气体排放减少，大气中的温室气体含量降低，公民和城市的实践、政策和领导力一定是重要的原因。

再生城市会是什么样子？建筑和交通都实现了电气化，能源是可再生的。交通工具几乎没有噪声，价格合理，无污染，甚至是免费的。空气污染变成遥远的记忆。由于只允许电动公共汽车、轿车和卡车通行，昼夜都很安静。在城市范围内和附近燃烧天然气、柴油、石油和汽油的行为被禁止。除可再生能源系统外，现在还有可再生食品系统。新鲜的当地食物在步行距离内就能买到，价格实惠。食物由城市内部和城市周边的各个农业社区种植和供应。

为了创造开放空间，住房将变得密集，城市看起来更像一片森林。建筑物将被藤蔓覆盖，树木将遍布道路，屋顶将成为农场和花园。闲置的工业空间将变成垂直农场。景观梯田和中间地带是鸟类和传粉者的避难所。各类商品以本地制造和提供为主，尤其是食品和服装。因为这座城市是为市民而不是汽车所设计，所以，道路和停车场会转变为住宅、公园、花园和娱乐场所。城市因其安全、宁静和绿植，成为散步的绝佳场所。

铺砌过的小溪得到恢复。许多长期消失的物种重新回到公园、小溪和森林中。城市的设计目的是让人类、动物和溪流穿越。人们可以期待一个没有垃圾的城市。每个自治区都有食品和工业堆肥设施。社区基础设施更具弹性、更多样化和更分散，以应对更具破坏性的天气事件。

如果这听起来像是一种幻想，请记住城市是文明的诞生地。这些举措正在世界各地的城市中启动和实施，而这些城市将成为新文明的先驱。

MAD建筑事务所设计的中国北京朝阳公园广场双塔观景图。朝阳公园始建于1984年，现已成为北京最大的公园。虽然它主要由绿地组成，但水面面积超过682 000平方米。

净零城市

2500多年前，希腊面临能源危机。城邦及其殖民地的发展需要越来越多的燃料来为家庭和公共建筑供暖。当时，燃料的主要来源是木材，所以，森林不断被破坏。为了改变这一情况，希腊人开始利用太阳供暖。在现代土耳其海岸的普里恩（Priene）和其他城市的考古发现的遗址展示了一种复杂的棋盘式街道模式，这种模式使每座建筑物都面朝南方从而利用太阳能。苏格拉底也说过："冬天的阳光会悄悄地从阳台下面透进来，夏天的屋顶会提供一个合适的阴凉处……我们应该把南边的屋檐建得高一点，让冬天的阳光照射进来，而北面则要降低，以抵御寒风。"

古代中国人和罗马人也将太阳能利用纳入城市规划，但到了中世纪，情况发生了变化。由于森林保护法的实施、新的农业实践以及把煤炭作为燃料来源，木材短缺的问题得到缓解。城市放弃了太阳能设计，转而采用提高人口密度的策略。到第二次世界大战时，发达国家的城市几乎完全使用煤炭、石油和天然气等化石燃料来发电、供暖、运输以及制冷。随着战后房屋建设的蓬勃发展，空调的使用迅速扩大。建筑上流行采用"玻璃盒子"式办公楼，但这种办公楼散热效率低，需要大量的空调来保持凉爽。这是时代的标志，那个时代的建筑师不再关注是否有太阳照进来。

1973年，一系列石油供应中断事件，暴露了城市对

加拿大温哥华承诺到2030年将碳排放量减少50%，到2050年成为净零城市。重点领域将包括降低建筑中的天然气使用、车辆中的燃气和柴油，倡导步行出行以及克服长期存在的社会不公问题。到2030年，90%的公民将可以通过步行或非机动车（自行车、踏板车）出行满足他们的日常需求；公共交通或非机动车出行占据所有出行方式的三分之二；零排放车辆将完成所有出行里程的一半；现有建筑将从化石燃料过渡到可再生能源；所有替代供暖和供水系统将实现零排放（地热热泵）；新建筑施工中的隐含碳排放将减少40%。

化石燃料的过度依赖。自那时起，太阳能、风能、生物质、地热和水电等可再生能源开发在全球范围内启动。到1990年，非化石燃料发电量占全球发电量的三分之一以上，其中可再生能源占比为19%，核能占比为17%，其余部分为化石燃料。然而，30年后，非化石燃料与化石燃料的比例保持不变，仍然是一比二。唯一真正的变化是核电的份额下降到10%。

对于雷克雅未克、旧金山、济州、巴塞罗那、汉堡、悉尼、慕尼黑、温哥华、圣地亚哥和巴塞尔这些大城市，它们都设定了100%使用可再生能源的目标，或者已经实现了这一目标。目前，全球已有100多个城市70%以上的电力来自可再生能源，城市权益是2015年的两倍。许多城市位于拉丁美洲，那里的水力发电量很大。在美国，150多个城市（总人口近1亿人）正式承诺在电力、供暖和制冷、交通实现100%的可再生能源目标。洛杉矶计划停止城市范围内的所有石油和天然气生产，计划包括关闭大约1 000口活跃的油井和所有天然气工厂；要求新建筑必须通过温室气体零排放认证，逐步淘汰燃气和柴油发动机；要求所有建筑设备以电力驱动运行，并为电动汽车安装公共基础设施，包括25 000个新的充电站。

哥本哈根已经非常接近净零排放的目标。作为丹麦首都，这个自行车友好型城市（自行车数量是汽车的6倍）在2010年承诺用15年时间成为世界上第一个碳中和城市。七年后，它的温室气体排放量已从2000年的水平减少了近一半。该市的建筑物几乎完全由焚烧木屑颗粒和垃圾的发电厂产生的余热供暖，此外，哥本哈根也依赖陆上和海上风能。丹麦是风力发电的先驱，其历史可以追溯到20世纪70年代，目前仍然是涡轮机创新和制造的全球领导者。丹麦制定了到2050年实现100%可再生能源的正式目标，现在已经完成了一半。为此，这个国家采取的主要战略是减少能源消耗，仅用风能和太阳能来满足其电力需求。

可再生能源能否提供可靠的电力，以满足全天候和用电高峰的需求？答案是肯定的。这需要减少总体电力需求、提高电池存储能力、电网升级、发电厂之间的协调，以及使用多种可再生能源，包括扩大持续运行的基本电力供给，如地热发电。

美国一半以上的家庭和建筑物中的炉子、灶具和热水器使用天然气或其他化石燃料，产生了全国温室气体排放总量的十分之一。许多城市已通过法令，要求新建筑完全使用电力（有时称为"燃气禁令"）。其中很多要求都超出了低收入居民和欠发达社区的能力范围，需要制定政策，创造更公平的途径来实现净零排放。幸运的是，太阳能、风能和其他可再生能源的成本大幅下降，缓解了消费者公用事业支出的压力。

电气化对城市和市民有着重要的意义。它将消除最大的空气污染源，改善许多人的健康和安全，特别是儿童、老人和有色人种。2018年，近900万人因化石燃料造成的空气污染而死亡，占当年全世界过早死亡人数的五分之一。交通噪声是一种慢性压力源，可导致焦虑、失眠、高血压和听力损伤。电气化减少了噪声污染——电动汽车和电动摩托车不需要消音器，因为它们的发动机几乎是静音的。通过减少我们对能源的总体需求，在全球变暖的背景下，电气化城市不仅不会造成贫困，反而会促进世界繁荣。

建筑物

建筑物是我们日常生活的主要场所，但许多建筑物并非为人类或地球福祉而设计。例如，有些建筑材料充满毒素，共管公寓的设计是为了提高建筑效率，而不是为了促进社交，开发商也没有足够的知识基础、经验或动机来审视他们所建造的建筑物的长期性能。这些问题在城市和农村最贫困的地区被严重放大。再生建设意味着关注每栋建筑对生态、社会和个人健康的影响。

今天，新建筑正在以历史上最快的速度扩张。世界超过一半的人口生活在城市，每周全球城市人口新增150万人。预计到2050年，城市人口将达到67亿。为了适应这种前所未有的增长，新建建筑和翻新建筑的需求量达到2 300亿平方米，这是全球现有建筑存量的两倍，相当于在未来40年内每30天建造一座纽约市。

建筑师爱德华·马兹里亚（Edward Mazria）预见到了这种增长，他2006年举办了"2030年挑战赛"，目

美国供暖制冷空调工程师学会（ASHRAE）的亚特兰大总部是一个深度能源改造项目，这个项目将一座从20世纪70年代开始不利于能源利用的建筑改造成了一座采光充足、行业领先、设施完善的建筑，配备先进的暖通空调系统、发光二极管（LED）照明和楼宇自动化系统。这座无化石燃料、零能耗的建筑由麦克伦南设计公司（McLennan Design）和豪斯沃克建筑公司（Houser Walker Architecture）设计。

标是使所有新建筑和重大翻新工程在2030年之前实现碳中和，同时将现有建筑环境的碳排放量减少50%至65%。马兹里亚将碳中和建筑定义为建筑使用的能源不超过其自身产生的能源加上在其他地方购买的可再生能源，后者不超过20%。在全球范围内，12%的建筑排放来自材料和施工过程产生的碳，28%来自运营排放。创建碳中和建筑可以同时解决这两个问题。马兹里亚和他的同事合作制定了可以创建零排放城市的途径、融资、标准和原则。它们包括：

实现零排放是一个综合政策框架，可以消除建筑环境中的所有二氧化碳排放。它侧重于三个领域：建造新的零碳建筑、改造和升级现有建筑存量，制定政策，以保证减少材料和施工方法中的碳排放。该框架创造了新的金融模式和新的所有权途径，为建筑升级、大幅节能、当地就业和健康社区提供资金支持。

零排放标准（Zero Code）——国际建筑规范的出台是为了有一个统一的建筑规范，确保所有国家都遵守规定的安全标准。然而，该标准遭到了企业利益集团的破坏，他们希望降低标准，这破坏了应对气候变化的努力。马兹里亚的零排放标准为建筑规范提供了一个能耗标准，这些标准有利于保障全球未来而不是公司的利益。

2006年，我们见证了"生态建筑挑战（Living Building Challenge，LBC）"评价体系的成立，它涵盖了一种设计理念——将建筑视为完全融入当地生态系统的再生结构。生态建筑挑战由建筑师杰森·麦克伦南（Jason McLennan）提出，旨在将设计目标（无论是碳足迹、能源使用还是水收集）从中性推广到净正性。生态建筑挑战将建筑物及其居民从资源的被动使用者转变为结构施工、维护和使用活动的积极管理者。例如，生态建筑挑战评价体系认证要求建筑物产生的淡水和清洁能源比其消耗的要多。所有材料和物质一直追溯到原材料，都必须尽可能无毒，并以可持续的方式采购。

生态建筑挑战评价体系认证只有在该建筑连续使用12个月并达到20个独立标准中的一个或多个标准后才是最终通过。这些要求包括：建筑必须能够保护和恢复周围社区健康的生活条件；水必须在现场收集，并以模拟自然界水文循环的方式使用；建筑物每年必须产生其所需能源的105%的能源；室内空气质量、照明、制冷和供暖系统、房间布局和通道的设计都必须对人的身心

产生积极的影响。此外，建筑应该符合审美要求，向所有与之互动的人传达正能量。

第一座通过生态建筑挑战评价体系认证的大型建筑是布利特中心（Bullitt Center），这是一座位于西雅图的六层办公楼。其他符合生态建筑挑战评价体系要求的建筑包括Etsy（电商公司）位于纽约布鲁克林的1.8万平方米的公司总部，以及谷歌在芝加哥新建的七层办公室。自2013年以来，已有来自14个国家的100多座建筑通过了生态建筑挑战评价体系认证，另有500多座建筑正在认证中。

在人口密集的老牌城市，实现零排放的主要难点是现有建筑的升级。除非世界上超过10亿栋旧建筑升级到新的能源标准，否则全球排放目标无法实现。考虑当地的气候、建筑用途等因素，并非所有现有建筑都需要改造。然而，大多数住宅、制造厂、办公室、学校和礼拜场所的建筑所消耗的能源远远超过建筑运行、加热和冷却所需的能源。

全球范围内的大规模建筑升级的工作量非常大，看似不可能实现。然而，如果换个角度来看，在未来30年内，将世界上每栋建筑改造为零排放的活动，将比任何其他已知措施在更长的时间内创造更多的高薪就业机会。我们习惯于把能源工作与开采煤炭、提炼石油或水力压裂开采天然气联系在一起，却忽视了建造节能建筑也是一项能源工作。能源效率的价值在于持续节约的成本，这就是投资回报。如果你可以为你提炼的每一桶油获得报酬，那么节省的每一桶油也可以提供同样价值。在现有建筑和新建筑的使用寿命中，能源节约创造的价值可以达到数万亿美元。

2021年，劳伦斯伯克利国家实验室（Lawrence Berkeley National Laboratory）通过计算得出，美国经济要完全摆脱对化石燃料的依赖，转而采用可再生能源，每人每天将花费大约1美元。这些美元将在国内流通，而不是流向其他国家购买石油。它们将刺激经济活动，创造就业机会并带来连锁的经济效益。这些钱将主要来自私营部门的投资，或者来自房主的口袋，以提供投资回报。

在纽约市，70%的碳排放来自建筑。仅仅五个行政区和韦斯特切斯特县（Westchester County）每年的能源支出总额就超过了120亿美元。如果你能每年节省80%的支出，即96亿美元，你会投资什么？假设能源价格不

上涨，1 000亿美元的投资/贷款将提供9.6%的回报。改造纽约市（以及世界其他地方）的成本可能来自能源的节约。

这种设想已经成为现实。纽约人唐纳·贝尔德（Donnel Baird）从小就怀揣两个理想：改变气候变化，实现公民权利。为了实现理想，他成立了一家名为BlocPower的公司。他的公司在布鲁克林和其他城市的

阿姆斯特丹的"边缘（The Edge）大楼"是一座先进的零净建筑。它建于2015年，使用3万个传感器连续监测大楼的居住情况、人口移动和温度。它会自动调整设置以最大限度地提高效率，甚至可以通知设施管理人员未来的食物需求。通过组合使用太阳能电池板、创新设计和含水层热能储存系统，大楼产生的能量超过其使用量。它的设计师和建筑商边缘科技（Edge Technologies）被誉为世界上最智能的建筑公司，该公司完成的其他项目包括阿姆斯特丹的Edge Olympic。

低收入社区寻找中型建筑和公寓（通常是老式建筑，需要消耗大量天然气为家庭提供暖气和热水），并在这些建筑的屋顶上放置凸起的太阳能电池板（用于遮阴和产生能源），此外，还在地下安装热泵取代燃气锅炉。BlocPower为改造提供资金，并通过居民节省的水电费获得补偿。如果合作单位或建筑业主选择购买可再生能源，那么这栋建筑会在几个月内成为零碳建筑，业主无须支付任何费用。贝尔德和BlocPower所能做的就是改变业主的想法，让他们决定做出改变。目前，贝尔德已经改造了1 000多栋建筑，他的下一个目标是10万栋。

在应对气候变化方面，建筑改造是一个典型的劳动密集型解决方案，但这是一件好事。它提供了一个为城市中当前失业或就业能力不足的人员提供专业知识培训的机会。升级我们的房屋和建筑包括五个方面：供暖和制冷、隔热、窗户、照明，以及转换为可再生能源。最后，我们还要为8亿无法获得电力的人口和20亿无法获得稳定可靠电力的人口提供可再生电力。

供暖和制冷。大多数建筑依靠过时的设备来供暖和制冷，包括使用原油或天然气的锅炉、大型建筑中的大型屋顶空调机组，以及小型建筑中的安装在窗户上的设备。世界各地的许多城市都采用区域供暖和制冷网络系统，通过地下保温管道将热水和冷水重新分配到各个地区或社区。它们可以减少高达50%的能源，但主要依靠传统的加热方法，包括从发电站、焚烧炉或污水处理中收集余热。解决这个问题的答案是热泵，无论是单户住宅、共管公寓、普通公寓还是商业建筑。冬天，热泵将冷空气转化为热空气；在夏天，它可以反其道而行之，为空气降温。就像空调一样，它使用外部电源压缩制冷剂（你从冰箱听到的噪声是压缩机的声音），将来自空气或地热的潜热转化为更高水平的热量。

因为热泵的效率要高得多，所以在相同的热输出下，热泵的总能源需求减少了50%。在计算建筑物向可再生能源过渡的成本时，必须考虑化石燃料的社会成本，其中包括全球城市每年因空气污染导致870万人过早死亡。在石油资源丰富的中东地区，看似无休止的战争造成了巨大的代价。在过去15年，仅美国一个国家的战争支出就超过了5万亿美元。除去经济支出，我们付出的代价还有妇女、儿童和士兵所遭受的巨大痛苦，水力压裂、油井、"深水地平线"平台石油泄漏及艾伯塔焦油砂造成的环境破坏。最后，成本分析还应考虑全球变暖的影响。如果从这些层面考虑，热泵不仅让成本降低了40%，而且也大幅降低了能耗。

改造。改造包括安装防止空气泄漏的窗户，在屋顶、阁楼和墙壁安装隔热设施，并将现有的照明设备换成发光二极管照明设备。如果改造建筑每年能为家庭户主和建筑业主节省数千亿美元，为什么不这么做？有一个笑话说，在一家效率低下的工厂的地板上，有一张100美元的钞票。一个客户在经理的陪同下，从钞票旁边走过。客户问经理为什么不把它捡起来，经理回答说："如果是真的，早就有人捡了。"几十年来，我们已经知道节约能源比生产化石燃料能源更便宜，节约的能源将超过石油和天然气勘探所获得的能源的10倍。通过提高能源效率，可以让家庭户主和建筑业主获得回报。而化石燃料投资获得的利润，集中在少数人手里——自2016年《巴黎气候变化协定》签署以来，银行向石油和天然气行业提供了超过38 000亿美元的贷款和投资，足够将美国的每栋建筑改造成零排放建筑。

建筑改造为当地创造就业机会，受益者主要是小公司，因为70%以上参与改造的公司都是小公司。美国有7 900万套单户住宅、4 500多万套共管公寓和复式公寓。美国人平均每年在能源上花费1 380美元。近一半的住宅是在1973年之前建造的，当时没有建筑能耗标准。在能源消耗至少减少40%的情况下，美国所有家庭每年的总节约额将达到1 020亿美元。如果计划在2035年完成改造，那么这些改造项目将需要100多万人参与其中。全世界约有14.6亿个家庭，平均规模没有美国家庭那么大。然而，他们的潜在能源节约价值每年接近5 000亿美元。当你从宏观层面考虑问题时，这里的事实和数据具有指导意义。换言之，如果你在家庭能源成本上每年节省1 380美元，这些支出原本来自哪些方面？绝大多数都来自煤炭、天然气和石油。如果到2050年建筑物实现电气化并且使用可再生能源，那么全球温室气体排放总量将减少六分之一。

城市农业

城市农业可以发生在城市的任何有光照的空地，例如公园、屋顶、垃圾填埋场、棕色地带、中央分隔带、仓库、社区花园、家庭花园，以及各种大小和形状的填土容器。从市中心到更宽敞的城市周边，城市农业生产的不仅仅是蔬菜。它将人们与新鲜、充满活力、营养丰富的食物以及各种口味和质地连接起来。花园和农场吸引着鸟类、蝴蝶、蜜蜂和其他传粉者，这些元素往往是在城市长大的儿童生活中所缺失的部分。小型农场是一个教室，种植作物的人每年都能从中学到更多关于种子、时间、水、光照、土壤、耕作和味道的知识，就像普通农民一样。城市农场可以为被监禁的人提供培训，帮助他们重返社会，并为全民提供教育。新鲜多样的水果、蔬菜和香草可以服务于特定的烹饪传统，为聚集在城市环境中的不同文化维持传统的饮食方式。城市农业生产的食物可以在本地被消费，由教堂、学校共享，也可以卖给城市聚集附近的餐馆。

城市农业对气候变化的直接影响不大，但它重新唤醒了人们对美食、健康和幸福的关注。生活在食品种族隔离中的人们被富含脂肪、糖类和蛋白质的加工食品所包围。农贸市场、社区花园和城市农场则可以帮助人们

密歇根城市农业倡议（The Michigan Urban Farming Initiative）在底特律北端社区开设了一个城市农业园区，以提高粮食安全，促进教育、可持续性和社区发展。超过一万名志愿者种植了超过54 000千克的有机农产品，并将其分发给当地2 500多个家庭。农产品是免费的，顾客愿付多少钱，就付多少钱。

克利夫兰市（Cleveland）有许多空地，该市开展了一项研究，研究表明若将其80%的空地改为菜地，并增加投放鸡和蜜蜂，可以为该市提供多达一半的新鲜农产品、25%的家禽和鸡蛋以及100%的蜂蜜。当屋顶花园被纳入农业用地后，农产品的数量就可以满足克利夫兰市的全部需求。相较于克利夫兰市，纽约市人口多得多，而空置土地要少得多。哥伦比亚大学2013年开展的一项研究发现，要满足纽约每年的水果和蔬菜需求，需要655到938平方千米的农田。然而，该市可用于农业的空置土地不到20平方千米（剩余土地的开发价值远远超过其作为粮食生产用地的价值）。所以可以利用在纽约周边各县1 600平方千米的空地中的50%～75%，以满足纽约市的水果和蔬菜需求，但前提是这些土地专门用于作物种植。

屋顶花园是近年来非常流行的一个概念，但这个概念在很久之前就已经存在。关于在建筑物顶部种植植物的做法，有记录的证据可以追溯到数千年前，包括著名的巴比伦空中花园。现代屋顶花园的出现始于15世纪的意大利，并于19世纪90年代在纽约市流行起来，当时，一个巨大的花园建在当时被称为"麦迪逊广场花园"的建筑顶部。最近，屋顶花园已经发展成为一种激动人心的城市农业模式。2010年，一群年轻的农民组建了布鲁克林农庄，并在皇后区的标准汽车产品大楼上开设了当时世界上最大的屋顶蔬菜农场，占地1万平方米。他们的目标是在"纽约市的闲置空间"种植健康美味的食物。该农场包括一个商业养蜂场、一个实习生培训项目中心、一个教育中心以及一个每周一次的开放市场。2012年，格兰奇（Grange）公司在历史悠久的布鲁克林海军造船厂大楼（街道上方12层）6 000平方米的屋顶上开设了第二个农场。2019年，他们在布鲁克林日落公园（Sunset Park）一座海滨建筑的广阔屋顶上开设了第三个农场，也是最大的农场，包括一个大型温室、一个活动大厅和一个厨房。这些农场总共占地近2.4万平方米，每年生产超过45吨的有机蔬菜，全部在当地销售。

屋顶运动已经得到推广，并呈现多样化特征。在华盛顿特区，非营利组织"屋顶根（Rooftop Roots）"为社区成员提供帮助，帮助居民通过将屋顶、阳台、露台和其他空间转化为食品生产用地，实现社会公平和经济正义。在香港，"屋顶共和国（Rooftop Republic）"正

从肥胖和疾病中恢复活力和幸福感，并引导他们对食物做出选择：购买更健康的食物，放弃垃圾食品。归根结底，这是改变粮食系统的唯一途径，粮食系统对全球变暖的影响最大，全球变暖又引发了火灾、洪水和风暴等自然灾害。同时，火灾、洪水和风暴使粮食供应链更加脆弱。尽管城市农业对粮食安全的影响很小，但它提高了人们对蔬菜从菜园到餐桌的整个过程的认识。人们对新鲜的当地食品需求会刺激食品的本地化，引起城市周边地区小农场数量的增加。附带的好处包括减少城市热岛效应，改善传粉媒介，扩大野生动物的栖息地，利用有机物循环形成堆肥，减少化石燃料的排放，以及提高对食品采购和储存中断的恢复能力。

城市能自给自足吗？这取决于城市自身。俄亥俄州

在为这个人口稠密的城市的居民寻找创造性的方法，以便实现屋顶农场。2020年，位于蒙特利尔的卢法农场（Lufa Farms）新建了第四个屋顶温室，这是世界上最大的温室，将该农场种植新鲜番茄、茄子和其他蔬菜的面积扩大到约2.7万平方米。新温室每周生产11吨食物。由于在新冠感染疫情发生后的最初几个月里，顾客的需求翻了一番，卢法农场便建造了这个新的屋顶温室。随后，卢法农场还开通了"一周七天"服务，将送货上门的次数增加了3倍，与35名新的当地农场主和食品制造商签约，并增加了3万名新会员。"在人们居住的地方种植作物是我们的使命，而这个温室是这一使命的直接体现，"卢法农场联合创始人劳伦·拉斯梅尔（Lauren Rathmell）说，"随着人们对新鲜可靠的本地食物的需求不断增长，我们需要做出反应，而这是最好的时机。"

另一个正在探索的城市农业理念是"垂直农业"。这种模式下，蔬菜和其他作物使用堆叠布置在城市各种建筑物内进行种植，包括仓库、办公室和餐厅。种植范围从简单的植物托盘到复杂的人造灯、加热器、泵、成排的垃圾箱和计算机控制的计时器。有一种类型的垂直农业是在没有土壤的情况下通过水培方式种植作物，通常在发光二极管灯下进行，这些发光二极管灯针对植物的最佳光合作用条件进行了微调。另一种类型的垂直农业是气浮系统，在这种系统中，植物悬浮在空气中，并通过专门的高科技设备向它们的根部喷洒营养丰富的薄雾。这些"航空农场"可以定制，以适应任何空间，包括学校、餐馆、政府大楼、社区中心和公寓大楼。第三种垂直农业是鱼菜共生系统，蔬菜种植和食用鱼养殖一并进行。在这个自给自足的系统中，来自鱼缸的水携带着富含氮的鱼类废物，通过水培植物过滤并再循环回鱼缸。植物喜欢天然肥料，鱼喜欢干净水，一举两得。鱼菜共生系统产生的废物很少，可以适应几乎任何室内空间，并且适用于多种鱼类和植物。

借助先进的技术，垂直农业能够以标准化的模式进行。"平方根（Square Roots）"公司是一家总部位于纽约市的创新创业公司，他们把集装箱用于垂直农业。该公司由企业家金巴尔·马斯克（Kimbal Musk）和托比亚斯·佩格斯（Tobias Peggs）于2016年创立，其目标

是创建一个技术先进、气候可控的食品系统，种植新鲜美味的食物，为本地提供服务。为了做到这一点，该公司调整了普通集装箱（每个集装箱的面积为30平方米）的用途，用于种植粮食。每个集装箱每周可以生产多达45千克的食物。集装箱由当地农民管理，他们栽培植物幼苗，监督水培营养物质，协调全光谱照明系统，采摘作物并将其推向市场。垂直农业属于能源密集型产业，能源使用一直是重中之重。在平方根公司的模式中，他们通过先进的技术对能源进行测量和控制，以最大限度地提高能源效率。集装箱内的照明系统旨在模拟自然阳光下的完美生长条件。对于广受欢迎的罗勒（唇形目唇形科植物），该系统复现了1997年意大利的种植条件（据说该国生产了几十年来最好的罗勒作物）。在作物生长过程的每一步，公司都会收集和分析数据（佩格斯曾是数据科学家），以便进行调整，优化作物质量和产量，提高农民的利润。

平方根公司正在将这种模式扩展到其他城市，并计划扩大种植的作物的多样性。这一计划非常契合21世纪城市发展的愿景。这些集装箱便于携带和堆叠，几乎可以放置在任何合适的空间。随着城市向无车交通系统过渡，废弃停车场可以提供理想的场地。一个农场可以是一个集装箱，也可以是20个集装箱，这取决于可用的空间大小和农民的目标。这些集装箱依靠电力运行，这意味着它们可以成为"万物电气化（electrify everything）"运动的一部分，该运动旨在大幅减少城市能源使用的碳足迹。集装箱农场还可以设计成在一天中的非用电高峰时段接入电网，从而减小城市用电压力。它们甚至可以按需提供食物，就像交通服务一样，随时准备就绪。由于食物在本地生产，所以总是能够保持新鲜可口。

屋顶农场、温室和集装箱农场只是城市试图养活本市居民的许多创新方式中的一部分。最终目标是让居民重新参与食物的生产。屋顶共和国的领导人米歇尔·洪（Michelle Hong）说："亲自种植食物的人很可能了解自然对农业的影响。我们的目标是改变这样一种观念，即食物是我们只在超市才接触的东西。只有改变这种脱节和破裂的关系，我们才能改变人们的心态和行为，帮助他们对食物做出更明智的决定。"

城市的本质

到2030年，70%的中国人、85%的美国人和86%的英国人将居住在城市地区。非洲城市人口占比约为50%，但国家之间存在差别。在城市出现之前，即6000年前，人们生活在一个定居点或村庄里，本地居民很少，大家彼此认识，当地习俗决定了男女之间的婚姻，陌生人很少出现，排外心理盛行。在农业发展到一定阶段，城市出现了，但出现的具体原因并不为人所知。城市的建立改变了乡村生活的大部分属性。你可能会遇到一个陌生人，甚至和一个陌生人结婚；在交易市场上，交易双方可能彼此陌生，这种情况变得越来越常见。这里不再有绿草葱茏的小丘、河岸走廊、山顶或森林飞地，也没有哺乳动物、鸣禽、昆虫、蛇、无脊椎动物、草本植物、真菌或草药。取而代之的是露天市场、广场、寺庙、体育场、剧院和上锁的门，内部有驯养的动物和相似的住宅。城市环境的多样性、人类的相对休闲和彼此的深度接触引起了艺术、音乐、宗教、政治、法律、发明和学术的爆炸式发展。

城市的布局和设计可能井然有序，也可能杂乱无章，这取决于建筑物与市中心的距离。城市规划是一项因地制宜的工作，通常由市民和政府官员共同决定，他们需要合理规划社区、街道的宽度，中央市场的位置，广场的宽度、防洪排水道的位置，以及溪流和河流上桥梁的位置。今天，许多古老的城市已经被土地掩埋。人们通过在罗马、伦敦、巴黎、广州、东京、墨西哥城、开罗、雅典和伊斯坦布尔进行的土地挖掘和隧道施工活动，发现了多层住宅、广场、陶器、涂鸦、骨头、工具和坟墓的历史遗迹。

如今，工业化和城市化的蔓延造就了以汽车、混凝土和钢铁为主的城市。第一座摩天大楼于1885年在芝加哥建成，大楼采用工字钢支撑9层高的砌体结构。随着建筑技术的发展，砌体外墙被抛弃，钢材和玻璃成为主要的外墙材料。白天熙熙攘攘的市中心在晚上变成了恐怖的鬼城和风洞。尽管纽约、巴塞罗那、伦敦、巴黎、旧金山、慕尼黑和墨尔本等许多古老的城市创建了城市

垂直森林项目由斯特凡诺·博埃里（Stefano Boeri）设计，成为绿色开罗计划的一部分，这个计划为埃及大都市设想了六项脱碳战略，旨在实现城市的生态转型。除了规划新的建筑形式外，该计划还包括一场大规模的活动，对成千上万的城市屋顶进行绿化。此外，它还包括通过创建一个绿色走廊系统来增加城市植被，这些走廊穿过旧首都，连接一个更大的森林，使开罗成为北非第一个应对气候变化和生态转换挑战的城市。

公园，例如伦敦的海德公园和巴黎的杜伊勒里宫，但第二次世界大战后迅速发展起来的新城市并没有采取类似的做法。在美国，历史悠久的市中心被夷为平地，为新城市腾出空间，这些新城市充斥着汽车、钢铁、混凝土和沥青。在现代城市中，人们只能在路边、高速公路隔离带、空地和小公园找到绿色植物。花园很稀少，树木、鸟类和开花的藤蔓也很少见。对于一个在大城市的边缘地区长大的孩子来说，他的眼里没有风景，只有一个由人行道、交通和噪声组成的城市景观。所见的野生动物只有老鼠和蟑螂。除了天气，孩子不会对大自然有任何印象。

针对上述情况，心理学家彼得·卡恩（Peter Kahn）使用了"环境代际失忆症"一词进行描述，即城市里一代又一代的人远离了荒野，孩子们在晚上看不到星星，在仲夏看不到萤火虫，在黄昏时听不到蟋蟀的叫声，也看不到狐狸在草地上嬉戏，或是看着蜂鸟以72千米/时的速度俯冲下来以吸引潜在的伴侣。这些城市没有奇迹。生物多样性的缺乏很容易导致人们对自然的漠视。鳞翅目昆虫学家罗伯特·派尔（Robert Pyle）曾提出所谓的"经验灭绝"现象。他警告说，与自然的距离"会导致人们对环境问题的漠不关心，并不可避免地导致共同栖息地的进一步退化……因为不知情的人不在乎这些

情况。对于一个从未见过鹪鹩的孩子来说，秃鹰的灭绝无关紧要。"在这样的环境下，全球变暖对一个孩子来说只是需要一台空调而已。针对这种情况，我们需要在城市环境中建设公园、森林和绿道。

今天，城市的发展理念正在发生改变。为了人类的身心健康，城市规划者与植物学家、农学家、地理学家、森林学家、城市农民、鸟类学家、建筑师、行为学家、医生、研究机构、微生物学家、开发人员、本地社区和景观设计师并肩作战，以前所未有的方式将森林、果园、藤蔓植物、多年生木本植物引入城市。有了这些设计理念，城市不再是建造在丘陵地带的城市，而是建造在花园、森林、湿地或盐沼中的城市。空地、公园和剩余林地被视为珍贵遗产，因为它们尚未开发。城市正在为过去的景观设计承担代价。2012年，北京遭受了毁灭性的洪水，雨水淹没了下水道，穿过城市街道，无法渗入地下。全国各地的情况类似，而且在气候变化的影响下，情况只会变得更糟。为此，中国正在打造"海绵城市"，设计了许多可以吸收雨水和洪水的绿色自然场所，包括屋顶花园、恢复的湿地和湖泊、新公园，以及新种植的树木和其他植被。多孔材料在人行道和街道上

早上的天堂公园（Paradise Park），德国图林根州耶拿。

被广泛使用，吸收的水储存在地下水箱中，可供市民使用。到2030年，中国计划让80%的城市可以吸收三分之二落在城市范围内的雨水。印度、俄罗斯和美国的城市也在实施"海绵"项目。

新加坡国家公园委员会（National Park Board）每年种植超过5万棵树。树木可以吸收空气中的氮、硫和二氧化碳，让人感觉神清气爽。数据显示，居住在树木较多的地方的人患精神疾病的概率较小，并且拥有更强大的免疫系统。伦敦市长萨迪克·汗（Sadiq Khan）希望到2050年使伦敦的一半面积完全绿化，建造四座城市中心森林，让伦敦成为世界上第一个国家公园城市。在全球变暖的背景下，为城市和市民降温的需求正在增长。2012年至2015年，北京市政府主导的百万亩①造林工程共计种植了约5 400万棵树，将每年的沙尘暴数量减少到个位数，并使土地从贫瘠的岩石土壤变成了松树和柳树的种植园。温哥华的城市林业计划包括战略性植树，以增加低收入社区的树冠覆盖率，并使树种多样化，以增强恢复力。在温哥华的计划中，城市森林被视为有生命的资产。

意大利建筑师斯特凡诺·博埃里（Stefano Boeri）设计了第一座垂直森林（Bosco Verticale），于2014年在米兰靠近加里波第（Garibaldi）火车站的诺瓦港区（Porto Nuova）完工。这个垂直森林由两座住宅楼组成，分别为19层和27层，建造于800平方米的梯田内，森林中包括800棵树、5 000株灌木、15 000株藤蔓和多年生植物，为居民提供了住在森林城市的体验。植物的选择是根据整体日照情况、地板的高度和相邻塔楼的阴影决定的，最终形成了一片100米高的多物种森林。如果把这些植物种植在平坦的土地上，相当于一片2万平方米的森林。每个住宅都有一个独特的局部气候，因为树木和植物会产生湿度、吸收二氧化碳并释放氧气。每个露台都有一个独特的微生物群落。暴露于不同的空气和自然环境会让我们接触到更多的微生物，而更多地接触森林的微生物群落会改善我们的内部微生物群。树木和其他植物还可以降低城市的噪声。在安静的露台上，我们可以看到和听到20种筑巢的鸟类。一棵成熟的树每天可以向大气中释放0.3立方米的雾气，降低居民和社区周围的空气温度。与城市热岛（城市的温度比附近的

农村地区更高）不同，这个垂直森林是一个凉爽的岛屿，预计每年可将20吨的二氧化碳转化为氧气。

创新的城市规划正在将城市置于森林之中，而不是远离森林。博埃里设计的柳州森林城市（Liuzhou Forest City）项目位于中国南部的广西壮族自治区，将成为世界上第一个森林城市。这座城市将通过一条高效的铁路和专为电动汽车设计的公路与柳州相连。该项目在设计时模仿了城市周围的山地景观，占地约1.7平方千米，拥有3万居民、4万棵树和100万株植物。住宅露台和建筑侧面采用绿色植物装饰，为当地动物提供栖息地，预计每年将吸收1万吨二氧化碳和57吨空气污染物微粒。

博埃里在全球范围内开展城市森林运动，希望在我们的城市中大大增加森林和树木的覆盖面积。城市作为最大的单一温室气体排放源，如今被视为应对气候变化的资源。博埃里参与构思和设计了瑞士日内瓦项目（Great Geneva project）。它是一个由11个城市中心组成的系统，包括日内瓦和安纳西（Geneva and Annecy），以及2个湖泊，围绕着中央萨莱夫（Salève）山。这个项目的目标是建立地球上第一个生物多样性大都市。

关于城市的树木和绿植，它们最大的作用可能是用于学习和观赏。城市是静态的、固定的、刚性的，基本保持不变。树木和植物正好相反。它们可能因缺水而死亡，也可能在春天盛开。它们每天都在进化。它们是生物，观赏者也一样。植物的叶子、针叶和苞片会发生变化并掉落到地上，"秋千艺术家"松鼠从一棵树荡到另一棵树。随着全球变暖，越来越多的地方出现问题，包括洪水、过热、衰退或火灾，树木和居住在上面的动物可以将城市居民与世界上正在失去的物种联系起来。我们知道，40%的树冠覆盖率可以将城市温度降低5摄氏度。这种情况适用于整个地球，城市绿化使逆转全球变暖在市民心中变得更加具体，更容易理解。在一个充满活力、多样化、绿色的城市中度过童年，可以让孩子为未来的世界做好准备。如果我们的孩子在没有大自然的环境中接受教育，他们对自然的东西就会一无所知，而只是听说过森林、小山、河流和田野这些地形词汇。所见即所得。世界的再生从根本上讲是要创造更多的生命，这是人类与生俱来的最深刻的快乐之一，而且这颗快乐的种子可以通过每个花园、河岸和公园在每个孩子身上播下。

---

① 　1亩 ≈ 666.667平方米。——编者注

交通出行

城市是6000年前出现的，在此之前，许多人在地球上以小团体的形式流浪了数千年，最终决定在村庄定居下来。他们在那里创造了农业、酿酒业、纺织服装行业，制造了铜制工具和陶器。这些早期城市面临着管理流动性的挑战，包括行人、轮式手推车、搬运货物的动物、穿过街道的牲畜，甚至包括威尼斯和曼谷运河系统的船只。

在20世纪初期，城市开始采用燃油动力汽车。1908年，第一辆T型车从福特装配线上下线，到1927年，已售出1 500万辆。汽车的兴起改变了城市基础设施设计和交通模式。1940年，连接洛杉矶市区的第一条高速公路开通。7年后，加利福尼亚州南部高速公路总体规划获得通过。1956年，第一个国家级州际公路系统破土动工。而现在，在全球范围内，汽车数量已从1976年的3.4亿辆增加到约15亿辆，预计到2030年将达到20亿辆。中国已经超过美国，成为汽车保有量最多的国家。

规划者通过改造城市来满足轿车和卡车的需求，鼓励这种自由和便利的交通方式，但同时牺牲了其他交通方式，尤其是步行。这种转变是有代价的：几乎所有主要城市都普遍存在严重的汽车尾气污染，引发了肺部疾病等一系列健康问题。噪声污染无处不在。交通事故每年夺走近150万人的生命。交通拥堵使许多大都市陷入瘫痪。美国人平均每天在车上花费大约一个小时，而且通常是一个人，通勤并不能让人快乐。在世界其他地方，情况更糟。新道路投运后，在七年内会变得拥挤。公共交通系统偶尔也会失效。此外，城市没有足够的人行道、自行车道、公园、遮阴树，也没有足够多的安全通道，让通过步行和自行车出行的人感到不安。

罗马街头的电动自行车，以合理的价格为市民提供更多交通选择。罗马是意大利最早启动共享出行网络的城市之一。

城市地区每年产生全球70%的温室气体排放，其中大约三分之一来自地面交通。然而，这些数字可能具有欺骗性。大多数车辆排放与通勤有关——人口分散城市的碳足迹通常高于人口密集的城市，因而纽约市的人均碳足迹在美国最少，其次是旧金山。城市的发展方式和我们的出行方式都很重要。尽管城市占地球陆地面积的比例不到2%，但它拥有超过40亿人口，到2050年将再增加25亿人口，其中大部分位于亚洲和非洲。东京是世界上最大的城市，拥有3 700万人口，其次是新德里（2 900万）和上海（2 600万）。预计到2030年，人口超过1 000万的特大城市数量将达到43个。

为了应对这些趋势，各个城市正在实施新的交通策略：让人们放弃汽车，转而使用自行车或电动车出行，或者乘坐公共汽车、火车或地铁。一些城市在某些地区彻底禁止汽车通行，而另一些城市则将汽车通行限制在特定的时间内，这些城市包括巴黎、波哥大、马德里、都柏林、伦敦、汉堡、成都和海得拉巴。目前，已有14个国家完全禁止销售汽油或柴油动力汽车，挪威将这一措施的最后期限定在2025年，以色列、德国、丹麦、爱尔兰、荷兰、斯洛文尼亚和瑞典则定在2030年。城市正在逐一改变出行重点，加大对自行车基础设施和步行区的项目投资，减少停车位，扩大开放空间，重振公共交通系统。城市特别关注步行，因为步行是最便宜、最简单、最健康、最可再生的出行方式，带来的收益最大。

在意大利，米兰宣布将把超过30千米的街道改为步行和自行车道。在挪威，奥斯陆正在禁止停车位，并鼓励人们购买电动自行车出行。比利时根特在2017年决定在20条最繁忙的街道禁止汽车通行，这一决定颇受市民欢迎。拥有1 400万人口的广州正通过在珠江沿岸打造自然走廊，提供世界上最大的步行场所。该走廊拥有的数千米长的道路连接了体育场馆和旅游目的地。自20世纪80年代以来，巴塞罗那一直在使用公园和其他设施取代工业建筑重建公共空间。目前，该市正计划将许多街道改造成以人为中心的"超级街区"。

在奥地利，气候、能源和交通部长莱奥诺蕾·格韦斯勒（Leonore Gewessler）正在制订一项计划，以减少排放，加速实现无车化社会。在他的计划中，全国任何地方的居民每天只需支付3欧元，即可无限制地乘坐全国所有形式的公共交通工具，包括公共汽车、火车和地铁。因为在欧盟拥有一辆汽车的平均月度成本超过600欧元，所以这个计划可以帮每个市民每月节省500欧元。

目前，无车化运动正在与快速发展的城市交通新趋势融合，其中许多方面和创新技术密切相关。随着为电网供电的能源变得更清洁、更分散，车辆电气化显著减少了温室气体排放和空气污染。公共交通正在通过新技术重新焕发活力，包括使用自动驾驶公交和基于网络数据的按需部署系统。自动驾驶技术可以减少交通事故和人员伤亡，减少通勤时的情绪压力，同时为服务不足的社区提供更多的出行选择。叫车和共享服务，包括城市中的车队，可以减少私家车的使用。

一体化，尤其是汇集了汽车、火车、公共汽车和行人的交通枢纽是未来城市交通的关键。智能系统使不同的交通方式能够进行数字通信，帮助人们制定通往目的地的有效路线。虽然应用程序和数据收集使交通一体化成为可能，但我们的目标是对大规模的用户提供服务，这需要市民对交通服务的持续需求作为支撑。对于规划者来说，关键的一步是说服人们放弃使用汽车，尤其是在通勤到城市核心区的最后一段距离。这种新交通系统可以节省资金，避免环境问题，提高公共交通可靠性，促进市民运动和健康，创造更愉快的城市生活体验。对于城市居民来说，无车出行可以促进邻里关系，增强对社区的归属感。只有人们更具有社会参与感，他们才更有可能使用公共交通工具，支持采用电动汽车和可再生能源。

在某种意义上，这种新的交通方式是对城市初始理念的回归。雅典、里斯本、耶路撒冷、米兰、河内、北京、德里这些历史悠久的城市创造了共享空间，并延续至今，包括共享街道、工作区、礼拜场所、超市、公共区域和体育场馆。在这些场所，人们相互接触，发生联系。今天，我们可以重新打造这种体验，并带来多种好处。将重点从汽车转移到人，城市可以重获新生，成为充满活力的生活和工作场所。在这个过程中，交通规划者和城市居民必须考虑几个长期存在的问题：我们的街道的作用是什么？使用公共空间的最佳方式是什么？我们该怎么绕行？哪些决定会让我们的生活更愉快，让我们的城市更公平？随着我们城市的发展和人口密度的增加，我们必须建立能够改善生活、保障安全出行、实现共同目标的交通系统。

15分钟城市

想象一个城市，你所需要的一切都在你家周边十五分钟的步行路程或自行车车程范围之内，包括新鲜食品、医疗保健、学校、办公室、商店、公园、健身房、银行和各种娱乐场所。通往这些场所的路径是安全的社区道路，绿树成荫，没有机动车。这可以增进邻里之间的了解，增强社区的活力，减少温室气体排放，并通过清洁的空气和完善的公共交通系统提高宜居性。

这种城市被称为15分钟城市，它不是虚构的。巴黎市长安妮·伊达尔戈（Anne Hidalgo）实施了一项激进的计划：限制车辆在街道上行驶，鼓励人们通过走路、骑自行车出行，并在城市每个方面体现以人为本的理念。2016年，塞纳河沿岸一段拥挤的道路上禁止车辆通行，只为行人开放。同时，一项大规模的建设工程正在进行，目标是在该市建成覆盖香榭丽舍大街等主要干道的1 000千米长的自行车道。最终，每条街道都会有一

条自行车道。为了腾出空间，该市将取消6万个私家车停车位。该市还为目标社区的新企业提供财政支持，增加绿地，鼓励城市农业项目，并将校舍的使用范围扩大到标准营业时间之外。这是该市到2050年实现碳中和计划的一部分，但远不止于上述内容。

伊达尔戈市长倡导的15分钟城市概念是由巴黎索邦大学教授卡洛斯·莫雷诺（Carlos Moreno）提出的，他的研究最初专注于减少交通部门的温室气体排放。他认为生活必需品都应该通过步行、骑自行车或搭乘公共交通工具的短途旅行来获得。因此，他将现代城市视为步行街区的拼图，一个区域内尽可能多地混合不同种类的

西班牙加泰罗尼亚吉罗纳老城的兰布拉·德拉利伯塔特（La Rambla de la Llibertat）。

活动，以满足居民居住、工作和娱乐需求。他还提倡将学校、图书馆和其他空间的闲置时间利用起来。当通勤时间缩短时，市民对私家车的需求减少，街道将腾出空间，将人们从家中吸引到附近的零售和休闲活动中。仅在2019年，巴黎的汽车流量就减少了8%。这对居民还有另一个好处：空气变得更清洁。我们知道，汽车污染会导致一系列疾病，包括肺病、心脏病，以及儿童认知能力下降。交通噪声会导致抑郁和焦虑水平升高。在一个15分钟城市里，这两种情况都会显著减少。

这场运动已推广至全球。2015年，俄勒冈州波特兰市通过了一项气候行动计划，其目标是让80%的居民通过骑自行车或步行就能满足基本生活需求，并把重点放在低收入社区。在西班牙，马德里发布了向15分钟城市模式转型的计划，这是西班牙在新冠感染疫情全球大流行后的复兴计划的一部分，源自巴塞罗那超级街区系统（superblock system）的启发。在该系统中，车辆通行被限制，以扩大行人的公共空间。中国也正在将15分钟社区生活圈纳入其城市发展计划，在计划中社区意味着一个无车中心。澳大利亚墨尔本的计划和"15分钟城市"存在细微的差异：《2017—2050年墨尔本计划》旨在创建"20分钟社区"，人们可以在其中满足大部分日常需求。西雅图于2020年9月宣布，将15分钟的城市理念作为下一步城市总体规划的指导原则。为此，西雅图加入了一项名为"C40市长绿色公正复苏议程"的全球行动，该议程强调创建15分钟的城市，以确保社区是宜居的。

步行是最容易被忽视的交通方式，也是15分钟城市概念的关键。人类拥有直立行走能力接近400万年，其中大部分时间，我们都依赖双脚作为主要的交通工具，但机动车辆和公共交通在城市中盛行，已经将步行转变为一种娱乐活动。在城市规划和设计中，为提升城市的速度和便利性，街道主要是为容纳汽车和卡车而建造。家庭轿车虽然在出行方面具有优势，但大量的停车场占用了公园用地，导致城市扩张，环境污染。

对于残疾人和由于经济原因无法在城市核心区生活的人，或者由于收入、种族或年龄等原因居住在交通不便地区的人，他们对15分钟城市的感受并不美好。在不太富裕的社区，步行成为了一种特权。人行道是必要的，而不是可选的，定期、频繁、固定路线的辅助公交服务也是如此，它们不应只存在于人口密集的富裕社区，公园、绿地、路缘坡道和行人友好型十字路口应该是每个社区的必备。因此，15分钟城市需要大力投资于步行基础设施，使不太富裕的社区的人们也能够实现安全可靠的交通连接。很多时候，人们不得不面临选择，要么住在昂贵但靠近交通服务的地方，要么住在便宜但远离交通服务的地方，所以对于15分钟城市，交通的便捷性和速度同等重要。随着城市努力增加公平获取资源的机会，包括超市、商店和学校，城市正在变得更具可持续性，加强了人们与社区之间的联系。

15分钟城市的共同核心要素如下所示：

- 它为所有社区的居民提供基本商品和服务，尤其是新鲜食品和医疗保健服务。
- 它鼓励每个社区都具备不同大小和价格水平的住房（包括以前的办公楼），可容纳多种类型的家庭，使人们能够住在离工作地点更近的地方。
- 它促进了零售和办公空间的混合使用，提供协同工作机会，实现远程工作和某些服务的数字化，所有这些都降低了出行的需求。
- 它对服务不足和收入较低的社区进行投资，并鼓励居民和企业参与实施改善措施。
- 它可以根据城市独特的文化和条件进行调整，以响应当地的特定需求。
- 它需要频繁和可靠的公共交通连接不同的社区。
- 它推广"街面"的用途，帮助街道繁荣发展。
- 它鼓励灵活使用建筑物和公共空间，建筑物可在不同用途之间切换。
- 它满足了人们对街景、绿地和其他便利设施的需求。

随着汽车时代的消逝，城市正在被重新设计，以服务于居民。在这个过程中，它们会变得更加健康、更有活力和复原力。

碳建筑

碳建筑——使用能吸收碳的生物基材料取代建筑原材料——是一种新设计理念。碳建筑不是用钢材和混凝土建造的建筑，而是用纤维建造的建筑。通过使用从大气中吸收二氧化碳的植物材料，碳建筑可以将建筑业从气候变化的原因转变为解决方案，让地球温度降低。在未来30年里，地球人口将增加25%，为此人们需要建造大量的住宅、商业和工作场所。如果按照传统方式，这将需要大量的钢铁和混凝土，而碳建筑可以将城市转变为碳汇，而不是碳源。

碳建筑中使用的原材料主要是木材、泥土（黏土）、竹子、稻草和麻类植物，经过工程设计，其耐用性、阻燃性和结构强度，可与钢、水泥、砖和石头媲美。最初的绿色建筑运动侧重于减少建筑供暖、制冷和供电过程中产生的排放。这是有道理的，因为美国总排放量中约有29%来自建筑。而钢铁、玻璃、涂料、水泥和砖等建造材料制造过程中排放的碳，直到最近才引起人们的重视。如今，成千上万的净零建筑消耗的能源并不比它们产生的能源多，甚至更少。碳建筑更进一步，它在投运前会吸收碳。我们的目标是用生物衍生材料作为建筑物的原材料，进而改造城市。对于低层和中层建筑，可以比同等面积的原始森林吸收和保持更多的碳。从本质上讲，这是一种将碳隔离材料转移到建筑环境，即从面板、梁、地板到整栋建筑的过程，这是对我们现有城市的彻底改造。

位于奥地利维也纳的24层高的HoHo Tower综合体是目前世界上最高的木结构建筑。它设有酒店、公寓、餐厅、健康中心和办公室。大部分建筑都是在现场组装的。建筑系统刻意保持简单，由四个预制建筑构件组成：支架、托梁、天花板和立面构件。大约800根由奥地利云杉制成的木柱支撑着地板。它们可以提高"被动住宅（passive-house）"的能源效率。

黏土被用于砌体建筑已有数千年的历史。在新墨西哥州被称为土坯的黏土砖，在1000年前的也门多层住宅中已经得到应用。黏土中含有极其微小的带电粒子，所以黏土可以被烧制成耐用、防水的陶瓷。黏土的强度不如水泥高，但它可以在某些场合代替混凝土，例如用网或竹子加固地板、台面和砖。

稻草有点像精致的中空小树，它支撑着水稻、小麦、黑麦、燕麦、大麦等作物。每年收获完这些谷物和种子时，剩下的是储存在管状秸秆中的碳。全世界每年生产数十万吨的稻草。建筑师和材料家希望将20亿吨纤维素纤维转化为面板、砌块和隔热材料。有很多方法可以使用稻草和麻类植物作为替代材料；然而，建筑规范和行业标准对风险控制的要求很高，所以建筑师、工程师和承包商提防着因材料故障而导致诉讼，并采取所谓的"传染性重复"的安全策略。毕竟，如果按照这种策略进行施工，风险就会降低。欧洲的情况更好。自20世纪90年代初以来，法国一直在使用大麻作为建筑材料，并且是欧盟最大的大麻生产国。在西班牙，建筑师莫妮卡·布鲁默（Monika Brümmer）为她的公司卡纳布里奇（Cannabric）打开了一个重要的市场，该公司生产完全由生物纤维制成的砖、砌块、隔热板、毛毡和木板。

几个世纪以来，使用最多的建筑结构材料一直是木材。中国应县有一座高约70米的释迦牟尼佛塔，始建于900多年前，历经了战争、地震和朝代更迭，依然屹立不倒。这座塔没有使用钉子、螺栓、纽带或金属，而是由数百种不同的细木工技术固定在一起。

直到20世纪，木材一直被用作原木、成型原木或锯材。但由于化石燃料价格低廉，且人们对其长期和短期影响缺乏认识，导致钢铁和混凝土占据了主导地位。钢铁和混凝土的优点是强度、耐久性和均匀性。工程师可以根据剪切强度和承载强度精确地确定所需的材料。钢铁和混凝土的不足在于质量。建筑物越高，较低楼层的荷载和应力越大，这意味着需要更多的支撑钢材。随着建筑物越来越高，材料数量呈指数增长。当钢和混凝土相对便宜时，数量不是一个考虑因素。但如今，钢铁和混凝土由于碳排放造成的实际成本远远超过了它们的名义价格：这两种材料每年造成的二氧化碳排放量分别约为37亿吨和26亿吨。铁矿石的开采影响，以及从沿海海岸挖掘沙子用于制造水泥，也对环境造成直接损害。

在过去的20年里，为了消除中低层建筑中的钢筋和混凝土，建筑师和设计师们创造了所谓的"高木"运动，并已经付诸现实。胶合层压木材因其柔韧性和阻燃性而用于内部柱、梁和交叉对角线；而交叉层压木材（CLT）则用于内墙、电梯井、阳台和楼梯。美国最大的木材商业建筑是位于俄勒冈州波特兰的碳-12大楼。数字12代表碳的原子序数，而不是大楼的高度。法国、澳大利亚、意大利、瑞典、加拿大和英国都有完工的高木建筑和混合高木建筑。挪威布鲁蒙达尔（Brumunddal）的Mjøstårnet是截至目前世界上最高的大型木结构建筑。这是一个高约85米的18层公寓和酒店开发项目（现场的两个25米长的游泳池完全是用木材建造）。

不列颠哥伦比亚大学的布洛克公馆（Brock Commons）是一座53米高的18层学生宿舍，也是全球第三大高木结构建筑。由于大量采用预制结构件，该建筑的主体结构的建造时间不到70天。帕金斯威尔（Perkins & Will）建筑事务所已经提交了芝加哥80层河比奇（River Beech）大厦的计划。由于大量的木结构建筑具有创新性，其中的新结构构件在大多数地区很难采购，因此价格更高。出于财务考虑，有几座设计完成的大型木结构建筑已被推迟或取消。

木材的生态优势非常明显，因为钢铁和混凝土共同造成了全球12%的温室气体排放。支持者计算得出，假设一个建筑物使用钢筋和混凝土建造，这些材料在制造过程中会排放2 000吨二氧化碳，如果改用大型木材建造，则可以吸收2 000吨二氧化碳。对于那些没有研究木材技术的人来说，材料的阻燃性是最普遍的担忧。石膏板可以解决这个问题。耶鲁大学一项关于大量木材建筑材料的研究明确指出，胶合木和交叉层压木材可以在烈火中形成保护性烧焦层，防止进一步燃烧。事实上，没有哪种材料天生更能抵御火灾。当受到高温时，钢也会发生塑性变形，出现弯曲，导致结构倒塌。

工程木材的来源很多：从森林疏伐中获得的小树、没有商业用途的锯木板、人工林、森林火灾后尚未开始腐烂的枯树，以及从房屋拆迁中回收的木材。较小的木块被粘在一起形成的木材，其强度比一棵大树制造的横梁更高，体型比温带森林中的木材更大。尽管如此，如果木结构建筑普及开来，仍然可能会导致森林被砍伐。幸运的是，到目前为止，选择建造木结构建筑的公司一直希望木材的来源与建筑的初衷保持一致。大型木结构

建筑还有另一个优点：它们的重量比钢结构和混凝土结构轻80%，而高层建筑90%的重量来自钢筋和混凝土。如果大型木结构建筑对木材的需求可能对完整的森林系统产生破坏性影响，那么有一种更坚固的木材替代品：竹子。

由竹子制成的板条通过层压可以形成木材、横梁、柱子、胶合板、地板和镶板，在整体强度和耐用性上优于木材。竹子吸收碳的速度远远快于快速生长的树木。每年的碳补偿都很容易测量出来，这使得竹子比木材具有经济优势。正如许多园丁所发现的那样，竹子在砍伐时不会死亡，你可以无限期地从竹竿上收获竹子。

生物基材料的研究和应用主要因意识、知识和监管环境（包括建筑规范）的阻力而减慢。对于任何一个长期以某种方式生产产品的行业来说，阻力无处不在。但是，正如食品和能源一样，建筑师、工程师和公司正在向一个以生物方式构建的世界努力迈进，建筑的转型正在进行之中。

Caroline Palfy是新Hoho Vienna的主要建造者、工程师和项目开发商。"我们不断被问到，木材资源是否会受到当前建筑业大量使用木材的危害。在奥地利，森林每年生产3 000万立方米木材，其中2 600万立方米被砍伐。剩余的400万立方米仍留在森林中，木材库存不断增加。换句话说，木材会重新生长。因此，整个HoHo Vienna项目所用的木材将在一小时十七分钟内重新生长出来。"

粮食

简介

200万年来，人类一直在寻找食物。我们从非洲迁徙到亚洲、欧洲和美洲，寻找新的居住地，发明了工具和火，并建立了对植物和动物的认识。

意大利人哥伦布从西班牙巴罗斯港（Palos de la Frontera）出发，横渡大西洋，寻找通往印度和中国的路线，其任务是带回生姜、姜黄、肉豆蔻、胡椒、孜然和肉桂等香料，以增强欧洲的食物风味和帮助消化。当他的三艘船在伊斯帕尼奥拉岛（Hispaniola）登陆时，他们遇到的不是亚洲人，而是泰诺人（Taíno），这个地点是一个小岛，我们今天称为多米尼加共和国和海地。哥伦布四次航行到美洲，除了他声称是肉桂的树皮外，从未找到其他香料，但他一直相信自己找到了通往印度的路线，并将当地居民命名为印第安人。他带给泰诺人的疾病、掠夺、奴役、强奸、酷刑，导致该种族近乎灭绝。

哥伦布和他的追随者偶然发现了由原住民种植的郁郁葱葱、可食用的作物。早期的探险者带回了新的食物——土豆，缓解了长期困扰欧洲大陆的饥饿问题。他们发现的另一种重要粮食作物是玉米——当今世界上产量最大的粮食作物。美洲原住民种植的三种根茎类蔬菜分别是土豆（仅在秘鲁就有3 800个品种）、红薯（400个品种）和木薯，构成了世界上最大的热量来源。他们还种植可可、西红柿、鳄梨、辣椒、花生、腰果、向日葵、香草、菠萝、木瓜、蓝莓、草莓、百香果、山核桃、胡桃南瓜、南瓜、西葫芦、枫糖浆、蔓越莓和数百种豆类。不难看出，美洲印第安农民可能是历史上顶尖的植物育种者。

对世界上大多数人，食物不是一个问题。它以一个极其复杂和精密的系统呈现在我们面前，创造了无与伦比的丰富性。然而，今天的食物系统已成为全球变暖、土壤流失、化学污染、慢性病、雨林破坏和海洋生物死亡的最大原因。因为人们喜欢尝试新的食物，所以食物系统尽管存在无数弊病，却为土壤、气候、社区、文化和人类健康的再生提供了绝佳的机会。它是关键的因素，对以下各个方面都会产生重要影响：森林、农场、土壤、海洋、城市、水、工业和能源。食物系统再生的关键是味道。也许这听起来很荒谬，但由于食品的商业化生产，风味独特的食物正在消失，所以我们需要重新获得它。

现代食品工业"占领"了我们舌尖上的味蕾。就像语言可以简化为几百个单词和几个发音一样，食物味道在很大程度上简化为四种强烈的口味：咸味、甜味、酸味、油腻，这些味道在炸薯条、可乐和汉堡包中可以找到。食品供应商包括卡夫亨氏（Kraft Heinz）、百事可乐（PepsiCo）、亿滋（Mondelez）、麦当劳（McDonald's）、玛氏（Mars）、雀巢（Nestle）和其他大型食品公司。由于一门叫作"食品化学"的学科的发展，这些供应商比我们更了解我们的品味、嗅觉反应和口感，以及食物味道如何超越理性，并影响我们的大脑和健康。第二次世界大战后，我们变成了超市沙鼠轮上的烹饪仓鼠，在味蕾的驱使下，加脂甜点、含糖番茄酱、变性白面包和咸味小吃成了我们的最爱。我们的味蕾经过数千年的进化来保护我们，不要让我们患上肥胖和糖尿病。但如今，垃圾食品在世界大部分地区成为主流食品。在美国，快餐被认为是高档和富裕的标志。肥胖症在中国很流行，影响到大约16%的18岁以下儿童。

我们舌尖上的味蕾不应成为被诱惑和操纵的玩具，它们体现了进化的本质，是我们的良师益友。颤抖、湿润、类似爬行动物的舌头经过数十亿年进化，与我们身体的每一个细胞相连，并向它们发出信号。这是我们的身体检测毒素的方式；这是我们的免疫系统对进入身体的物质发出的最强大的表达；同时，这也是为什么我们人类发展成为唯一一种智慧生物的原因——我们在满足自己食欲的同时，也了解这种欲望存在生物限制。当我们选择一种食物时，将面临不同的结果：改善世界或伤害世界，让自己的身体受益或受损，改善生态系统或破坏生态系统。

本节描述了大农业（Big Ag）和大食品（Big Food）是如何造成我们的土地、土壤、食物、环境和健康退化，以及再生如何逆转上述五个方面的退化。土壤、气候和地球福祉之间的联系对于全球社区团体、原住民族、各种农民、厨师、活动家、营养师、餐馆和非政府组织来说已经变得显而易见，他们都在努力恢复地道的食物及其营养，并创建一个新的食物系统，用于支持地球上的所有生命。

拒绝浪费

人类生产的所有食物中，有40%从未提供给我们食用。有些未能及时收割，最终遗留在土地里；有些食品在从农场到食品零售商销售环节中损失了，原因可能是运输损坏、缺乏冷藏、处理不当或食品公司拒收；有些食品在加工过程中被丢弃；有些食品由于未售出或未食用而被商店、餐馆和食品服务公司丢弃。在居民家里，大多数多余的食物都会被扔进垃圾箱。这些食物垃圾可能会被制成堆肥或者用作动物饲料。在美国，超过90%的食物垃圾最终被填埋或焚烧。与此同时，全世界每天有1.35亿人在严重饥饿和粮食不足中挣扎，有8亿人营养不良。在新冠感染疫情期间，估计有超过4 000万美国人经历了粮食不足。

当我们浪费食物时，我们就是在浪费金钱——美国每年由于粮食浪费超过2 000亿美元，全球每年超过10 000亿美元。当我们浪费食物时，我们就浪费了一个帮助那些没有足够食物的人的机会。非营利组织ReFed估计，2019年，美国有5 000万吨食品未售出或未食用，而这相当于近1 300亿份膳食。当我们浪费食物时，我们也浪费了相关的生产资源——劳动力、运输、

加工、包装和准备。收获后留在土地的粮食可以被翻耕或通过生物回收，但是当食物被掩埋在垃圾填埋场时，它会腐烂并产生甲烷。据统计，食物垃圾产生的温室气体占全球总排放量的9%，如果算上垃圾填埋场的排放量，占比达到12%。食物浪费总量减少60%，就相当于温室气体排放总量减少7%。

从农场到餐桌的每一步，都会发生食物损失。在美国，最常被丢弃的食品是谷物制品，其次是乳制品，然后是新鲜水果、蔬菜、熟食和烘焙食品。在农场，由于劳动力短缺、收割成本高、不完善的时间安排或粮食价格低，收获时几乎总是会有残留的粮食。在加工过程中，食品要去皮、去壳、去核、去梗、修剪和去骨。这些副产品本可以重新利用，但大多数都被扔掉了。在零售过程中，考虑到顾客对食物品种、新鲜度和外观的需求，只有部分食物被摆放在货架上。餐馆和食品服务提供商需要储备充足的厨房，但大量采购和储存也会导致浪费——顾客未食用的部分必须丢弃。在家庭方面，购买过多食物、过早扔掉、任其变质、不冷冻或剩菜都是食物损失的原因。

在人均收入较低的国家，食物损失更多发生在农场附近，而不是餐桌附近。在撒哈拉以南非洲，超过80%的粮食浪费发生在收获、运输、储存和加工过程中，而只有5%是由消费者造成的。相比之下，在北美，三分之二食物损失和浪费发生在消费阶段。

减少食物浪费需要在供应链和消费链的每一个环节都付出努力。在家里，解决方案包括对饭菜的认真计划和准备；冷冻和重新利用剩菜，而不是把它们扔掉；对食品过期标签不那么敏感（我们经常扔掉仍然安全的食物）。在食品杂货店，接受和购买外观不完美的食品。外出就餐时，不要在乎食物的外观，关注食物的味道。饭馆过量的食物严重影响到了食客的健康。据统计，2004年至2014年，中国的肥胖率增加了两倍。2020年，中国在全国14亿人口中开展"光盘行动"，遏制食物浪费。这项运动敦促餐馆限制他们提供的菜肴数量，并鼓励食客吃掉他们购买的所有食物（在中国传统中，把部分食物留在盘子里是对主人的尊重）。此外，中国正在通过罚款来打击宴会和公务接待活动中的浪费。

在供应链的前端，解决方案包括在食物收获、加工和配送过程中提高效率和减少变质。一家名为莫里（Mori）的公司开发了天然可食用涂料以防止食物变质。它利用丝绸的独特属性，创造了一个通用的保护层，可以应用于所有农产品、水果和蔬菜、蛋白质和加工食品。这种可食用的涂层是安全的、无色无味的，几乎无法检测到，而且很容易被土地吸收。莫里的涂层技术通过减缓导致食物变质的关键因素（脱水、氧化和微生物生长），显著延长了保质期。保护涂层不仅减少了食物浪费，而且减少了对塑料包装的需求。

尼日利亚一家名为ColdHubs的公司生产一种便携式太阳能冷藏系统，该系统几乎可以在任何地方安装，从而节省大量食物。区块链可以提高食品供应链的透明度，以便更有效地将产品运送到目的地。在零售层面，通过功能更完备的软件，我们可以加强库存管理，创建动态定价，使批量订单与客户偏好保持一致，并在食品准备就绪时提醒商店，就像欧盟组织公平分摊（FairShare）和爱尔兰组织食物云（Food Cloud）所做的那样。数据分析公司（如Leanpath公司）可以量化和跟踪食品服务行业产生的浪费。智能系统可以帮助家庭为他们的餐饮订购适量的食物，帮助企业家开发新产品，并将"不完美"的产品纳入供应链，供消费者购

买。此外，它还可以提前预测和提供精确数量的餐包，这可以减少家中食物的浪费。

生产者、商店和消费者应考虑将剩余食物捐赠给食物银行。联合国粮食及农业组织（FAO）估计，全球每周有8.21亿人挨饿。他们使用的官方用语是"营养不良"，但不管叫什么，这类人在许多地区似乎都在增加——近1.51亿5岁以下儿童发育迟缓。为了缓解这一问题，全球食品银行网络为近60个国家的饥饿人口提供服务，每年帮助数百万人，其中仅在美国就累计帮助了4 600万人。通过重新分配食物，食物银行每年可防止约1 050万吨温室气体排放到大气中。

另一个解决方案是将多余的食物"升级"为新产品，包括用一些农产品制作汤，把水果变成糖粉替代品，在啤酒酿造过程中使用面包代替麦芽。在哥伦比亚，一个项目正在将可可豆生产过程中产生的有机废物转化为饮料、糖果和膳食补充剂的调味品。针对一些存在轻微缺陷而被拒绝出售的西瓜，一家初创饮料公司（Wtrmln Wtr公司）以它们为原料生产了一种饮料，受到消费者欢迎。巴纳纳（Barnana）公司用农场遗留的伤痕累累的香蕉和芭蕉生产健康的零食。英国公司"砂砾中的红宝石"（Rubies in the Rubble upcycles）将被消费者拒绝的梨、西红柿和其他农产品加工成番茄酱、调味品和酸辣酱。星之梦（Planetarians）公司将生产葵花籽油产生的种子废料转化为富含蛋白质和纤维的零食。新产品不限于食物，也可以是其他产品。例如，韦莱斯（Veles）是一种家用清洁剂，它的原材料中有97%是食物垃圾。

食物垃圾可以回收后用于农业中的可再生能源和土壤改良剂。马萨诸塞州一家名为先锋可再生能源（Vanguard Renewables）的初创公司已在该地区的农场放置了许多厌氧消化池。食物垃圾被运到现场并在消化池中发酵，产生的甲烷可以在农场使用或出售给当地的能源供应商。这种含有有机物的发酵液可在农场作为天然肥料使用，替代来自化石燃料的化肥。该公司还与食品供应链中的其他公司合作，包括联合利华、星巴克和美国奶农，将他们的食品废物重新引导到消化池，然后转化为可再生能源，创造了一条减少温室气体排放的途径。

珍贵的食物不容浪费。世界各地的每个人都需要重视每一口食物的风味、营养、传统、故事以及对自然世界的影响。

素食主义

我们的食物中有多少是植物？你可能会对答案感到惊讶。在地球上的40万种植物中，有200种已被广泛培育成食物。其中，大米、小麦和玉米提供了人类和动物43%的热量。重新调整我们的饮食结构，少吃这些主食，多吃其他食物，这将对我们的健康、自然环境和气候变化产生重大影响。

那么，究竟有多少种植物可以食用呢？来自塔斯马尼亚的农业专家布鲁斯·弗伦奇（Bruce French）知道答案：31 000种，而且还在增加。他花了50年时间创建了一个世界上所有食用植物的数据库。这源于他在新几内亚从事教学工作期间的一段经历。当时，学生想更多地了解本土可食用植物，而不是他所推广的西方植物。当时，弗伦奇对此一无所知。不过，经过调查，他很快发现许多本土植物可以食用，而且营养丰富，无论是野生的还是栽培的。它们数量也很多，但是并没引起人们的注意。弗伦奇很快就认识到了本土植物在对抗营养不良方面的价值，并决定建立数据库，重点关注全球饮食

中经常缺乏的五种营养素：蛋白质、铁、锌、维生素A和维生素C。他还在数据库提供了有关植物起源、种植方法和烹饪技巧的信息。

他的目标是回答一个关键问题：哪些植物在人们居住的地方生长得最好，并有助于满足他们的营养需求？他的回答是一长串的饮食选择。全世界可食用的植物很多，包括561种海藻、387种蕨类植物、275种竹子和2 050种蘑菇。此外，还有香瓜梨（pepino dulce）——一种生长在南美洲的甜黄瓜状水果；发芽的高良姜（galangal）——一种类似于生姜的根茎植物，产于东南亚；博士茶（rooibos）——一种来自南非的药用植物，其叶子可以制成茶；雪莲果（yacón）——一种生长在安第斯山脉的雏菊科植物；还有罗汉果——一种原产于中国的水果，比糖甜得多，可用于治疗糖尿病；还包

（从左到右，从上到下）杨梅、人参果、金靴菇和雪莲果。

括蔓生杨梅、墨角藻、波斯猫薄荷、恺撒蘑菇、欢乐草、沙食等等。无论是野生的还是栽培的，植物的所有部分都可食用，包括叶子、茎、花、果实、内皮、根、油、花粉、种子、汁液和嫩枝。

多样性对我们的健康有益。正如马克·海曼（Mark Hyman）博士所指出的，食物就是药物。我们的饮食会影响我们体内庞大的、相互关联的功能生态系统中的方方面面。过量食用错误类型的食物，例如精制糖、淀粉或深加工食品，会破坏这个生态系统，导致糖尿病、心脏病和器官衰竭。为了寻求治疗，我们不得不求助于医生和药物。海曼认为现代医学不会纠正我们糟糕的食物选择，但我们可以改变自身的饮食，通过摄入蛋白质、纤维、维生素、脂肪和其他营养物质来修复我们受损的生态系统，恢复和维持我们的健康。我们肠道中的微生物对我们的健康起着巨大的作用。害虫依靠糖和淀粉繁殖。益虫则依靠纤维、蔬菜、全谷物和发酵食品，比如酸菜生存。食物可以提供对酶功能至关重要的必需矿物质，以及欧米伽3、多酚、植物营养素、抗氧化剂等等。它们改善我们的免疫系统，为我们的细胞提供能量，并帮助清除我们体内的有毒物质。更关键的是，我们可以用多样化的植物性食品取代深加工食品，其中包括营养丰富的紫菜；黑龟豆——一种在拉丁美洲流行的"超级豆类食品"；豇豆——一种原产于非洲的营养丰富、耐旱的作物，可用于制作面粉和炖菜；福尼奥米（fonio）——一种来自非洲的古老谷物，类似于粗麦粉；还有香芋（ube）——一种来自菲律宾的快速生长的紫薯。其他优质食物包括藜麦、斯佩尔特小麦、扁豆、野生稻、秋葵、菠菜、香料、茶、南瓜、亚麻和大麻籽。

耶鲁大学的埃里克·托恩斯迈尔（Eric Toensmeier）领导完成了一项非凡的研究——分析多年生蔬菜的食物潜力，这是一类被人们忽视且研究很少的食物。这类作物可以年复一年地收获，而无需重新播种，其中包括香草、灌木、藤蔓、仙人掌、棕榈树和其他木本植物。世界上种植的多年生蔬菜有600多种，占所有蔬菜种类的三分之一以上，种植面积占全球耕地的6%。有些被人熟知，包括食用橄榄、芦笋、大黄和洋蓟。许多作物在一年生植物不能生长的季节生长，其中包括可食用的叶子。它们可以在不适合大多数蔬菜生长的条件下生长，例如沙漠、水生和被荫蔽的环境。超过三分之一的多年生蔬菜是木本植物，非常适合农林复合系统，尤其是在边缘土地或贫瘠土壤上可成为多种营养物质的来源。到2050年，扩大多年生蔬菜种植，特别是木本物种的种植，将吸收230亿至2 800亿吨的温室气体。

扩大我们的食物范围，可以保护野生动物的栖息地。自1970年以来，由于农业活动的扩大，特别是大豆、小麦、水稻和玉米的大量种植，野生动物的栖息地遭到破坏，数量下降了60%。年复一年在同一块土地上种植相同的作物会耗尽土壤中的养分，且需要大量使用化肥和杀虫剂，从而伤害野生动物并破坏环境。此外，畜牧业也对野生动物栖息地有重大影响，特别是当土地上的原生植被被清除时。将全球饮食模式转变为以植物为主的饮食模式，有助于缓解这种压力。

食物多样化关乎社会公正。我们的食物系统的破坏性对有色人种的影响最大，他们由于贫穷无法购买营养食品，会导致糖尿病、心脏病和癌症加剧。在美国，以黑人为户主的家庭的粮食不安全率是白人的两倍，而五分之一的拉美裔人也遇到了粮食不安全的情况，而美国总体粮食不安全率是八分之一。美洲原住民肥胖的可能性比白人高17%，黑人和拉丁裔的糖尿病发病率更高。在南达科他州，美洲原住民的平均寿命比白人短23年。从历史上看，美洲原住民的饮食非常多样化，包括鱼类、野味、草药、水果、豆类、南瓜、玉米、野生稻、块茎和由营养丰富的草制成的面包。在被迫定居后，他们无法获得这些食物，普遍存在营养不良的问题。针对这一问题，美国政府推出了一项非自愿食品计划，向他们出售高脂肪和高热量的剩余商品。很快，营养不良问题变成了肥胖问题。

贫困、歧视和文化压迫等遗留问题在很大程度上剥夺了有色人种获得健康食品的机会，导致他们可选择的食品种类也不如白人多。针对这一情况，全球食品正义运动正在努力消除系统性不平等，消除食品多样化的障碍。在原住民农民、教育工作者、企业家和精通社交媒体的年轻厨师的带领下，原住民食物和传统烹饪方法得到了复兴。它成了一种新兴的本土美食，以营养丰富、取材当地的植物、动物为基础。对许多人来说，这些食物似乎是异国情调。"我把这种食物称为'具有讽刺意味的异国风味'，"原住民烹饪团队苏族大厨（Sioux Chef）的合伙人达娜·汤普森（Dana Thompson）说，"因为这种食物就生长在我们脚下，无处不在。"

食物本地化

我们所食用的食物及其生产过程对气候有着深远的影响。当你开车时，你知道你正在排放温室气体。然而，在许多情况下，汽车后座的食品杂货袋对气候的影响比汽车往返商店更大。最近的研究表明，34%的温室气体排放是由食物系统造成的即食物系统中的生产、运输、加工、包装、储存、零售和消费，以及浪费等环节，都会排放温室气体。

食物本地化是一个循序渐进的过程，我们可以重建区域种植，并为家庭和社区生产营养丰富的正宗食品。人们选择将食物来源本地化是出于对人类健康、儿童疾病、农业污染、谋生方式、社会正义、土壤侵蚀、营养不良、城市食物种族隔离以及文化和生物多样性等诸多因素的考量。可能没有任何单一的活动能够比食物本地化为生命、健康、水、儿童和地球带来更大范围的益处。

在人类出现后的大部分时间里，他们通过狩猎、采集、种植或贸易获得食物。在铁路出现之前，农业在很大程度上仍然是地方性的活动。然而，随着包括长途卡车在内的运输系统开辟了遥远的市场，出于经济性考虑，人们选择在适合的地方种植小麦、玉米、大麦和黑麦。随着冷藏技术的发展，水果和蔬菜行业也发展起来。食品成了一种商品，更低的成本成为优先事项。人们和食物之间长期建立的关系遭到破坏，直到面目全

非。为了实现小麦、玉米、大豆和植物油（如菜籽油）等作物的经济效益最大化，人们开始建立大型工业农场。这不仅是"大农业"的开始，也导致了"大食品"的诞生，这是一个前所未有的工业食品系统。

"大食品"是指大量生产的动物性食品，以及由大豆、玉米、脂肪、糖、盐、食品添加剂和淀粉制成的精加工食品。它们也被称为垃圾食品，占美国人饮食的60%，英国饮食的54%。垃圾食品更委婉的说法是"没有营养的食物"，而营养不足与疾病密不可分。由于工业化食品的普遍性、成瘾性和不断推广，近75%的美国人肥胖或超重，三分之一的美国人处于糖尿病前期或患有2型糖尿病。肥胖还会导致心脏病、癌症、糖尿病、高血压、痴呆、关节炎等。

在美国，大多数人没有购买健康食物的渠道；或者

泰勒（Taylor）和杰克·门德尔（Jake Mendell）在佛蒙特州斯塔克斯伯勒足迹农场（Footprint Farm）的温室里。门德尔家族于2013年开始在6 000平方米的土地上种植有机蔬菜。他们为150名社区成员提供大量胡萝卜。他们的团队成员包括八岁的狗Spud，最新成员是一岁的Baby Theo。他们是美国全国青年农民联盟（National Young Farmers Coalition）的骨干成员和支持者，这个联盟帮助美国各地的青年农民向同行学习如何利用土地，甚至为学员提供贷款减免。

即使有渠道，他们也买不起。美国的饮食被大品牌占据，包括面包、啤酒、牛肉、培根、麦片、牛奶、土豆、苏打水和玉米，因为它们被大量宣传，而且看起来很便宜。在2020年，美国的工业食品系统因新冠感染疫情而发生崩溃。美国牧场主报告损失130亿美元。奶农们将成百上千吨牛奶倒入下水道。大食品的替代品是无处不在的本地食品，即食品生产的本地化，而不是集中化。

工业食品系统的重构计划已经启动，而且取得显著效果。其间，人们不仅实现了食品"从农场到餐桌（farm-to-table）"，而且实现了"从码头到盘子（pier-to-plate）"。即便在经销商和餐厅关门的情况下，渔民们可以在码头上烹制他们的渔获，供现场食用或者带回家。牧场主和渔民均直接向消费者运送肉类。农场主支持按份出售或订购他们的农产品，并每周交付。他们经营着种植许多作物的小农场，而不是种植单一作物的大农场。在这些社区支持农场中，水果和蔬菜通常是有机的、新鲜的，随着季节的变化而变化，在郊区或城市家庭和特定的农场家庭之间建立了一种联系。订购的价格高于向分销商或餐馆批发，为农民提供了稳定的现金流。今天在美国大约有一万个社区支持农场，许多农场主开始在他们的每周交付中增加邻近的生产商的产品，包括鸡蛋、面包、奶酪、鲜花、果酱和农场新鲜鸡。

矛盾的是，大多数生活在美国农村的农民无法获得健康、新鲜的食物和农产品。他们种植玉米和大豆，主要用于牛肉和奶制品。在内布拉斯加州的农民兼农学家基思·伯恩斯（Keith Berns）创造了他所谓的米尔帕花园，这是一种混合种植园，农民可以通过它为家庭和社区提供大量新鲜蔬菜、豆类、香草和水果。农民在米尔帕花园中通过他们的谷物播种机播种南瓜、豆类、卷心菜、西蓝花、绿叶蔬菜、豌豆、向日葵、黄瓜、香草、西红柿、萝卜、秋葵、西瓜、哈密瓜、甜玉米和其他食物的种子。种子在土地上进行交叉排列，被密集地种植，排挤杂草。开花物种吸引昆虫，控制害虫的产生，密集的植物保护土壤水分。这种地方曾经被称为混沌花园。但倡导可再生和免耕农业的伯恩斯更喜欢"米尔帕花园"这个称呼——米尔帕在古典纳瓦特尔语（Nāhuatl）中的意思是"耕地"。伯恩斯在米尔帕花园中实施的混合种植法源于中美洲农民3000年前采用的

罗恩·芬利（Ron Finley）被称为洛杉矶的帮派园丁，他可以在任何地方利用土地种植花园，包括交通隔离带、路边和未使用的城市地产，以便将洛杉矶中南部的"食物荒漠"改造成水果和蔬菜绿洲。他还总结快餐对他所居住的黑人社区的危害："得来速（Drive-throughs，快餐商业模式，顾客不用下车即可获得服务）比飞车杀死的人更多。"

"三姐妹（Three Sisters）"方法，即将玉米、豆类和南瓜一起播种（这种做法目前仍然存在）。这种方法最初由美洲原住民实践，并由南向北方传播。米尔帕花园的种植组合在此基础上发展到了近二十种物种，收获季节长达几个月。随后，农民可以把花园变成牧场，让牲畜靠剩下的植物苗壮成长。一些农民购买米尔帕花园的种子，并通过农贸市场、当地杂货店和路边摊出售产品。在俄克拉何马州务农的汤姆·坎农（Tom Cannon）计划每年种植8万到12万平方米米尔帕花园，并建立一个玉米迷宫，人们可以在迷宫里采摘食物、游玩和参观。让在农村耕种和生活的坎农一家感到惊讶的是，许多顾客不知道如何准备或保存新鲜食物，因此，他们计划提供食谱和烹饪、腌制和罐头制作课程。

饥饿和粮食不安全现象不仅存在于美国农村，同时也存在于美国城市。基思·伯恩斯有一个梦想，他希望看到全国范围的农民留出1%的土地用于米尔帕花园，这将是大约8 000平方千米的土地，能使美国的蔬菜产量增加50%。为此，伯恩斯为收成被用于食品银行、教堂、无家可归者、妇女收容所或其他有需要的人的土地免费提供一部分种子。医生达芙妮·米勒（Daphne Miller）曾撰写了关于健康、文化和农业之间关系的文章，她认为免耕的再生农业社区正在发生变化。有一种新的使命感超越了他们的商品作物——再生意味着为家庭、邻居和社区提供直接的营养，而这仅靠他们的大豆和玉米永远无法做到的。对农民汤姆·坎农（Tom Cannon）来说，这是一个典型的变化："多年来，我一直在努力将农场做大。现在的挑战是将农场变得更小，更本地化。"

米尔克伦（MilkRun）公司创始人朱莉娅·尼罗（Julia Niiro）表示，"我们非常擅长在销售卫生纸的同一个地方加工廉价食品和销售统一的打蜡苹果，但我们并不擅长把当地农场种植的作物加工成美味的、可持续的食品，提供给我们的客户。"为了拯救家庭农场，她正在重启人工送牛奶服务。从1860年开始，英国传统的挤奶工每天用马车向人们运送牛奶、黄油和鸡蛋，这种做法已传播到世界各国。在美国，直到20世纪60年代，挤奶工仍提供了全国30%的牛奶——牛奶装在循环使用的玻璃瓶中；马车上建有木制橱柜，用于运送牛奶和食品杂货，钱留在橱柜里面，象征彼此的信任。但现在，汽车、超市、冰箱、牛奶盒和郊区扼杀了这一传统，尼罗认为，是时候恢复这一传统了，只是现在需要挤奶工向附近的农村提供赏金。除了农贸市场，城市和当地农民之间的联系非常少。于是米尔克伦公司将100多名当地农民与数千名波特兰人联系起来。相较于杂货店，米尔克伦能够提供给这些农民6~7倍的收入。农民需要钱，但他们无法大幅提高价格。新的食品体系就是要创造各种方式来重新连接农场、农民、厨师、学校和居民。

加利福尼亚州通过了一项法律，允许家庭厨师提供家常菜，让消费者前来订购，甚至直接在餐厅向公众提供。现在有一些应用程序将人们与供应商通过网络连接起来，为食客提供更多选择，为厨师提供更多客户。能够待在家里赚取所需的收入，对于数百万真正有天赋

戴夫·查普曼（Dave Chapman）在佛蒙特州西特福德（Thetford）长风农场（Long Wind Farm）的温室里。在新英格兰地区，长风番茄广受欢迎。戴夫还是真实有机项目（Real Organic Project）的联合主管。这是一个由农民领导的运动，旨在恢复"有机"的最初定义、目的和意义。由于大型食品公司对美国农业部的影响，"有机"一词已被大大淡化和削弱。而真正的有机运动寻求将食客和农民重新连接起来，在充满爱和激情的氛围中种植作物，并保持土壤健康和牧场草料的生长。

的厨师（他们往往强调食谱是文化瑰宝和家庭传统）来说，这是一个前所未有的经济机会。在加利福尼亚州，著名厨师爱丽丝·沃特斯（Alice Waters）于20世纪70年代在她的餐厅率先推出了"从农场到餐桌"项目，并于20世纪90年代推出了"可食校园项目（Edible Schoolyard Project）"。学生们可以在学校种植和准备食物。她的最新项目旨在将"从农场到校园（farm-to-school）"项目本地化，即当地农民直接向当地学校食堂销售和运送有机食品。

本地化不仅仅是一个健康和气候问题，它还可以实现社会正义。对于黑人和棕色人种社区来说，"食物荒漠"这个词带有种族色彩，表示食物种族隔离，即有色

贾米拉·诺曼（Jamila Norman）是国际公认的食品活动家和城市农民。贾米拉毕业于乔治亚大学环境工程专业，2010年在亚特兰大奥克兰市附近创建了占地4 800平方米的城市农场。这家经过认证的有机农场的特色是生产新鲜蔬菜、水果、香草，并直接在她的季节性农场商店和农贸市场出售。她是亚特兰大西南区种植者合作组织的创始成员，该合作社成立于2010年，旨在支持当地黑人农民，并为亚特兰大创建一个负责任的食品体系。2014年，她在意大利都灵的Terra Madre Salone de Gusto餐厅担任美国代表。

人种在他们的食物系统中没有代理权。他们的食物系统仅限于位于城市绿化带中的便利店，出售面包和夹心饼，在步行距离内没有其他合适的食物提供。争取食物主权的斗争可以追溯到美国建国之初，当时原住民族和非洲黑奴（他们来自包含3 000多种不同文化的非洲大陆）的土地、种植园、狩猎场和农场被完全剥夺。

几乎每个美国人都听说过马萨诸塞州马什皮的万帕诺亚格民族（Mashpee Wampanoag Nation），即使不能完整说出它的名字。1620年，这个民族与饥饿、迷失方向、困惑的朝圣者分享食物和收成，这就是感恩节的由来。我们在感恩节的食物——山药、火鸡、蔓越莓、豆类和南瓜——正是源自他们的饮食传统。他们最初的土地延伸到罗得岛和马萨诸塞州，面积达数百平方千米，已有1.2万年的历史。但在400年后的2020年，印第安纳事务局告诉马什皮万帕诺亚格人，他们的保留地将被"取消"，这意味着他们将不得不为仅存的1.3平方千米祖传土地支付惩罚性的欠税。尽管该决定后来被否决，但他们的地位仍然存在不确定性。对于马什皮万帕诺亚格人来说，他们拥有了土地才拥有粮食主权，因为他们是依靠农场和传统水域中的贝类、螃蟹和鱼类养活自己的。对于他们和世界上数百种原住民文化来说，食物主权就是文化主权，而文化主权植根于对人与土地和水域之间关系的深刻理解，这与大农业的理念背道而驰。

对于正在努力实现健康和清洁食品本地化的美国数十万社区居民，他们并不认为城市或社区花园就足以达成这一目标。有一些草根运动组织想要彻底颠覆当前的食品体系，但这只能通过制定政策和法律来实现。这意味着要让学校取消快餐连锁店和汽水自动售货机；这意味着（至少）为美国的每个孩子提供免费午餐；这意味着要消除大食品对学校午餐计划、食品券和菜单的过度影响。如果你生活在一个食品系统中，这个系统出售的大部分食品会让大多数人生病并依赖药品，那么，这就是一个除大公司的股东以外几乎没有任何人受益的食品系统，必须进行系统性变革。如果这个食品系统在新冠感染疫情全球大流行中崩溃，那么它还是一个脆弱的系统，暴露出粮食安全存在不足——这正是本地化和粮食主权所要解决的问题。无论本地化在城市、乡镇和社区中怎样发展、变革和渗透，它都会对失控的全球变暖（粮食安全的最大威胁）产生深远、有益的影响，并大大改善环境、水、儿童、海洋、土壤和文化的处境。

去商品化

当第四代农民乔纳森·科布（Jonathan Cobb）接管了位于得克萨斯州奥斯汀以北的10平方千米的家族农场时，他觉得这项业务已成为一台大型机器上一个齿轮，农场生产的作物是工业化食品系统中的零件，而这个系统对土地和家庭毫不在乎。他知道事情并非总是这样。早在20世纪30年代，科布一家就以最少的化学投入种植了多种作物。然而，第二次世界大战后，这个家庭采用了一种新的农业系统——年复一年地使用杀虫剂和合成肥料在同一块土地上种植单一作物。科布家种植的小麦被当地的谷物升降机运走，并与附近多个农场的小麦混合储存，直到可以出售给一家食品公司。

对科布和他的妻子来说，作物商品化意味着生活处于贫困边缘，因为作物产量跟不上化学投入成本的上涨，毕竟，小麦的价格是由商品市场而不是由农民决定的。在一个农场养活两个家庭几乎是不可能完成的任

务。当2011年发生严重干旱时，农场面临倒闭。科布没有放弃，并决定摆脱工业模式，尝试再生农业。于是，科布夫妇卖掉了他们的耕作设备，转而使用免耕法种植小麦。他们种植覆盖作物，并开始饲养牛、猪、羊和鸡。他们将破旧的农田改造成多年生牧场，专注于重建本地草地，并通过适应性、多批次方式放牧牲畜。在短短几年内，之前近乎枯竭的农场土壤中的有机物含量开始上升。收获后，他们直接向当地顾客推销他们的牛肉、羊肉、猪肉和鸡蛋。由此，家中的经济状况和土地

长江口正上方的张家港附近，有两艘散货船在中粮东海粮油有限公司（East Ocean Oils & Grains Industries）的进口加工厂等待卸货。这些船来自巴西和阿根廷，装载的大豆占这里进口饲料的85%。大豆将储存在这里，用于大豆油和粗饲料作生产，后者将用于动物饲料。

生态健康状况不断改善，如同农村的丛生草。对于科布来说，他的生活重拾使命感，农耕再次成为快乐的源泉。

食品商品化是一个恶性循环，强化了对人类和地球造成的伤害。由于机械的大量使用和对单一作物的依赖，人们需要通过杀虫剂、合成肥料和转基因生物来消除土壤肥力下降、杂草抗性增加和表土流失的影响。土壤从生物活动的庇护所沦为了保持作物直立的介质。

农民和消费者一直在努力打破商品化体系，展现农业的真正价值，比如无农药产品生产和再生土地利用。以咖啡为例，几十年来，它一直是一种普通的大宗商品，但今天，大量咖啡被贴上了公平贸易、遮阴、雨林友好、有机的标签，并对客户来说更具吸引力，因此，咖啡的种植者和整个市场的批发商、烘焙商和零售商越来越多。啤酒是另一个例子。手工啤酒通常以家庭为单位进行制作，基本上是本地化的，直到20世纪90年代，随着市场需求的扩大，出现了批量生产啤酒的公司。如今，啤酒的去商品化创造了蓬勃的经济活动：美国的手工啤酒厂（5 000家）和啤酒公司（3 000家）激增，创造了15万个工作岗位，销售额超过800亿美元。手工啤酒的发展带来了更美味和多样化的产品选择。通过缩短从种植者到客户的供应链，减少中间环节和中间商，啤酒厂可以提供一个原创的、有意义的故事，反映在数千个原创品牌中，包括驼鹿口水（Moose Drool）、霍皮梦想（Hoppy Dreams）、裸猪淡啤酒（Naked Pig Pale Ale）、富勒啤酒（For Richer）或波特啤酒（Porter）以及精选啤酒（He'Brew）。故事、味道和当地文化参与创造了社区、欢乐和连接。

为了扩大食品系统的去商品化程度，一些公司正在建立直接连接农民和购买者的数字市场。他们的目标是向消费者传达产品的质量、产地和种植方法（农产品背后的故事）。他们努力使顾客了解产品的品质和价值，从而愿意向农民支付相对较高，但仍然低于通过中间商的价格。在这个去商品化的系统中，作物、农场和实践得到了回报。

靛蓝农业公司（Indigo Ag）就是一个例子，通过广泛的数据收集和分析，该公司通过其数字平台提供关于农产品定价、存储、运输、碳封存和销售机会的信息。

这家公司最初的业务是研究作物组织中的微生物，以确定是什么使单个植物能够在特定的气候下健康生长，甚至能够经受住严重的干旱和环境压力。研究人员发现，每种植物都有一组不同的微生物。进一步的调查显示，不同的农田、不同的农场、不同的农业实践之间存在巨大的差异，而这些差异都会导致每种作物的物理特性的不同。作物恢复力和生产力的关键是独特性，而不是一致性。多样性和专业化是有益的，毕竟，自然界中的植物已经这样进化了数百万年。然而，商品系统要求去除食物的个性，这样它们就可以像砾石一样堆放在火车上，然后送去加工。但是，我们为什么要吃被像砾石一样生产的食物呢？为此，靛蓝农业公司的人员提出了一个问题：商品系统存在的意义是什么？

为了创造另一种选择，该公司推出了农产品交易数字平台Indigo Marketplace，以数字方式将农民与买家联系起来，将农场的独特价值与需要它们的市场相匹配。例如，如果市场希望它们将碳封存在土壤中，以解决气候变化问题，那么当一个农场加入这个平台时，该公司会派出专家采集土壤样本，以确定基准碳含量。随着再生实践的作用，土壤中的碳量随着时间的推移而增加，农民将获得与增加的碳量相等的信用。再生农业生产出品种更丰富、口味和矿物质含量更高的作物。但这对公司并不重要，因为他们现在有了一个故事，通过对故事中人物、地方和历史的记录，他们创造了独一无二的品牌。2019年，靛蓝农业公司成立了一个运输部门，以数字方式连接农民、卡车司机和买家，无须将产品运往嘉吉公司遥远的粮仓，同时也取消了嘉吉的商品定价权。

去商品化代表了我们食品系统的巨大变化，意味着我们把食物作为一种个性化的产品来种植。每个农场都有一个独特的故事。正如乔纳森·科布和他的家人所发现的那样，农民做出的每一个决定、他们设定要实现的目标、他们选择使用的种子、他们所照料的土地和土壤的条件，以及他们种植的植物的特性，这些都可以成为故事的一部分。而靛蓝农业公司等公司可以将这些农场及其故事与重视它们的市场连接起来，使两者同时受益。19世纪铁路的出现标志着商品化循环的开始，这种循环正在被透明化和可追溯性所破坏，变得支离破碎。好在消费者偏好将重塑现代农业，并将建立共同的目标，如解决气候问题、确保土壤健康和人类福祉。

昆虫灭绝

蚂蚁并不讨人喜欢，它们侵入我们的厨房，侵扰我们的家园，蜂拥到花园里，破坏我们的野餐。它们会叮咬我们，让我们疼痛。它们也不好看。然而，这些情况掩盖了一个重要的现实：没有蚂蚁和其他昆虫，人类就无法生存。

昆虫早在4亿多年前就在地球上出现，与第一批陆地植物的出现时间大致相同。这不是巧合。昆虫与许多生命形式共同进化，深入地参与了许多重要的生态系

统。以蚂蚁为例。蚂蚁的种类超过1.4万种，几乎遍布地球的每一个角落，数量是人类的130万倍，蚂蚁为自然界供了各种重要服务，虽然我们很少看到或不以为然。它们是高效的捕食者，可以将害虫数量保持在较低水平。通过隧道挖掘，蚂蚁可以移动的泥土和蚯蚓一样

被花粉覆盖的汗蜂（Augochlora pura）。

多。它们使土壤疏松和通气，提高了土壤的保水能力，这在退化和干旱的土地上特别有用。通过将植物种子和营养物质搬运回巢穴，它们实现了植物和营养的重新分布，提高了土壤肥力，并帮助新植物生长。此外，它们还可以清理尸体，帮助分解有机物。

所有这些活动都会对食物网络产生积极影响，并可能导致其他动物群体的密度和多样性增加。蚂蚁也是生态系统是否健康的重要指标。例如，集约化农业中导致退役的农田中出现蚂蚁是土地正在恢复的早期迹象。通过改变土壤结构、食物来源和种子传播，蚂蚁可以为各种生态系统中新进物种创造生存条件，从而帮助修复受损的土地。与人类一样，蚂蚁具有高度的社会性和组织性：它们生活在复杂的社会中，照顾族群中的年轻蚂蚁，并有具体的社会分工；它们无私、高效、忠诚、顺从、勤劳；它们有各自的领土范围，建立了部落，相互竞争，属于杂食动物；它们敢于冒险，偶尔也会成为"皇室"的奴隶，而且喜欢野餐。

如今，人们对这些建议充耳不闻。尽管生物学家威尔逊说过，昆虫是"主宰世界的小东西"之一，并且有些昆虫确实赢得了我们的喜爱，例如，好看的蝴蝶，有魔力的蜻蜓，可爱的瓢虫，但总的来说，人类对昆虫的敌意多于尊重。近年来，我们开始意识到蜜蜂和其他传粉者对我们食物系统的重要性。据估计，我们的三分之一的食物来自授粉植物，占据商店典型农产品区的50%，这些植物包括胡萝卜、甘蓝、柠檬、芒果、苹果、花椰菜、芹菜、樱桃、鳄梨、哈密瓜、南瓜、草莓、向日葵、杏仁、梨等。事实上，地球上超过85%的开花植物（超过30万种）需要传粉者，其中的三叶草和苜蓿是奶牛的饲料，因此传粉者对牛奶、奶酪和酸奶的生产也很重要。还有巧克力，它是从可可树的种子中提取出来的，可可树的花几乎完全由一种叫作叮咬蠓的小苍蝇科昆虫传粉。此外还有蜂蜜，直接由蜜蜂制作。昆虫群体，例如甲虫、蟋蟀、毛毛虫、蚂蚁、蝉、蚱蜢和黄蜂，本身甚至是一个食物来源，据估计，它们构成了至少20亿人传统饮食的一部分。

地球上大约有550万种昆虫，占所有动物种类的80%，其中只有100万种被科学家正式记载过。像蚂蚁一样，许多昆虫通过回收有机物、移动和混合土壤、捕食害虫和清理其他生物的尸体来影响生态环境。它们也是鸟类和其他动物的重要食物来源。虽然有些昆虫是传染病的媒介，比如蚊子，或者是破坏农作物的害虫，但是，所有昆虫都是生态系统的重要组成部分，在整个生命世界中形成广泛和互惠的关系网络。自农业革命以来，昆虫和人类的命运因我们对植物的共同依赖而紧密联系在一起。农业的扩张和文明的兴起需要昆虫，没有食物就没有进步。如今，昆虫是应对气候危机的农业生态解决方案的重要组成部分，对地表碳和养分的循环以及土壤中的碳封存产生重要的影响。

然而，作为有益物种的昆虫却处于严重的危险之中。根据生物多样性和生态系统服务政府间科学政策平台（The Intergovernmental Science Policy Platform on Biodiversity and Ecosystem Services）的一份报告，在全球50年内濒临灭绝的100万个物种中，有一半是昆虫。尽管自工业革命开始以来，昆虫的数量一直在下降，但近年来下降的速度逐年变快。俄亥俄州的蝴蝶数量在过去的20年里减少了33%，苏格兰的飞蛾数量相较40年前减少了46%，而德国研究区的飞虫数量在27年内减少了77%。2019年的一项重大科学评估指出，世界上近一半的昆虫物种正在减少，三分之一面临灭绝的威胁。受灾最严重的是蝴蝶、蜜蜂、甲虫和热带蚂蚁。这些数字仍然不能反映真实情况的严峻性，因为绝大多数昆虫物种都未被研究和评估，而且常常被研究人员忽视。

造成这种可怕局面的原因就在我们脚下。不受控制的经济活动正在导致栖息地迅速丧失、土地严重退化和生态系统支离破碎。空气和水污染、杀虫剂的使用、有毒物质的直接和间接影响、入侵物种的传播、全球变暖、土地过度开发以及动植物物种的灭绝等因素共同对昆虫造成危害。森林砍伐、农业扩张和城市化是自然栖息地丧失和碎片化的主要驱动因素，直接影响了昆虫种群的生存。预计未来几十年，这些活动还将进一步加剧。栖息地之间的连通性丧失可能会隔离许多昆虫。在气候变化的情况下，陆地和水域栖息地的预期生态变化将对其中的依赖性昆虫物种造成压力，无法适应或无法迁移的昆虫很可能会死亡。

加速昆虫危机的一个罪魁祸首是杀虫剂，尤其是在工业化农业中，它们被大量使用。目前，杀虫剂使用量逐年稳步上升，全球每年达到90亿镑，美国每年接近10亿镑。关于化学杀虫剂有害影响的科学文献广泛传播，这也是蕾切尔·卡逊（Rachel Carson）1962年发表的著作《寂静的春天》（Silent Spring）中所描写的情节：

10年后的1972年，人们发起了禁止杀虫剂滴滴涕的运动。杀虫剂可以直接杀死昆虫，或者通过改变它们的栖息地，即破坏昆虫的食物来源或破坏昆虫所需的生态关系网络间接"杀死"昆虫。随着时间的推移，被称为"低剂量效应"的有毒物质积累也会破坏昆虫的繁殖能力，损害其免疫系统，并阻碍其生长，从而对昆虫种群构成重大威胁。造成昆虫身体伤害或干扰昆虫自然行为的其他类型的污染包括合成肥料，工厂和矿山释放的工业化学品，以及光、噪声和电磁干扰，而科学家对这些干扰的定向效果知之甚少。

另一个威胁是入侵物种的引入，它造成了生态破坏，影响了经济发展。对昆虫的影响通常是由天敌的直接引入或同类争夺食物资源带来的。蚂蚁和黄蜂可以积极地战胜它们在当地的竞争对手，并通过它们的行为破坏当地环境。例如，原产于南美洲的红火蚁在20世纪30年代被意外引入亚拉巴马州，并迅速蔓延到整个南部，它们可以破坏农作物，而且每年让数百万人被叮咬。虽然一些入侵物种被认为是有益的，例如起源于北非或中东的珍贵蜜蜂。但大多数被认为是有害的，而且会导致当地物种灭绝。此外，它们还扰乱了经济。有许多昆虫会杀死用于木材生产的树木，包括树皮甲虫、帐篷毛虫和各种各样的蛀虫，每年有两个新物种从其他国家海岸进入美国森林，破坏了数十亿美元的宝贵资源。最脆弱的昆虫是那些与其他物种有高度专业化关系的昆虫（尤其是寄生虫），入侵物种让它们的处境雪上加霜。

气候变化导致的生态系统变化进一步加剧了昆虫危机。不仅历史级高温、长期干旱或极端洪水事件，还有多年来降雨模式的变化、平均温度的逐渐升高、土壤湿度水平的降低以及积雪的累积减少都会导致栖息地的长期变化，而这些变化会直接影响昆虫的行为以及它们适应新环境的能力。昆虫的短生命周期对它们自身有利，这意味着它们比其他动物群体对环境变化的反应更快，但随着地球变暖，共同进化的植物物种的减少或消失往往会抵消这一优势。随着水资源日益紧张，依赖淡水栖息地的昆虫受到气候变化的挑战尤其严峻。昆虫也是体现气候变化的有用指标。例如，由于蜻蜓对气候变化高度敏感，所以被称为"气候金丝雀"。

我们能做些什么？努力保护自然区域和栖息地，特别是昆虫生活高度集中的区域和栖息地，这些区域和栖息地往往也是全球动植物热点。保护工作面临的一个重大挑战是，我们要改变自身的思维方式，从长期关注哺乳动物（包括有魅力的捕食者和被捕食者）扩展到包括蝴蝶和蜜蜂等昆虫的无脊椎动物。我们需要立法和制定政策，帮助决策者、研究人员和资助者开展相关项目，解决即将到来的昆虫灭绝危机。我们还需要减少和消除导致危机的直接原因，特别是在农业中使用杀虫剂和除草剂。向再生农业和林业实践的转型可以极大地改善昆虫的生存条件，尤其是在退化土地得到恢复的情况下。从"共享土地"到"节约土地"，以及关注栖息地的树木和草地的组合，包括农场上的树篱，也都是保护昆虫多样性所必需的。最后，我们还必须通过减少入侵物种的影响等方式应对间接威胁。

在我们开始各项工作之前，我们回忆一下19岁的达尔文对昆虫的热情，他在1828年给表弟写了一封信，信中写道："我快要死了，因为没有人可以谈论昆虫。"

一只小斑蜻（Libellula quadrimaculata）栖息在植物的茎上，身上覆盖着清晨的露水。

以树木为食

辣木树的叶子是对人类营养最丰富的食物之一，虽然你可能从未尝过。辣木原产于喜马拉雅山脚下，是一种生长迅速的耐旱物种，可以在退化的土地上茁壮成长。它的小叶子像挥动的手一样散布在树枝上，富含30%的蛋白质以及各种营养物质，包括维生素A和维生素C、钙和钾，营养超过了胡萝卜、橙子、牛奶和香蕉。辣木叶含有所有九种人体必需的氨基酸。新鲜的辣木叶可以直接食用，或者经过烹饪或干燥，并作为粉末添加到面包粉等主食中。辣木树皮、花朵、种子和根也可食用，并可以提供额外的蛋白质、维生素、抗氧化剂和矿物质，如铁、锌和铜。辣木还具备医疗作用，包括预防疾病、细胞再生、降低血糖水平和抗炎特性。

辣木是多年生木本作物，这种植物可以年复一年地收获。相较之下，一年生蔬菜，如西蓝花、莴苣和瓜类，则必须在每次收获后重新播种种植。目前，有70多个树种可以生产可食用的食物。它们可以通过叶子、茎、树干、根和土壤长期吸收和封存大气中的二氧化碳。就像森林一样，它们不需要耕作就可以生长，这意味着其土壤中微生物、真菌和矿物聚集体中积累的碳可

以保持完整。多年生物种的多样性加强了碳循环，这些物种包括不同类型的树木、草本植物、棕榈树、藤本植物和草，可以融入粮食生产系统中，为碳进入地下创造了丰富的网络途径。多年生植物的生长季节更长，且叶子可以在土壤表面分解，根的深度也与一年生植物不同，再加上它们在不同条件下在各种景观中生长的能力，都意味着它们在土壤中保存碳的时间比一年生植物更长。它们也会不断地长大，为树干和茎增加碳物质，并长出更多的绿叶，用于进行光合作用。

众所周知，树木可以生产坚果、水果、豆类和糖浆。据统计，2018年，美国消费者平均每人吃8千克新

一辆拖拉机在加利福尼亚州佩塔卢马附近的麦克沃伊农场的托斯卡纳橄榄树上喷洒高岭土泥浆，以防止果蝇在临近收获的一个月内侵扰果实。为了与有机理念保持一致，他们还在农场种植葡萄（包括黑比诺、西拉、蒙特普齐亚诺）和饲养鸡，并使用山羊、拖拉机和手工劳动控制杂草。他们的主要产品有七种意大利橄榄油。他们将橄榄的果核和果肉作为覆盖物返回土壤，并补充家禽羽毛和粪便等有机肥料。麦克沃伊农场占地220万平方米，其中23万平方米种植橄榄，2.8万平方米种植葡萄；其余部分留作荒地和灌溉池塘。

鲜苹果、10千克新鲜柑橘、12千克香蕉和近1.1千克杏仁，总共喝了158万吨咖啡（大约每人每天两杯）。多年生木本作物种类繁多，包括灌木和地面植物，形状和大小各异，生产各种水果和坚果，包括枣、无花果、葡萄、李子、梨、柿子、酸橙、猕猴桃、山核桃、花生、核桃和开心果。有些树的叶子可以吃，包括枸杞——起源于中国，这种浆果营养丰富，非常受欢迎；以及菩提树——一种大树，花能生产美味的蜂蜜，可以制成药茶；还有山毛榉——叶子呈柠檬味，经常被添加到沙拉中。

板栗是山毛榉的"表亲"，几千年来一直是人类饮食中淀粉的重要来源。可食用的板栗有欧式、美式、日式和中式四种，每一种都具有令人愉悦的风味。栗树被认为是一种"完美"的树，因为它具有多种用途，比如生产木材。板栗一直是美国人生活中的主食，直到20世纪上半叶引入的一种寄生真菌杀死了40亿棵栗树——相当于整个非洲大陆的栗树总量。重建工作正在进行中，包括重新种植树木、杂交计划和生物技术研究，以帮助美国板栗再次成为标志性的多产营养食物来源——从历史上看，在美国，每年每棵栗树生产几百千克坚果。而现代品种的板栗提供多种必需营养素：每100克烤栗子含有我们每日所需43%的维生素C、25%的维生素B_6和16%的硫胺素，以及一些必需矿物质。

地理学家J. 拉塞尔·史密斯（J. Russell Smith）是最早认识到树木作物价值的研究人员之一。1929年，在目睹了世界各地特别是山坡上的土壤侵蚀后，史密斯写了一本提倡以树木和其他多年生植物（这些植物在一年中的部分时间不需要耕种或让土地裸露）为中心建立"永久性农业"的书。受到欧洲栗子农场的启发，他写道："作物生产树为将农业扩展到丘陵、陡峭地区、岩石地区和降雨量不足的地区提供了最佳媒介。"他还主张实施"两层"农业，一层是树木，一层是一年生作物或牧场，尽管这个想法只有在土地适合的地方实施。他认为，多年生植物没有得到充分利用和开发——它们本可以被开发成适应当地环境的高产植物。当时，他的观点被置若罔闻，但如今，随着多年生农业成为应对气候和粮食安全挑战的一种方式，人们对他的想法重新产生了兴趣。

食物森林这个古老的想法，如今重新得到了关注。食物森林是一块土地，上面覆盖着用于模仿森林的边缘的可食用的多年生植物。这块地可以小到万分之一平方千米，也可以大到几平方千米。在上面，农民或园丁根据植物的高度创建层层植物，高大的树木遮蔽较小的树木，穿插着灌木、草本植物、开花植物、蘑菇甚至藤蔓。为此，农民需要进行太阳光管理，即哪些植物在一年中的什么时间可以被阳光照射。耐荫植物可以在树冠的保护下生长，而喜欢阳光的植物则可以在开阔的空间生长。通过设计，每个物种都占据了一个生态位，就像一个天然的森林边缘。根据当地条件和农民的需要，多年生作物可以是坚果、水果或树叶的混合物。

食物森林是一种理想的再生农业形式，因为它们种类繁多，产量高，产季多且维护成本相对较低。就像森林一样，它们不需要除草、施肥或耕作，并且可以长时间生产食物。它们可以用碳来丰富土壤，滋养微生物。它们可以通过开花植物和树木的混合来吸引有益的昆虫，包括传粉者。它们为各种哺乳动物和爬行动物创造了栖息地。食用森林的产量和多样性由农民或园丁决定，但应注意多年生植物之间的生物需求和营养关系。

食物森林并不是一个新概念。几个世纪以来，原住民一直在仿照多层森林生态系统种植多年生食物。亚马孙森林的大部分地区曾经被认为基本上没有人为改变，但现在已有大量的迹象表明，数千年前，亚马孙森林已经被高度管理，用于种植树木作物和多样化农业。木炭和植物花粉的证据表明，森林焚烧的周期和玉米、南瓜和根茎作物的种植相关。人们还引入非本土树种，用来生产腰果、可可、棕榈和巴西坚果。如今，食物森林也被称为家庭花园，是世界各地传统和小规模农村农业系统的重要组成部分。随着开发商、社区活动人士和城市领导人的探索，食物森林不仅能为城市地区提供食物，还能美化景观，并为野生动物创造栖息地。

树木是地球上最有效的碳汇物质。多年生农业，无论是用作种植粮食还是生产饲料，都是一种提供营养作物、恢复退化土地并为数百万人提供经济回报的有益方式。将树木作物整合到多年生粮食系统中，尤其是当应用于贫瘠的土壤和易受侵蚀的脆弱农场时，可以一举多得。此外，多年生植物不仅仅是食物，还可以用于制作药品、建筑和工艺材料、天然染料、燃料、服装纤维和家庭用品。正如大自然所期望的那样，我们在多元文化中共同成长，且可以拥有我们的树木，并以它们为食。

我们是天气

乔纳森·萨弗兰·福尔（Jonathan Safran Foer）

　　乔纳森·萨弗兰·福尔是《我们是天气：拯救地球始于早餐》（*We Are the Weather: Saving the Planet Begins at Breakfast*）一书的作者（本文节选自该书），也是2009年出版的畅销书《吃动物》（*Eating Animals*）的作者。他在这两本书中的重点都是动物性食品对气候变化的影响。关于肉类和乳制品行业产生的温室气体排放量，文献中没有达成一致。联合国粮食及农业组织在一项名为"畜牧业的长阴影（Livestock's long shadow）"的未经审查的研究中计算得出，食物系统排放量占全球温室气体的总排放量的18%。这份报告的公正性受到了质疑，因为它与国际乳制品联合会和国际肉类秘书处建立了伙伴关系。2021年3月发表在《自然食品》（*Nature Food*）上的一项研究对截至2016年食物链的每个阶段的排放量进行分解，得出食品系统排放量占全球温室气体排放量的34%，是迄今为止占比最大的单一领域。尽管肉类和奶制品的部分没有细分，但之前的研究表明，有四种食物造成的碳足迹最大，它们分别是：牛肉、羊肉、奶酪和奶制品。因此，减少肉类和乳制品消费仍然是个人、家庭、机构、自助餐厅或国家在食品方面需要采取的首要行动之一。在这篇选自《我们是天气》的文章中，福尔描述了气候危机解决方案选择的简单性和对应阻力的复杂性。

　　　　　　　　　　　　　　　——保罗·霍肯

　　对人类生命的主要威胁包括不断增强的超级风暴、不断上升的海平面、更严重的干旱和供水减少、越来越大的海洋死区、大规模的有害昆虫爆发以及森林和物种的不断消失。对大多数人来说是，这些都是糟糕的经历。它不仅不能改变我们，也不能引起我们的兴趣。吸引和改造是激进主义和艺术最基本的抱负，这就是为什么气候变化作为主题的文学在这两个领域表现得如此糟糕的原因。尽管大多数作家认为自己对世界上被低估的真理特别敏感，但与更广泛的文化对话相比，我们星球的命运在文学中所占的位置很小。所以，也许作家只是对什么样的故事"有效"特别敏感。在我们的文化中持续存在的故事，无论是民间故事、宗教文本、神话或是某些历史段落，它们具有统一的情节、明显的正派和反派以及明显的道德结论。因此，当气候变化被描述为未来一个戏剧性的、世界末日般的事件（而不是一个随时间变化的、渐进的过程）时，我们本能地将其描述为破坏的体现（而不是需要我们关注的几种力量之一）。这场行星危机不易理解，进展缓慢，而且缺乏标志性人物和时刻，似乎不可能用一种既真实又引人入胜的方式来描述。

　　正如海洋生物学家和电影制作人兰迪·奥尔森（Randy Olson）所说，"气候很可能是科学界向公众展示的最无聊的话题。"大多数将危机叙事化的尝试要么是科幻小说，要么被视为科幻小说。幼儿园学生可以阅读的有关气候变化的童书很少，也没有哪个书籍能让他们的父母感动得流泪。从根本上讲，要把灾难从我们的沉思拉到我们的心中，似乎是不可能的。正如阿米塔夫·戈什（Amitav Ghosh）在《大混乱》（*Great Derange*）中所写，"气候危机也是一场文化危机，因此也是一场想象力危机。"——我称之为信仰危机。

　　尽管气候变化带来的许多灾难（极端天气事件、洪水和野火、流离失所和资源匮乏）都是具体的，危及每一个人，并且暗示着形势正在恶化，但人们对气候变化的感觉还是抽象、遥远和孤立的，而不是不断强化的叙事。正如记者奥利弗·伯克曼（Oliver Burkeman）在《卫报》中所说，"如果一群邪恶的心理学家聚集在一个秘密的海底基地，策划一场人类无法应对的危机，那么他们最好的选择就是气候变化。"我们的报警系统不是为概念性的威胁而设计的。事实显而易见：我们不在乎气候变化。

　　社会变化和气候变化一样，是由同时发生的多重连锁反应引起的。飓风、干旱或野火不能归咎于单一因素，就像吸烟人数减少不能归咎于单一因素一样。但在所有情况下，每个因素都很重要。当需要进行彻底的变革时，许多人认为，个人行为不可能引发变革，因此任何个人尝试都是徒劳的。事实恰恰相反：个人行为的无效，恰恰是每个人都要尝试的理由。

　　如果没有人发明疫苗，脊髓灰质炎就无法治愈，这既需要来自美国畸形儿基金会（March of Dimes）的资金支持，也需要乔纳斯·索尔克（Jonas Salk）的医学

突破。此外，如果没有一批患脊髓灰质炎的先驱者自愿参加试验，疫苗就不可能获得批准。正是他们参与了集体行动，才得以将治疗方法公之于众。如果脊髓灰质炎没有成为一种社会传染病并因此形成一种规范，那么获得批准的疫苗将一文不值——它的成功是自上而下的宣传运动和基层倡导的结果。

谁治愈了脊髓灰质炎？不知道。每个人都参与了。

这本书提出了一个集体主义的观点，要求人们以不同的方式进食——特别是晚餐前不吃动物食品。这是观点提出的一个艰难的过程，因为很难实现，也因为其中涉及牺牲。大多数人喜欢肉、奶制品和鸡蛋的气味和味道。大多数人把动物产品在作为重要的食物来源，且不准备接受新的饮食身份。大多数人从孩提时代起，几乎每顿饭都吃动物产品，一旦改变，将会失去快乐和身份

择成为素食者时，作为一个九岁小孩，我的动机很简单：不要伤害动物。多年以后，我的动机发生了变化，因为可用信息发生了变化，但更重要的是，因为我的生活发生了变化。吃饭不再是个人事务，而是70亿地球人的共同事物。也许这是历史上第一个"一个人的时间"这个表达毫无意义的时刻。气候变化不是茶几上的拼图游戏，只要时间允许，随时可以返回。这是一所着火的房子，被放任的时间越长，处理起来就越困难，而且由于恶性循环，很快就会达到"失控的气候变化"的临界点，那时我们怎样努力都无法拯救自己。

这个时代留给我们的资源不容浪费。我们不能只按照自己的意愿生活，因为我们的生活将创造一个无法逆转的未来。在气候变化方面，我们一直依赖危险的错误信息。我们的注意力一直集中在化石燃料上，这让我们对地球气候危机有了一个不完整的认识，让我们觉得我们正在向一个遥不可及的巨人投掷石块。即使事实不足以说服我们改变行为，但也可以改变我们的想法——这就是我们需要开始的地方。

以下是一些将畜牧业与气候变化联系起来的事实：

- 当前的气候变化最初是由动物引起的，而不是由自然事件引起的。
- 自从大约1.2万年前农业出现以来，人类已经毁灭了83%的野生动物和一半的植物。
- 在全球范围内，人类使用59%的可耕种土地来种植牲畜的饲料。
- 地球上每一个人平均拥有30只养殖动物。
- 2018年，99%的食用动物是在工厂化农场饲养的。
- 美国人平均摄入的蛋白质是推荐摄入量的2倍。
- 食用高动物蛋白饮食的人死于癌症的可能性是食用低动物蛋白饮食的人的4倍。
- 畜牧业造成了亚马孙地区91%的森林被砍伐。
- 森林中的碳含量高于所有可开采的化石燃料储量。

气候变化是人类有史以来面临的最大危机，也是一场需要人类共同应对的危机，每个人都要付出努力。要想保护地球，我们必须放弃一些饮食习惯。事实就是这样，所以，你会做出什么决定？

感。这些都是很大的挑战，我们必须承认。与改造世界电网、克服强大游说者的影响通过碳税立法、批准一项重要的温室气体排放国际条约相比，改变我们的饮食方式看似很简单，但这并不简单。

我们吃饭不只是为了填饱肚子，还是为了满足原始的渴望，为了改变自己，为了打造社区。我们用嘴吃饭，但食物也会影响我们的头脑和心灵。当我第一次选

能源

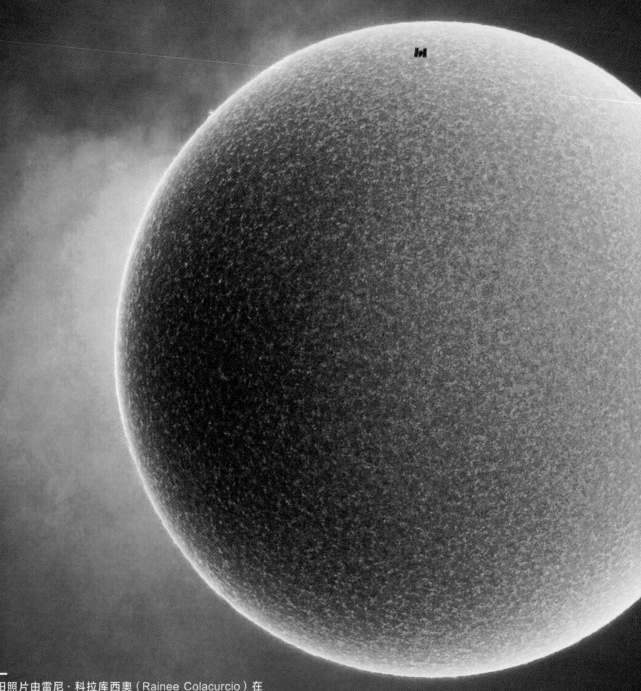

这张太阳照片由雷尼·科拉库西奥（Rainee Colacurcio）在
2019年太阳极小期期间拍摄。通常情况下，太阳表面看起来像正
在发生海上的炽热风暴，布满了太阳黑子和太阳耀斑，向太空延伸
了40万千米。太阳活动大约每11年进入一次极小期，这时太阳黑
子活动就会平静下来。穿越太阳的黑色物体是由来自俄罗斯、意大
利和美国的9个人组成的国际空间站。

简介

气候危机是由陆地植物和海洋浮游植物数亿年所捕获的碳在地质学上的短时间内释放回大气造成的。化石燃料每年造成的二氧化碳排放总量为350亿吨。因此，如果我们不停止使用化石燃料，全球变暖就不会停止和扭转。煤、天然气和石油的燃烧产生了82%的二氧化碳排放。联合国政府间气候变化专门委员会的建议是，到2030年将化石燃料燃烧产生的排放量在2010年的基础上减少45%到50%，这一目标意义重大。为了大幅减少碳排放，我们需要按照来源、用途和应用方式对能源进行分类，即能源来自哪里？用来做什么？我们如何利用它？

我们是幸运的，因为历史上从未有过一个时期拥有如此丰富的能源。在化石燃料出现之前，能源是由火、动物和被奴役的人提供的。几千年前，中国摧毁了大部分的原始森林。17世纪，世界上四分之三的人以某种方式被奴役，构成一种反常而野蛮的"能量"形式。随着18世纪和19世纪大量煤、天然气和石油矿藏的发现，社会逐渐不再以牲畜、树木和木炭作为能源。我们衡量能量价值的方式是它能做多少功——以焦耳为单位。如果把化石燃料的能量价值和人做比较，我们每个人（即使是穷人）都有一个或多个化石燃料"仆人"。印度每个家庭平均有5个"仆人"，美国有400个，这些"仆人"可以为我们供暖，帮我们甩干衣服，运送我们到商店。如果没有这些"仆人"，我们需要花费多少时间和精力完成这些事情？我们很少考虑这个问题。

尽管我们有幸拥有丰富的能源供应，但碳基能源不仅会造成大量污染，甚至还含有威胁生命的有毒物质。化石燃料可以毒害空气、湖泊、海洋、土壤、植物、人和动物。它会产生烟雾，将颗粒物散布到空气中，并导致人类肺部和呼吸道疾病。煤和石油中含有苯、汞、镉、铅、甲烷、硫化物、戊烷、丁烷和数十种毒素。此外，我们使用的大部分能源都被浪费了，无论是煤、天然气还是石油，这意味着大部分能源没有做有用的功——以热能或电能形式存在的能源为一些设计拙劣的系统提供动力，包括我们的建筑、汽车和工厂。根据美国国家工程院（National Academy of Engineering）的数据，美国的能源效率约为2%，这意味着每使用100个单位的能源，只完成了两个单位的工作。一些亚洲和欧洲国家的能源效率稍高一些，但世界其他地区的能源效率更低。因为全世界都在浪费能源，所以我们可以在减少能源使用的同时，仍然生产相同的产品或完成相同的任务。

化石燃料使用方便、能量密度大且价格低廉。它们由远古时代的植物和生物体尸体经过长时间的太阳照射所形成，存在于煤沼泽、海洋沉积物、森林沼泽、焦油砂和页岩之中，其中一些沉积物的历史可以追溯到6.5亿年前。煤、天然气和石油占当今全球主要能源使用量的84%，而太阳能、风能、水电和地热等各种形式的可再生能源提供了5%的一次能源。在这一点上，太阳能和风力发电场每天只能收集太阳到达地球的能源的一小部分。可再生能源的革命不是改变我们能源的最终来源。因为除核能以外，我们的最终能源一直是太阳。可再生能源转型利用了太阳丰富的能量，不仅为我们的文明提供动力，而且可以产生多余的能量，以降低大气中的二氧化碳含量，它是文明的重要转折点。

风能

1882年，托马斯·爱迪生在纽约市珍珠街（Pearl Street）建造了世界上第一座燃煤发电厂。为了服务客户，他还建造了世界上第一个电网，通过将电线挂在杆子上，这个电网2年内为506个客户的1万盏灯输送电能。由于发电厂利润丰厚，他和西屋公司很快在美国各地建造了更多的发电厂。随着发电厂越来越大，电网也越来越大。按需供电的模式彻底改变了商业、工业、家庭和城市。发电厂的类型也越来越多，包括由煤炭、天然气、水力、石油提供动力的发电厂，以及从20世纪50年代开始的核电厂。电力和天然气公用事业是封闭系统，是受公众认可的垄断企业。电网的接入受到严格控制，风能和太阳能等分散式可再生能源被禁止接入。

1976年，在珍珠街原始工厂以北3千米的屋顶上，发生了一件不为人知的事情，改变了这种情况。当时，包括太阳能先驱拉维斯·普赖斯（Travis Price）在内的一群可再生能源活动家和建筑系学生正在修复一个废弃的、被火烧毁的公寓楼，该公寓楼位于破败而危险的东十一街（East Eleventh Street），盗贼在夜间拆下了停在那里的汽车的零件，并在白天出售。来自汉普郡学院（Hampshire College）的一位名叫泰德·芬奇（Ted Finch）的风力涡轮机专业的学生加入了后来被称为"第十一街能源特别工作组"的组织。他曾在比尔·赫罗内默斯（Bill Heronemus）教授的指导下研究风力发电。比尔·赫罗内默斯曾是美国海军上尉，也是一位富有远见的土木工程师，他创造了"风力发电厂（wind farm）"一词，即一组相邻的风力涡轮机可以作为电网的单一发电厂。芬奇预测并见证了1973年的能源危机，首次提出了建立海上风电场，这是一个位于马萨诸塞州海岸装置，由13 695个涡轮机组成。在当时，它被认为是非常不切实际和荒谬的昂贵装置。

在纽约，来自哈得孙河（Hudson River）的阵风给芬奇留下了深刻印象。1974年，即全球石油危机爆发一年后，能源价格翻了两番，当地公用事业公司——爱迪生联合（Con-Edison）电气公司收取了全国最高的电费。像许多人一样，能源工作组正在寻找能大大减少住宅能源使用的方法。芬奇提议在屋顶安装一台风力涡轮机，直接为建筑发电。他们向联合爱迪生公司申请许可，但该公司对这个想法感到震惊，称这可能会破坏其设备，是非法和危险的。芬奇本可以绕过爱迪生公司，让风力涡轮机独立为大楼供电，但他的目标是迫使公用事业公司向当地可再生能源发电开放电网。公用事业公司告诉他，他必须先提交适当的文件。然而，公用事业公司没有人能告诉他文件内容是什么、由谁来提供这些文件。迫于无奈，第十一街能源特别工作组在未经许可的情况下继续安装风力发电装置。

芬奇建造了一座11米高的钢管塔，但他没有起重机或吊车将其竖立起来。最后，35位朋友和邻居聚集在一起，用系在塔顶的绳索从四个方向慢慢地将塔拉起来。一旦它竖立起来，结构就必须直接安装在地脚螺栓上。这非常重要，尤其是在刮风的日子。毕竟，如果塔发生倒塌，对人员和财产造成的潜在损害将无法估量。经过重重努力，芬奇从中西部一个农场购买的一台直径3.5米的二手雅各布斯（Jacobs）牌风力涡轮机最终安装成功。在该小组将直流电转换为交流电后，涡轮机启动，

布洛克岛风电场（Block Island Wind Farm），距离罗得岛海岸约3千米，拥有5台涡轮机，安装在27米深的水中，是美国第一个海上风电场。该风电场的总发功率为30兆瓦，年发电量将超过125吉瓦时，足以满足1.7万户家庭的用电需求。这些发电量大约10%用于布洛克岛，其余将通过水下电缆输送到陆地城市。此外，风力不足时，布洛克岛还能从陆地获得电力。涡轮机海拔110米，叶片长73米。风电场的使用寿命为20年，退役时要求在海底切断支撑基础。当地渔民表示，这些设施为鱼类和其他海洋生物提供了栖息地。

转子旋转，2千瓦的电力流入电网。工作组的成员非常开心，因为从来没有人见过公用事业公司的电表倒转。尤其在此之前，他们还因为没能及时付款而被爱迪生联合公司断电。

芬奇很清楚，爱迪生联合公司的恐惧和警告毫无意义，电网什么也没发生。虽然高耸的发电厂离联合爱迪生公司只有两个街区远，但直到一周后他们才在《纽约每日新闻》（New York Daily News）上了解到东十一街

1974年，芬奇和他的团队在纽约市东村（East Village）的一处公寓楼顶上建造了一座9米高的钢塔，这是纽约市第一个可再生能源装置。反对者是爱迪生联合电气公司，该图背景中的烟正是来自爱迪生联合的燃油发电厂。

的情况。这则报道的头版照片是正在运行的风力涡轮机，背景是爱迪生联合公司。公司提出起诉后，更多的故事发生了，它成了一个轰动一时的事件。美国前司法部长拉姆齐·克拉克（Ramsey Clark）出现在第十一街，表示这是一个与投票同等重要的民权案件，他提出免费为该组织辩护。公众情绪转而反对公用事业公司，爱迪生联合公司最终承认人们有权自己生产电力并将其卖给电网。从技术上讲，公用事业公司不再具有垄断地位。紧随其后的是联邦立法开始鼓励可再生能源生产商，并强制公用事业公司购买和分配电力。今天，帝国大厦及其相关建筑完全由风力供电。

这一变化带来了更深层次的影响。当公用事业公司最初在全国各地成立时，它们一直是垂直垄断企业，包括他们的输电线路。一个地区产生的电力只能被该地区使用，无法共享。如果邻近地区正在经历停电，而附近的公用事业公司甚至可能电能过剩，因此公用事业公司被游说甚至被强制要求向其他电力供应商开放输电线路。一旦输电线路在全美国范围内连接起来，位于中西部（从北达科他州到得萨斯州）的最佳风能资源就可以出售给位于东海岸的最大市场。

当时的第十一街的生产效率最高的风力涡轮机的发电成本是煤炭、天然气或核能发电的20倍。今天，风能（以及太阳能）是世界上新安装的发电形式中最便宜的。再加上太阳能发电、储存和传输，风能可以在2050年之前完全取代化石燃料。风电产生的原因不仅是因为政府强制和气候问题，更与它的成本有关。新核电站的成本是风电的4～7倍，这还不包括退役成本、保险、持续维护或联邦贷款担保成本。如果不算煤炭运输成本的话，燃煤发电厂的成本是风电的2.5倍，天然气发电厂的成本是1.5倍。2019年，风能提供了美国7%的电力和全球5%的电力。

大气科学家肯·卡尔德拉（Ken Caldeira）指出，地球上2%的风将为整个文明提供动力。这个观点得到了国际能源署（International Energy Agency）的支持。该机构计算出，海上风电每年可以产生420 000太瓦时的能源，是2019年全球电力需求的15倍以上。通过细致而卓越的工程设计，风能将在成本和产量上占据主导地位。当计算涡轮机能捕获多少能量时，它有一个理论上的最大限度，被称为贝兹（Betz）极限，表明旋转涡轮机最多只能转换59.3%的风能，无论风速、使用的叶片

数量、叶片长度或涡轮机旋转速度是多少。

风能成本下降的两个最大因素是风力涡轮机的尺寸和规模以及容量系数的增加。容量系数是一台涡轮机在贝兹极限内捕获的能量。如果一台风力涡轮机的理论输出为5兆瓦，实际输出为2兆瓦，那么其容量系数为40%。输出低于额定容量的原因有很多，例如风力涡轮机可能处于不太理想的风力状态，因为风是间歇性的；或者可能存在不同的"临界"速度——该速度是涡轮机实际旋转和发电之前所需的风速。新风电装置的平均容量系数已从21世纪初的25%跃升到今天的50%，主要是因为更好的风力涡轮机和风电场设计、能够承受更强风力的塔架高度、转子的尺寸和面积、更低的切入速度、更高的可靠性，以及变速箱、给定风力位置的计算机模拟和叶片材料的改进。据估计，容量系数可以继续增加，陆上可以达到60%，海上甚至更高。

化石燃料因其产量丰富、成本低廉和使用便利而取得了如此巨大的成功，但这些优势现在受到质疑。与之相对的，陆上风能的成本正在下降。可能进一步改变能源结构的是海上风电，可能会跟随陆上风电成为第三便宜的电能形式。

被称为"风能教父"的亨里克·斯蒂斯达尔（Henrik Stiesdal）希望使海上风电与陆上风电一样实用且价格合理。"我在解决气候问题时遇到了一些糟糕的时刻，"他回忆道。"政客们不会解决它，我们需要自己解决。"如今，四分之三的海上风电场位于欧洲北部海域的浅水区，主要集中在德国和英国周围。中国和美国东海岸附近也存在类似的水域，但为了充分开发海上风能，我们需要进入更深的水域，远离加利福尼亚、葡萄牙、英国和日本的海岸。在那里，大型涡轮机可以收获从海岸上看不到的更强劲的风。风能的潜力是巨大的。加利福尼亚州附近水域的可开采源是该州所需能源的11倍。问题是，当海底深度高于300米时，如何将重达100吨的摩天大楼大小的风力平台锚定在9米高的海浪中。

斯蒂斯达尔的发明令人印象深刻。20世纪70年代，当时还是高中生的他开始试验模型涡轮机。他在乡下的家里不断地制造涡轮机原型机，每一个都比之前的更大、更高效。小型旋转涡轮产生的扭矩让他着迷。他能通过手和胳膊感觉到风的力量。当涡轮机能够满足住宅用途时，当地一家名为维斯塔斯（Vestas）的农业设备制造商的一位高管顺道来访，针对他的原型机签署了许

可协议。该原型机使用的三叶片配置，成为迄今为止所有主要风力涡轮机的标准配置。如今，维斯塔斯是世界上最大的风力涡轮机制造商，销售额达130亿美元，工厂遍布12个国家。该公司在81个国家安装了7万多台风力涡轮机。

海上风电一直是可行的，但由于选址、维护、水下传输电缆和腐蚀性盐水环境，成本要高得多。在欧洲，由于当地农村地区对高耸、嘈杂的风力涡轮机的抵制，人们不得不考虑海水风电。目前，欧洲北部海域已经安装了数千台涡轮机。不仅如此，世界上最大的风力涡轮机也正在那里安装。其中最大的一座是12兆瓦的Haliade-X，由通用电气公司于2019年在荷兰近海建造。它高260米，配备长达90米的叶片，可产生13兆瓦的电力，足以满足1.2万户家庭的需要。Haliade-X的容量系数为63%，高出最接近的竞争对手多达45%。但更多的竞争对手即将到来：2024年，维斯塔斯将安装15兆瓦的海上涡轮机，可为两万户家庭供电。

斯蒂斯达尔正在为公海设计风力涡轮机。模仿海上石油钻井平台的浮动平台非常复杂，制造成本也很高。他早期的风力涡轮机设计之所以成功，是因为斯蒂斯达尔设计了一个浮动基础，可以工业化制造，并重复维斯塔斯在陆上风电方面实现的规模经济。所有的材料都是一样的，大部分的工作都是由机器人完成的，所以涡轮机可以被快速、廉价地生产。有人怀疑成本是否会下降到足够低，或者补贴是否足够高，可以支持深水风力涡轮机。但对斯蒂斯达尔来说，问题不在于我们如何负担得起，而是我们必须这么做。

2019年，全球发电量为27拍瓦时。风力涡轮机的发电量为1.4拍瓦时，约占全球发电量的5%。为了到2050年实现100%的可再生电力，假设风能和太阳能各占50%，到2030年，风力涡轮机的发电量需要翻两番，到2040年再翻一番，到2050年再增加80%。根据国际能源署和世界银行预计的用电量，我们的家庭将使用与现在相同的电量，商品和服务经济对电力的需求将增加3倍，道路上将有30亿辆汽车，世界在30年内不会改变其物质和消费行为。此外，这个数字并没有考虑交通和建筑完全电气化的情况。不管怎样，很难想象未来几十年里，会有更多像泰德·芬奇、比尔·赫罗内默斯和亨里克·斯蒂斯达尔这样的人出现。也许他们已经来了，但我们还不知道他们是谁。

太阳能

几十年来，太阳能的经济潜力一直饱受质疑。然而，目前剩下的唯一争论是太阳能（和风能）多久会完全替代化石燃料。今天的太阳能成本已经低于国际能源署曾经预测的21世纪中叶的成本。由于化石燃料排放的气体占二氧化碳排放量的84%，所以这可以说是世界气候和能源领域最重要的突破。所以，光伏发电是如何变得如此便宜的？

光伏发电始于1839年，当时，19岁的埃德蒙·贝克勒尔（Edmond Becquerel）正在他父亲的实验室进行实验。车间里到处都是由铋、铂、铅、锡、金、银和铜制成的阳极和阴极，不知出于什么原因，贝克勒尔将两个铂电极浸入一个酸性溶液中，并用光照射在其中一个电极上，电流产生了。他发现了光伏效应，即材料在特定条件下暴露在光照下会产生电流。现在在我们看来，这是一个历史性事件。然而在当时，它在很大程度上被忽视了，因为在当时这是一个全新领域的科学实验，与主流的工业技术无关。在那个时候，这个世界的主要能源是煤炭，后来又增加了天然气和石油，光伏发电作为能源还遥遥无期。

19世纪70年代，几位科学家使用硒复现了贝克勒尔的光伏实验。1883年，美国企业家查尔斯·弗里茨（Charles Fritts）在纽约市的一个屋顶建造了一个可发电的光电模块。它在正午的太阳下产生6瓦的电能，但成本相当高，因为太阳能电池由镀金硒制成。但富有远见的弗里茨乐观地认为，他的光伏发电技术在未来将可以与几个街区外刚刚完工的珍珠街燃煤发电厂竞争。尽管弗里茨的模块引起了很多人的关注，包括德国的维尔纳·冯·西门子（Werner von Siemens），但也让许多科学家感到困惑：光伏组件是如何产生比阳光的热能更多的能量的？

答案来自1905年的瑞士专利局，当时只有26岁的理论物理学家阿尔伯特·爱因斯坦发表了一篇"大胆"的论文，声称光有一个尚未被识别的属性，即光的能量既是连续的，也是不连续的。它包含马克斯·普朗克（Max Planck）所说的量子，即今天的光子，这是一种亚原子粒子流，能量随光的波长变化而变化。波长越短（紫外线），能量越大。在接下来的50年里，科学家、发明家和企业家进行了试错实验，以提高太阳能电池的

位于日本栃木县山区前高尔夫球场上的Nasu-Minami光伏太阳能发电厂。

效率。他们申请了专利，发表了实验，修改了材料，制造出硅晶体。最后，在1954年，贝尔实验室为美国宇航局的一颗卫星制造了突破性的太阳能电池。这个电池是用硅而不是硒制作而成，立即引发了全世界的关注。《纽约时报》写道，"太阳的无限能量"成为可能。这种预测虽然有先见之明，但有些为时过早。毕竟，在当时，用贝尔太阳能电池为一座房子供电的花费高达143万美元。如今，美国每11个家庭中就有一个采用太阳能发电；1955年太阳能的制造价格为1 785美元/瓦；现在是10美分/瓦，成本降低了99.99%。

查尔斯·弗里茨关于太阳能将与煤炭竞争的预测是正确的，但过程非常曲折。直到1973年的石油危机、1997年的《京都议定书》、德国在21世纪初慷慨的太阳能补贴，以及全球对气候变化的认识不断提高，才使太阳能真正起飞。庞大的中国太阳能农场带来了成本的分水岭。太阳能的增长一直被低估。从巴黎的国际能源署到纽约的麦肯锡咨询公司（McKinsey & Company），机构对太阳能成本和增长的预测过于保守。太阳能电池板制造商SunPower的创始人理查德·斯旺森（Richard Swanson）解释了原因。根据"斯旺森定律（Swanson's law）"，太阳能光伏组件的数量每翻一番，成本就会下

降20%。但是斯旺森的预测也过于保守了，因为真实降幅超过30%。截至2019年，公用事业规模的太阳能发电厂的无补贴电力成本（包括建设、安装和运营）比燃煤发电厂低44%至76%，比现有或拟建核电厂低69%至81%，比天然气发电厂低16%至46%。而且这个成本还在下降，超出了人们的预期。

2020年5月，美国可再生能源发电首次超过煤炭，四分之三的燃煤发电厂可能被太阳能取代，这将为这些发电厂的所有者节省资金，同时降低电价。化石燃料的构成是死亡的动物或植物尸体，而如今的太阳能可以让化石燃料再次"死去"。

太阳能最初是卫星的电源，现在可以为船只、印第安纳的房屋、坦桑尼亚的学校、底特律的路灯、远程充电站、可穿戴设备（缝在衣服和背包中）、公高速公路标牌、手机信号塔、音乐会、电动汽车和自行车、太阳

一名工人在新加坡北部海岸附近的海上浮动式太阳能发电厂进行作业，该发电厂与马来西亚柔佛州隔海相望。数千块太阳能电池板延伸到新加坡附近的海域。新加坡土地稀缺，为减少温室气体排放，该国计划推动建设浮动式太阳能发电厂，这个项目是该计划的一部分。

能窗户、汽车表面、疫苗冰箱和飞机提供能源。在使用太阳能的体育场馆中，太阳能涂料可以从太阳中吸收能量并将其转化为电能，太阳能垃圾箱可以在充满电时压缩垃圾，体育场馆可以完全依靠太阳能运行。从智利阿塔卡马沙漠（Atacama Desert）的大型集中太阳能发电厂到日本稻田之间的太阳能电池板，太阳能农场和阵列随处可见。在荷兰，73 000个光伏组件、13个浮动变压器和192艘逆变船被组装并放置在湖面上。这个项目的发电量最高可达每天1兆瓦，它的太阳能电池板的安装速度可能创下了世界纪录，全部由充电（太阳能）船只和车辆建造。这种水上太阳能电池板可以抵御海浪、大风和雪。

世界上最大的浮动式太阳能发电厂位于安徽省一个被洪水淹没的前煤矿区；德国Sinn Power公司开发了一个模块化的海上平台，可以同时利用海浪、风能和太阳能发电，并且可以储存海上风电场收集的电力，降低总体成本；1986年乌克兰切尔诺贝利核反应堆爆炸后，就在距离该厂址一箭之遥的地方，建立了一座太阳能发电厂；新加坡95%的电力依赖于液态天然气，该国正与Sun Cable公司合作，在爪哇海和帝汶海铺设一条4 500千米长的高压直流电缆，该电缆将用北方的120平方千米太阳能电池阵列的电力替代该国20%的电力。

尽管德国的日照量相对较少，但德国是世界上从化石燃料发电转向太阳能发电的领导者，其46%的电力来自可再生能源。而且，德国是在没有对消费者和工业造成任何干扰的情况下实现的能源转型，政府在不知不觉间已将可再生能源融入公民生活。位于德国巴伐利亚州南部的农业村庄维尔德波尔茨里德（Wildpoldsried）在1997年决定升级社区，这意味着要建造全新的体育馆、剧院、酒吧和养老院。该地区公民要求这些项目不会产生任何市政债务。到2011年，这一目标已经实现，甚至超额完成：建成了一所新学校、四个沼气池、七个风车、一个区域供热厂、几个小型水电设施和一个天然废水系统，所有这些都没有负债。它的资金来源是生产比村庄使用量多5倍的可再生能源，并将其以可观的价格出售给其他社区。维尔德波尔茨里德堵住了资金流出的漏洞，并关闭了外部循环。社区中的资金流出主要用于购买天然气、电力、燃料、食品等。循环是每个社区都需要的生产和经济活动的循环。堵住资金漏洞意味着更有效地利用能源，在当地产生热量和电力，生产和消费

当地食物（而不是浪费食物），以及用可再生能源为电动汽车充电。关闭循环意味着省钱。当金钱留在社区中时，它会创造就业机会，人们就会富足。当过多的收入流失时，社区就会受到影响。从本质上讲，当地生产的可再生能源可以使社区再生。

如果没有德国能源转型计划（Energiewende）——到2050年实现全国碳中和，维尔德波尔茨里德不可能取得成功。德国的承诺没有先例，他们面临的问题包括以柴油和天然气为基础的汽车行业、国际竞争行业的能源成本上升、电网不完全适合间歇性供电（阳光）或电涌、核电站退役、大型公用事业中断，以及煤炭开采及其劳动力的遗留问题。每一步都是一个艰难的、甚至是激烈的过程。尽管可以从德国走过的道路中汲取经验，但在向完全可再生能源过渡的过程中，一定会有输家：煤矿工人、天然气和石油生产商，以及许多阻碍向太阳能和风能过渡的公用事业公司。

消除世界上的化石燃料是扭转全球变暖趋势的最大难点。这一目标需要两个行动。首先，我们必须迅速扩大生产煤炭和液体燃料的替代品：太阳能、风能、电动汽车和建筑电气化。第二，停止继续为世界上的燃煤发电厂、石油和天然气勘探、管道建设、水力压裂和液体天然气终端提供资金支持。如果我们不这样做，它们将继续运行和排放数十年。摩根大通（JPMorgan Chase）是为化石燃料（包括北极石油和天然气、近海石油和天然气、水力压裂、煤炭开采和沥青砂）提供资金最多的银行，紧随其后的是富国银行、花旗银行和美国银行。在《巴黎协议》签署后的五年内，先后有35家银行向化石燃料行业投入了38 000亿美元。一旦投资者将资金投入到化石燃料项目中，它就会继续运作，影响和腐蚀立法者，并将声称自己创造了就业机会。事实上，在创造就业机会方面，太阳能可创造的就业机会是化石燃料的5倍。不仅如此，一旦未来几年市场投资者被锁定在煤炭和天然气上，可再生能源项目很难获得融资。

在碳排放方面，世界仍在倒退，而不是前进。在过去30年里，化石燃料产生的温室气体排放量超过了之前的230年的排放量。国际机构的"乐观"预测显示，到2050年，太阳能占世界发电量的比例将从3%上升到22%，而整体可再生能源（太阳能和风能）将占世界发电量的50%。考虑到我们目前的情况，这些预测并不乐观，因为可再生能源的产量本可以而且应该占世界

能源产量的95%到100%。欧盟已承诺到2050年建立碳中和能源体系，并认为可以加速实现这一目标。从彪马（Puma）到蒂森克虏伯（ThyssenKrupp），超过60家德国公司希望将经济刺激措施与绿色转型直接挂钩，他们表示不应再将钱花在"旧经济"上。德国最大的钢铁制造商之一的萨尔茨吉特（Salzgitter）甚至希望政府支持将钢铁产业从燃煤动力转变为由可再生氢燃料提供动力。

我们生产能源的方式发生了翻天覆地的变化，其影响和要求是巨大的。遏制和扭转排放趋势的行动是政府、企业和社会的使命。为了实现这一目标，从一个小家庭到一个生产氢燃料的大型钢铁厂，各个层面的机构和人员都需要参与其中。为了防止全球变暖超过1.5摄氏度，太阳能制造和安装数量将需要呈指数级增长。据统计从1993年至2002年，太阳能装机容量增加了2倍。8年后的2010年，这一数字增加了33倍。到2019年，又增加了15倍。要让太阳能取代50%的化石燃料发电，到2030年，太阳能生产和安装数量应该比2019年增加8倍。到2040年，它需要翻一番，然后到2050年再次翻

倍。这相当于地球上每个人都拥有3块太阳能电池板。风能在能源输出方面也需要做同样的事情。此外，我们还期望世界在能源效率方面取得重大进展，并大幅减少过度消费，以降低能源需求。

停止燃烧化石燃料是我们必须跨越的门槛，只有这样，人类、文化和文明才能在地球上存在和发展。1882年，托马斯·爱迪生在纽约市建造了美国第一座燃煤发电厂。2020年3月，纽约州最后一座燃煤电厂——位于萨默塞特（Somerset）的金泰发电站（Kintigh Generating Station）被关闭。这不是我们作为一个文明将走向何方的问题，而是我们能够以多快的速度完全转变为使用太阳能的问题。

东格尔木（East Golmud）太阳能开发项目始于2009年，由几家太阳能公司共同参与。运行和在建的太阳能园区将使格尔木成为中国最大的太阳能发电基地，到2030年，占地将达到120平方千米，功率达1吉瓦。它位于青藏高原以北，海拔约2 800米。由于被强风刮过，该地区形成新月形的凹形沙丘。

电动汽车

在电动汽车发明近两个世纪后，电动汽车已具备了终结内燃机汽车的能力。在美国，第一辆实用的电动汽车于1889年在艾奥瓦州得梅因（Des Moines）的街道上首次亮相。化学家威廉·莫里森（William Morrison）发明了一种电池动力汽车，这种汽车类似于马车车厢，最高速度可达22千米/时。到1900年，电动汽车约占美国所有汽车的三分之一，其销量在接下来的10年里一直保持强劲势头，直到亨利·福特推出了他的以汽油为动力、批量生产的T型车。几年之内，内燃机汽车彻底占领市场，电动汽车被迫退出。直到20世纪70年代，由于能源危机的出现，电动汽车重新引发人们的兴趣。汽车制造商推出了各种型号的电动汽车，但由于消费者对这些电动汽车的最高速度（72千米/时）和行驶里程（不足80千米）并不满意，电动汽车的销售情况并不好。并且随着全球经济的蓬勃发展，油价在20世纪80年代跌至历史低点，电动汽车的前景更显黯淡。但如今，时代变了。

2010年，全球电动汽车保有量达到了1.7万辆，时至今日，保有量已经超过1000万辆。2020年，全球共售出300多万辆电动汽车，比上一年增长43%。中国是最大的电动汽车市场，挪威成为世界上第一个电动汽车购买量超过内燃机汽车的国家。为了顺应趋势，各大汽车制造商纷纷调整了战略：全球最大的汽车制造商大众汽车宣布，将在2026年停止设计内燃机汽车，全面转向电动汽车。通用汽车表示，2025年将推出30款新的电动汽车，2035年将停止生产除电动汽车以外的任何车型。沃尔沃宣布2030年之后只销售电动汽车。福特汽车公司将对其畅销的F150卡车和标志性的野马汽车进行电气化，并承诺改造后的这两款车的性能将超过之前的内燃机车型。特斯拉汽车公司于2006年生产了第一辆电动汽车，在2020年售出了近50万辆电动汽车，该公司生产的Model 3已成为全球最畅销的电动汽车。

根据政府间气候变化专门委员会的数据，自1970年以来，交通运输部门的温室气体排放量增加了1倍以

光年一号（Lightyear One）是荷兰生产的原型电动汽车。该款汽车在车顶安全玻璃下安装了5平方米的高效太阳能电池，每天可以在不充电的情况下行驶69千米，在充满电的情况下可以行驶720千米。在夏季，该装置将增加50千米到80千米的行驶里程。

上，增长速度比任何其他部门都快，其中约80%的增长归因于道路车辆。内燃机汽车、卡车、公共汽车和其他车辆产生的温室气体约占全球总排放量的16%。2019年，美国燃油汽车平均每天汽油消耗量为14亿升，占美国总石油消耗量的近一半，柴油占20%。这无疑促使政府加快了向电动汽车转型的脚步。2020年秋天是加利福尼亚州历史上最严重的火灾季，促使州长加文·纽森（Gavin Newsom）发布了一项行政命令，要求该州所有新乘用车在2035年前实现零排放。几周后，新泽西州决定效仿加利福尼亚州的做法。中国也在大力推动汽车转型，中国政府要求，到2025年，电动汽车在全国销售的占比应达到四分之一。

除了改变汽车的能源种类，还应积极改变电力来源。随着风力、太阳能、地热、水力和生物质产生的电力进入电网，电能变得越来越可再生。特斯拉公司在内华达州的电池制造超级工厂很快将完全由可再生能源供电，挪威的电动汽车依靠水力发电。为了提供全球庞大电动汽车车队所需的电力，以及满足日益增长的电力需求，我们需要对老化的电网进行大规模检修和升级，需要修建新的输电线路和配电中心，以便可以接入分散的能源来源，包括偏远的风力和太阳能发电厂。

内燃机汽车的尾气中含有颗粒物、氮氧化物和挥发性有机化合物，会造成空气污染，电动汽车则不会。到2040年，电动汽车的全面使用将大大减少哮喘、心脏病和肺癌的发病率。目前，巴黎官员已禁止所有造成污染的车辆进入市中心，并打算完全实现无车化。电动汽车的另一个明显优势是保养方便。由于电动汽车的运动部件不到20个，与配备内燃机的汽车相比，所需的维护量减少了50%。

电动汽车的充电基础设施的扩建工作也在紧锣密鼓地进行之中。ChargePoint和Electrify America等公司正在努力连接和扩展美国的充电网络；特斯拉已经建立了自己的超级充电站网络，由全球近2 000个充电站组成，拥有超过20 000个网点；大众汽车已投资20亿美元用于充电基础设施建设。对于准备购买电动汽车的客户，他们会有这样的担忧：给电动汽车充电会比给汽车加油更贵吗？尽管具体费用因驾驶条件和车辆类型而异，但答案显然是否定的。据估计，如果你的电动车每月行驶1 600千米，电的价格是10美分/千瓦时到20美分/千瓦时，那么你的月度账单将在30美元至60美元之间。

相比之下，一辆平均每3.7升汽油行驶50千米的内燃油汽车，以目前的汽油价格计算，在同样的里程数下，每月的费用将超过100美元。

随着充电器网络的增长，它将缓解人们对电动汽车的另一个担忧：充电问题。如今，典型的续航里程是一次充电320千米，预计到2028年将达到650千米，大致相当于大型乘用车在油箱加满后行驶的距离。电动汽车由锂电池驱动，锂电池的能量密度相对较低，这会减慢充电速度并限制行驶里程。新技术的发展正在改变这一现状。一家以色列公司最近宣布，他们已经开发出一种电池，可以在五分钟内完成充电，完成充电的时间大致与加满油箱所需的时间相同。

电池曾占电动汽车成本的三分之一，但从2010年至2020年，电池价格下降了近90%，汽车制造商最早在2023年就可以以与燃油汽车相当或更低的价格出售电动汽车。许多电池的生产需要钴、镍、锰和锂，其来源往往集中在少数几个国家。随着电动汽车需求的增加，对更多矿物质的需求也会增加。例如，到2030年，美国电池制造中使用的锂预计将增加近3倍。然而需求上升对环境所带来的影响需要得到解决。采矿作业会对野生动物种群、地下水供应和生态系统产生不利影响，也可能会激起当地民众的反对。尽管旧电池回收后可以重新用于其他能源存储，包括用于家庭和企业，但许多电池最终会被填埋。锂电池中的材料可以回收利用。为了建立可持续的供应链，汽车制造商加入了全球电池联盟。当电池准备报废时，该联盟将确保这些材料得到回收和再利用。

仅仅将内燃机换成电动机本身并不能实现所需的气候目标，我们还需要改变出行方式。我们需要更多的人使用电动自行车、电气化公交车和火车等公共交通工具。与类似的内燃机汽车相比，低载客量的电动汽车在其生命周期内排放的温室气体要少得多，但它们的人均排放量可能比高载客量电动公共交通车辆高。所以，提高载客量也很重要。

电池技术的进步、价格的稳步下降、电动汽车性能的提高以及对气候变化的担忧正在迅速为汽车市场的颠覆创造条件。这种情况以前发生过。1903年，英国议会议员斯科特·蒙塔古（Scott Montagu）预测，机动车辆的出现对马车的使用几乎没有影响。10年后，马车却被汽车包围了。而现在，我们也处在类似的变化之中。

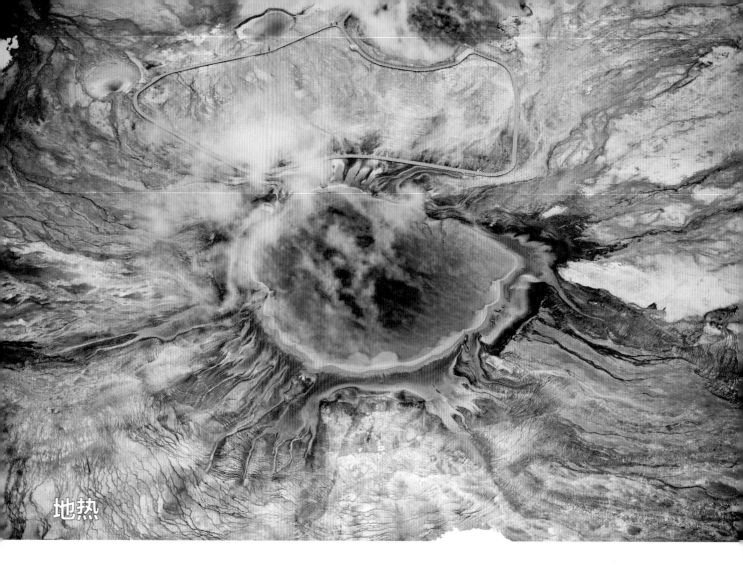

地热

20世纪40年代，美国发明家罗伯特·C.韦伯（Robert C. Webber）不小心被地窖深处的冰箱烫伤了手。随后，他想出了一个改变可再生能源的方法。

当时，韦伯摸了摸冰箱的排水管，以为它们是低温的。结果相反，管道热得发烫。他意识到这些管道正在散发从冰箱内部收集的热量，使其保持低温，因此他将管道连接到他的锅炉，结果产生的热水超过了家人的使用需求。随后，他将多余的热水接入另一根管道，并用风扇将热量吹入屋内。当这个实验成功后，韦伯决定利用另一个热源：地窖的地面。他知道土壤全年都能隔热，即使在冬天也是如此。他埋下了一圈铜管，并添加了氟利昂气体，当气体通过管道时，会吸收一些地面热量。然后，他在地窖里用机械的方式释放收集的热量，并用它来给房子供暖。实验非常成功，韦伯在第二年卖掉了他的燃煤炉。

热泵根据热力学原理将热量从一个地方转移到另一个地方。通过使用闭环系统，电动压缩机将低温热源提高到足以加热建筑物的温度。热源——例如空气——可以在建筑物内部或外部。温度更高的热源可以创造更高的效率。在冬季，空气热泵将热量从室外转移到室内（冷空气仍然具有热量），池塘中的水也可以作为热源。

韦伯的创新是将地面用作热源。

地壳是一个巨大的太阳能电池。地球表面吸收的太

怀俄明州黄石国家公园大棱镜温泉鸟瞰图。明亮的颜色是来自水中的嗜热细菌自然产生的。可以看到人们在这个框架顶部的凸起小径上行走，为这个巨大的自然景观提供了比例参考。黄石超级火山的岩浆室将水加热到71摄氏度。泉眼宽97米，深48米。蓝色是光线通过富含矿物质的干净火山水折射的结果，黄色和橙色是嗜热藻类和细菌的化学合成垫（不需要阳光）。

阳辐射能量的一半储存在那里，使地球变暖。每日和季节性高温和低温不会渗透到地面几米以下，这个深度通常称为"霜线"。在这条线以下，地面温度全年几乎稳定在7摄氏度到20摄氏度之间。由于太阳的热量维持，在地表以下10米处，地面的温度是恒定的。由太阳产生的地热是热泵技术的理想选择。在冬天，泵将热量从地面输送到建筑物，而在夏季，它可以将热量从房屋输送回地面。这是一种每时每刻都以恒定的速率提供的基载能量。

想在冬天洗个热水澡吗？地热可以满足这个要求。

与传统加热炉相比，热泵使用的能源要少得多，可以将加热和冷却的电力消耗减少60%以上。由于它们只需要少量电力来运行，所以可再生能源就可以支持它们的运行。尽管安装成本高昂，但地热热泵安全、安静、无污染、运营成本低，可以使用20年或更长时间，并且

也没有烟囱、煤气表、丙烷罐、嘈杂的空调机组或可燃部件。

热泵主要用于取代天然气和煤炭，后者是大多数工业化国家使用最多的供暖和制冷方式。美国大约一半的家庭使用天然气来供暖、烧水、烹饪食物和烘干衣服。2019年，家庭住宅的天然气消费约占美国天然气消费总量的16%，随之而来的结果是建筑物供暖和制冷每年产生的温室气体排放量占到了美国排放总量的十分之一。

位于冰岛西南端雷克雅涅斯维尔克郡（Reykjanesvirkjun）的管道工程和地热发电厂。该发电厂通过两台50兆瓦的涡轮机产生100兆瓦电力，使用温度为290摄氏度至320摄氏度的蒸汽和盐水，从2 700米深的12口井中提取热量。

根据落基山研究所（Rocky Mountain Institute）的分析，用热泵代替燃气炉将减少46个州的碳排放，这些州覆盖美国99%的家庭。即使你不能用太阳能为热泵供电，随着天然气和可再生能源取代煤炭，电网的电能每年仍在继续脱碳。这就是各大城市开始逐渐通过立法，要求所有新建筑100%使用电能的原因。

地热是一种通过电力生产可再生能源的传统形式，它可以产生非常热的水。地球在45亿年前形成以后，内部的放射性矿物通过衰变产生的热量就是地热的来源。地核的温度可能超过5 000摄氏度，与太阳的温度表面大致相同。地核表层是熔岩，它被一层被称为地幔的3 200千米厚的硅酸盐物质包裹。地幔又被地壳——一层厚度在5千米到80千米的固体岩石包围。地壳中的裂缝经常出现在板块交汇处，岩浆通过裂缝上升到接近地表的地方，加热蓄水池。通过钻孔，蓄水池的水和蒸汽被输送到发电厂，在那里转化为电能。此外，这些水和蒸汽也可以作为热源来给建筑物供暖。当冷却后，它们被送回蓄水池重新加热，这使得地热成为一种可再生资源。

20世纪70年代，人们开发了一种叫作增强地热的技术。该技术通过深井将高压水注入过热的岩石中，沿裂缝压裂岩石。注入这些裂缝的水被岩石加热，然后通过另一口井抽回地面，用于发电厂发电。然后，通过井内循环，水在封闭式系统中再次加热。此时，包括定向钻探在内的先进技术使人们能够扩大加热区域的规模，并在更深处开采热岩，从而扩大地热能的可用量。

冰岛30%的电力来自与该国的火山活动有关的地热资源。日本和新西兰使用热水池、间歇泉和蒸汽喷口。美国生产了世界上最多的地热能，每年发电180亿千瓦时，相当于1 000多万桶石油产生的能量。使用地热的国家还包括肯尼亚、哥斯达黎加、印度尼西亚、土耳其和菲律宾。

因为地热技术需要获取极高温度的水，只有有火山区的国家才具备条件，所以目前的地热技术提供的能源不到全球发电量的1%。此外，钻探的成本也很高。从规划阶段到发电，开发一种资源需要10年的时间。相较之下，一个大型太阳能电池阵列可以在不到一年的时间内投入运行，一座风电场也只需要四年时间。地热深钻

面临着复杂的技术挑战，包括高压力、危险温度和腐蚀性流体。增强的地热水注入可能会引发地震，比如韩国浦项市就因此发生了5.5级地震，地震不仅破坏了建筑物，还导致1 700名居民紧急避险。最后，向地壳裂缝中注入水产生的高压还会激活可能引发地震的未知断层。

近年来，地热技术不断发展。瑞典公司Climeon开发了一个8立方米的小型模块化装置，该装置可利用地球上非常丰富的低压、低温（低至80摄氏度）地热资源发电。它采用热交换器，将周围的地下热量传递给定制的涡轮发电机。

这种装置可产生约150千瓦的电力，足以为一百个欧洲家庭全年供电。因此，这些装置提供的电力足以与欧洲的风能和太阳能相媲美。不仅如此，由于装置是模块化的，客户还可以根据需要安装任意数量的装置，以满足其能源需求。这种标准化装置几乎可以在任何地方以任何规模工作。Climeon的第一家地热发电厂在冰岛开业，随后在日本设立了两个项目，其中包括在该国传统温泉度假村之一的试点项目。Climeon正在开拓中国台湾、新西兰和匈牙利市场，这些地区的地热潜力非常适合该公司的低温技术。

Climeon的装置还可以利用工厂和其他工业来源的余热。在许多工业实践中，大约一半的能源被转化为余热。Climeon有一个客户正是一家钢铁厂，这家钢铁厂用水来冷却铁水。通常情况下，冷却后产生的90摄氏度的水会被排放到环境中。现在，这些热水可以驱动该公司的一组装置发电。

地热资源具有来源丰富、取之不尽、可靠、经济、高效、不受气候影响、多功能的特点。当风力减弱或白昼转为黑夜时，地热会继续供应，为风能和太阳能提供基载电力。目前，地热也加入了一个快速发展的再生运动。冰岛一家致力于无排放生产的地热公司的总经理伯格林德·兰·奥拉夫斯多蒂尔（Berglind Rán Ólafsdóttir）说，人类"正在迅速朝着提高效率、减少浪费的方向发展"。他补充道，"我们可以以尽量小的影响利用大自然的恩赐。最重要的是减少碳足迹——我们打算到2030年完全消除碳足迹。"

电气化

索尔·格里菲斯（Saul Griffith）在其著作《电气化》（*Electrify*）中将新冠感染疫情全球大流行和全球变暖进行了生动的类比：多年前，我们就知道未来某个时候会出现大流行病，我们需要为此做好准备。然而，美国和大多数国家都没有做好准备。同样的，几十年前，我们就收到了全球变暖的警告，但我们也没有为此做好准备。与全球变暖一样，新冠病毒感染始于发烧。用流行病学的说法，我们被告知需要将病毒传播速度曲线拉平，以降低感染率。拉平温室气体排放曲线需要实现碳中和（平衡）——这是实现减排的阈值，之后我们才能逆转全球变暖的趋势。正如大流行需要疫苗一样，全球变暖也需要"疫苗"。不同的是，多年来，我们已完成70%以上的气候"疗法"——彻底改变我们的能源基础设施，实现能源的全面电气化，消除各种形式的化石燃料燃烧。著名气候记者比尔·麦基本（Bill McKibben）写道："应对气候危机的首要原则很简单：尽快停止燃烧煤炭、石油、天然气和树木。今天，我提供另一条基本原则，这是首要原则的延伸：绝对不要建造任何与火焰相关的新东西。"

实现这一目标不是白日梦。这个目标的设立是基于纯粹的物理学和简单的经济学：能源电气化可以降低几乎每个人的能源成本。这将需要公平的金融工具，以便所有利益方都能承担转型的支出。

Haw River House是建筑师艾瑞尔·谢赫特（Arielle Schechter）在北卡罗来纳州建造的一栋240平方米的零净排放住宅。它的屋顶太阳能电池板可以提供建筑所需的所有电力。住宅的隔热、被动式房屋设计、能量回收通风机和太阳能反射窗帘提高了能源效率，有助于保持恒温。地热热泵完成其余的供暖和制冷需求。它也无须外部供水；内部的一口小井支撑着一个雨水收集和净化系统，该系统装满水后可以提供230天的用水。

没有人比物理学家索尔·格里菲斯更深入地研究美国的精确碳足迹。他在美国的工作也适用于世界上每一个国家。当他提到使一切电气化时，他的意思是用风能、太阳能、水力、电动汽车、热泵和精心设计的电网取代化石燃料，使能量能够轻松有效地从源头流到目的地，并且可以回收。用于蓄电的各种型号的电池将无处不在。在连接的电网中，汽车和房屋可以在夜间作为能源接收器，在白天作为能量提供者。根据格里菲斯的说法，如果我们使整个世界经济实现电气化，我们需要的能源不到我们目前使用的一次能源①的一半。

乍一看，燃气发电机似乎比弱小的太阳能电池板更有效。真实情况并非如此，可再生能源的效率其实更高。燃煤发电厂使用锅炉、蒸汽和涡轮机将热能转化为电能，其总能量损失率为68%，许多天然气涡轮机的总能量率损失为42%至50%。相较之下，太阳能和风能可以更直接地转换来自太阳的能量。光子的能量转移到半导体中的电子，没有燃烧发生。风推动涡轮机转动，但风是免费的，不需要热量。因为效率不同，从化石燃料燃烧到可再生能源的转换将使美国的整体能源使用量减少23%。可再生能源已经是新能源中最便宜的形式，而且还可以变得更便宜，但其他形式的能源生产并非如此。

汽车、卡车和火车的电气化可以节省更多的能源。汽车80%的能量在加热发动机缸体、驱动消声器或通过排气管排出，其中任何一种都可能导致三级灼伤。因此，只有20%的能量推动车轮转动。而在电动汽车中，则有90%的能量推动车轮转动。如果电动汽车由可再生能源提供动力，将消除额外的15%的一次能源需求。

生产化石燃料所需的能量相当大。每天大约有100万吨煤炭被运往中国东海岸。大秦铁路是世界上最繁忙的货运线路，煤炭列车长度超过6千米。化石燃料的淘汰将会导致大秦铁路的淘汰。电气化使得化石燃料勘探、开采、钻探、提取、泵送、精炼和运输变得不必要，从而又节约了11%的一次能源。这还不包括为采矿和钻井设备、油轮、液化天然气终端、铁路车辆、炼油厂和加油站制造钢材所使用的大量能源。这也不包括修复和处理化石燃料造成的损害、污染和健康影响所需的能源。

在家庭、办公室和工业中，热泵可以取代燃气装置、电动装置或燃油装置，用于供暖、制冷和烧水。热泵利用电力从空气或地下提取热量，每单位能源产生的热量是天然气、石油或电阻加热的3倍。如果能够实施，这将再节省5%到7%的一次能源。此外，发光二极管照明的效率是传统照明技术的5~10倍，灯泡使用寿命长5~10倍，可将一次能源总体使用量减少1%到2%。

对于需要高温和大量能源的工业过程，包括炼铁厂、高炉炼钢和水泥厂的作业，以及某些类型的运输，如海运、卡车运输和航空旅行，使用电力生产氢燃料可能是最佳选择。氢是宇宙中含量最丰富的元素。它可以气体或液体的形式存在。同等质量下，它的能量几乎是化石燃料的3倍。但要成为实用的能源，必须首先将其从原材料中分离出来：一种来源是碳氢化合物，包括甲烷，但废物是二氧化碳；另一个来源是水，其副产品是氧气。从水中分离氢气需要用电解槽来电解水，这个过程需要消耗大量电力。如果使用的电力来源于可再生能源——太阳能、风能、水力、地热，那么产生的产品被称为绿色氢。这种清洁能源可以在任何有水和电的地方生产。尽管比化石氢更贵，但随着可再生能源变得更便宜，这种方式的成本正在迅速下降。许多政府将绿色氢视为世界未来能源结构的重要组成部分。欧盟正在投资清洁氢；2020年，沙特阿拉伯宣布斥资50亿美元建造一座由风能和太阳能驱动的氢能工厂；国际能源署负责人认为，现在的绿色氢能就像十年前的风能。

亚洲可再生能源中心（Asian Renewable Energy Hub）计划为澳大利亚和亚洲市场提供26 000兆瓦的风能和太阳能电力，这个项目占地6 500平方千米，将在阳光普照的西澳大利亚建造，产生的电力主要用于生产氨，然后将氨转变为清洁氢能，用于国内和亚洲的钢铁生产、矿物加工和制造。

总体而言，电气化可以在提供相同的产品和服务的前提下，让美国的整体能源消耗减少60%。电气化对世界其他地区的影响是相似的。这60%还不包括节能40%至80%的建筑改造、智能恒温器和更高效的电器。所以，我们还可以进一步减少能源使用。如果汽车由碳纤维而不是钢制成，并使用再生制动系统来捕获减速时损失的能量，汽车的能源消耗可能会再下降50%或更多。

① 一次能源：天然能源，指在自然界现成存在的能源，如煤炭、石油、天然气、水能等。——编者注

它还不包括人们在当地工作节约的交通能耗，不包括显著降低能源需求节约的物流能耗。换言之，总能源使用量减少60%并没有考虑到我们对能源的需求也在减少，减少的速度甚至超过能源再生的速度。

虽然使一切电气化最终会减少整体能源消耗，但全球所需电量将增加一倍——从目前的2.3太瓦增加到2050年的4.8太瓦，这是一项艰巨的任务。如果2050年的我们还像今天这样生活，大量能源仍将被浪费。此时此刻，全球有50万人在350艘游轮上娱乐，这是对宝贵能源的滥用。除非我们意识到自己的影响，否则，可再生能源在未来仍将供不应求。电动汽车不是灵丹妙药。开着一辆价值5 000英镑的电动汽车吃中餐外卖是一种能源浪费，即使是可再生能源。毕竟，电动汽车的锂电池需要的稀有金属需要通过采矿和提炼才能生产出来。

电气化是一种变革。我们不需要突破性的能源技术来大幅减少碳排放。我们现在就拥有我们需要的工具。我们不需要发电厂制定措施来防止其排放物排放到空气中，我们可以停止燃烧化石燃料。我们不需要为了实现气候目标而做出巨大的个人牺牲或经济牺牲，我们仍然可以拥有我们的汽车，但它们必须是电动的。来自电网的能源必须都是可再生的。使一切电气化将是一项艰巨的工作，也是一个机会。在转型的第一个十年中，将创造2 000万个就业机会，数百万人将在新能源经济中实现长期就业。能源成本会下降，收益将具备累积效应。天空会更晴朗，城市会更安静，家庭和办公室将变得更加智能，生活会越来越好。如果能树立可持续能源消费的良好示范，那么全球太阳能和风能的容量足以为未来的全人类提供体面的生活。

热泵将热量从空气或地面中抽出来。热泵的工作原理与空调的工作原理相反，它可以为家庭或整个建筑提供所需的全部热量和热水，并将能源消耗减少50%。如果用于驱动热泵的电力是可再生能源，那么它可以减少95%以上的温室气体排放。

能源储存

作为两种主要的可再生能源，风能和太阳能呈现间歇性特点。风时有时无，太阳也一样。而且，它们也不会提升功率以满足额外的需求。为了确保电网可靠，公用事业公司需要拥有灵活的电力——无论时间、季节或天气如何，都可以随时使用。到2050年，一个完全可再生的电网每年需要约4.4拍瓦时的储能容量，是当前储能容量的275 000倍。

目前，大多数可再生能源的储存方式是抽水蓄能电站。当电能充足或不需要时，它被用来将水抽到蓄水池中；当需要能量时，水被释放出来，推动涡轮机旋转发电。然而，水电储存容量有限，因为它需要附近更高海

拔的蓄水场，这通常需要建造人工湖或水坝，还可能会损害当地环境。一些研究人员正在开发一项技术：通过用密度更高的液体代替水。英国初创公司RheEnergise可以在较低的斜坡上建造更小的抽水蓄能系统，产生与传统水坝相同的电力。当建造在地下时，这些系统将

———————

这是现已完工的Cerro Dominador集中式太阳能发电厂的第一阶段，位于智利阿塔卡马沙漠的Maria Elena公社。该工厂采用的熔盐技术可以存储长达18小时的发电量，从而可以一天24小时连续提供太阳能。建成的工厂占地7平方千米，有10 600个自动跟踪太阳的定日镜。

腾出上方土地，用于太阳能、风能或其他可再生能源开发。

从智能手机到电动汽车，大多数现代设备使用锂离子电池储存电能。但电池存储成本太高，无法大规模使用。最近，情况发生了变化。电池存储成本在2009年至2019年间下降了90%，预计到2050年将再下降75%。因此，电动汽车有望在2024年实现和燃油汽车同样的拥车成本，甚至更便宜。锂离子电池存储几乎可以在任何地方实施，并具有快速的响应时间。抽水蓄能发电需要几秒钟来响应需求，而电池的响应时间为毫秒，使其能够满足快速增长的需求。这使得锂离子电池成为所谓的"调峰电厂"的理想替代品——这个角色之前一直由燃气发电厂担任，解决需求峰值无法预测的问题。未来的电池存储将不限于大型存储设施。锂离子技术不仅可以应用于大型储能，也可以用于电动汽车：当电动汽车占据市场主导地位时，整个世界将有数十亿个锂电池连接到电网，以便在需要时共享能源。

然而，锂离子电池并不能满足我们所有的能源存储需求。尽管这些电池技术已经取得了巨大的突破，比如能够在五分钟内充满电的电动汽车电池，以及新的回收技术，但核心材料仍然具有巨大的环境成本——电池会随着使用而退化，而且一些锂矿存在侵犯人权的问题。即使没有这些问题，锂离子电池充电一次也只能提供数小时的能量，而在某些地区，我们需要的是进行季节性储存，以弥补冬季阳光的不足。

工程师和科学家已经为这两个问题提供了创造性的解决方案。首先，一些公司正在使用其他材料制造电池：美国初创储能公司Ambri正在开发一种用于电网电力存储的液态金属电池，电池使用液态钙和固态锑，其价格可能是具有竞争力的锂离子电池的三分之一，且退化程度更低。南加利福尼亚大学（University of Southern California）的研究人员发明了一种新型的液流电池，该电池使用硫酸铁，这是采矿业产生的一种废物，比传统的锂电池释放能量的时间更长。美国创业公司Form Energy正在明尼苏达州安装"水气电池系统（aqueous air battery system）"，该系统"利用地球上最丰富的一些材料"，而不是使用锂和其他金属。有些公司正在使用熔盐或破碎火山岩制造热电池，如摩洛哥的Noor Midelt公司和挪威的Energy-Nest公司。这类系统的工作原理是将多余的能量用于隔热储液罐，这些储液罐后续可用于运行汽轮机。熔盐电池的设计可以使热量缓慢流失，从而降低存储成本，每千瓦时的成本估计比电池便宜33倍。初创科技公司MGA Thermal正在探索另一种选择：用合金金属块取代燃煤发电厂的煤炭，这种金属块的大小约为烤面包机的一半，可以像乐高积木一样堆叠，用于储存大量热量。它们通过可再生能源进行加热，根据发电需求添加到锅炉中或从锅炉中移除，以增加或减少发电量。通过这种方式，该公司在保留了基础设施的同时，实现了对煤炭的替代。

我们不仅可以抽水蓄能，还可以通过提升混凝土蓄能。例如，瑞士公司Energy Vault制造了一台大型六臂起重机，通过连接到风力涡轮机或太阳能发电厂，利用多余的可再生能源将35吨复合混凝土砌块堆成一座巨大的塔楼。这些砌块下降的重力可以使涡轮机旋转，从而产生电力。这项技术不像抽水蓄能技术依赖于地形中的物理高度差异，几乎适用于任何地形。此外，马耳他大学（University of Malta）的研究人员正在进一步研究水力蓄能。他们不是将水抽到山上，而是把水抽进一个腔室，使腔室内的空气被压缩。当需要能量时，让空气膨胀，将水推出并通过涡轮机发电。

最后，一些研究人员正在寻求一种在便携性和能量密度方面与化石燃料类似的能源形式。目前，这种能源形式最有可能的是氢能。虽然目前只有通过化石燃料才能以经济实惠的价格获得氢，但随着可再生能源成本的持续下降，通过从电解水产生绿色氢气越来越具有成本效益。因此，德国正在全力发展绿色氢能，计划到2026年在氢气和燃料电池技术上投资15.4亿美元，成为世界氢能技术的领导者。

所有的储能技术都有一个共同点：它们类似于自然界中的解决方案。植物通过将太阳能转化为糖来储存能量；当足够的水进入间歇泉时，压力升高，间歇泉就会喷发。这些技术都可以存储日常的能量。

微电网

2019年秋天，太平洋天然气与电力公司（Pacific Gas & Electric）为了降低引发野火的风险，切断了加利福尼亚州北部客户的供电，导致200万人陷入黑暗。然而，位于尤里卡（Eureka）附近的蓝湖牧场部落（Blue Lake Rancheria）的成员，他们房间的灯却一直亮着。该部落的赌场酒店能够为停电区域的危重病人提供房间，加油站和商店也保持营业。最终，该部落在危机期间帮助了1万多人，约占洪堡县（Humboldt County）人口的8%。为什么该地区没有停电？因为部落建立了自己的电网。

蓝湖的微电网经历始于2011年3月日本附近的一场大地震。地震引发的海啸穿过海洋，淹没了尤里卡附近的加利福尼亚海岸，迫使许多居民在该部落的度假村避难。部落领导人随后意识到停电会给居民生活造成风险，在州政府的财政支持下，他们决定在保留地上建立一个一流的微电网。微电网由蓄电池、配电线路和电源（包括风力、水力、地热和太阳能）组成。尽管微电网通常与区域输电网相连，但它是作为独立的公用设施运行。如果上级电网停电，它们就会变成可以自行供电的

"孤岛"。为了提高自给自足的能力，蓝湖部落与一家德国公司合作安装了智能软件，将天气预报与电力需求预测结合，在不确定的时期创造一种确定性。

2012年秋天，飓风桑迪（Sandy）袭击了美国东北部，导致800多万人断电，微电网的优势再次得到显现。在微电网运行的地方，美国食品药品监督管理局的白橡树研究站和纽约大学校园的部分校区的灯一直亮着。风暴发生后，普林斯顿大学的热发电微电网为4 000套公寓、3个购物中心和6所学校提供了2天的电力。

夏威夷的Kahauiki村是一个拥有144个单元的社区，它为无家可归的家庭提供长期的经济住所以及一整套现场服务和设施。它由公私合作机构资助，使用低成本、可维护和可持续的建筑解决方案，并采纳了最初为2011年日本海啸灾民建造的应急房屋设计。该社区基本实现了能源独立，由一个500千瓦的太阳能微电网提供电力，并配备有2.1兆瓦时的电池储能装置。该装置由一些燃气设备、一台发电机和来自电网的少量备用电源支持，以在长期阴天条件下为电池充电。

在全球范围内，近8亿人无法用电，其中60%以上生活在农村地区。在美洲原住民保留地，大约14%的家庭缺电，主要是因为他们的地理位置偏远。这就是美国现在正在俄克拉何马州、阿拉斯加州、威斯康星州和加利福尼亚州的部落土地上规划微电网的原因之一。在尼日利亚，有7 700万人无法获得可靠的电力，约占总人口的40%。尼日利亚农业缺电的情况尤其严重。碾磨谷物、制冷和抽水灌溉等农业活动都需要用电。传统上，这些动力由柴油机械提供。然而，燃料成本太高，甚至可能超过农民的年收入。微电网和太阳能家庭系统可以降低农民成本，提高生产力，从而显著提高农民福祉。

微电网并不是一个新概念。1882年，托马斯·爱迪生在曼哈顿的珍珠街发电厂创建了第一个可运行的微电网。在集中式电网建立之前，小型微电网服务于城市，为医院、学校和监狱提供能源。这些微电网主要依靠化石燃料产生的热能和电力系统。如今，随着气候变化加剧，极端天气对传统电网的风险增加，微电网正重新受到关注。根据世界银行的数据，2000年至2017年间，美国55%的停电事件和欧洲超过三分之一的停电事故是由极端天气造成的。除了可靠性的优势，微电网的输电效率比集中式电网更高。集中式电网会在电的传输过程中损失电力。据统计，美国电网在高压输电线路上损失了6%的发电量，印度的电网损耗高达19%。

随着各州、各城市和公司设定碳减排目标，微电网正在被视为向客户提供可再生能源的一种方式。微电网的能源可能来自太阳能电池板或风力涡轮机，它们的价格已大幅下跌，并被用于各种气候友好型电气用途，包括城市的汽车充电站。2018年，伊利诺伊州监管机构批准了爱迪生联合公司在芝加哥的微电网集群计划，这是美国首批将微电网与可再生能源整合的计划之一。

美国国防部是世界上最大的单一石油消费机构。为了减少对石油的依赖，该部门已开始从柴油发电机转向可再生能源驱动的微电网，包括位于圣地亚哥的海军基地等大型机构。位于南卡罗来纳州帕里斯岛（Parris Island）的海军陆战队基地计划改用微电网系统，预计每年将节省690万美元的公用事业成本，并将能源需求减少四分之三。

随着微电网潜在用途范围的扩大，人们正在开发新型系统，包括允许微电网设备通过互联网通信，从而提高效率。虽然微电网通常是为满足特定需求和条件而定制的，但该行业也在开发可以用标准单元制造并快速安装的模块化微电网。新技术还降低了电池存储成本，同时提高了容量。未来，微电网可以利用氢燃料电池技术进一步减少碳足迹。

新技术也激发了新概念。在孟加拉国，400万农村家庭绕过了传统的电气化方案，安装了太阳能家庭系统，导致该国成为世界上安装太阳能家庭系统最多的国家。然而，这些系统的容量有限，并且对于大部分家庭来说，成本过高。于是，他们应用了一种名为"群体电气化（swarm electrification）"的技术。在首都达卡以南的Shakimali Matborkandi村，一家名为SOLshare的微电网公司安装了点对点的共享电网，该电网使用该公司的智能电表，允许太阳能系统的所有者直接从其他社区成员那里购买和出售电力。这项技术被称为"群体电气化"，因为它允许简单快速地扩展。单个家庭被连接在一起，随着总数的增加，他们能够共同承担更多的电气负载。负担不起太阳能系统的家庭仍然可以安装SOLshare的电表，然后从邻居那里购买电力。

这种微电网具有额外的气候效益。通过将太阳能家庭系统连接在一起，SOLshare可以多使用三分之一的太阳能。通常情况下，太阳能家庭系统产生的任何未立即使用的电力都会丢失，但当一个社区连接在一起，一些家庭产生的多余的能量，可以被另一些家庭利用。因此，社区可以更充分地利用其太阳能电池板产生的能源。据SOLshare估计，孟加拉国各地的太阳能系统每年总共减少5吨的二氧化碳排放。它还能增强使用的灵活性，即如果一个家庭的太阳能系统停止运行，那么这个家庭可以继续从其他家庭购买太阳能电力。

尽管微电网面临着各种挑战，包括相对较高的建设成本、监管障碍、有利于化石燃料的财政激励以及传统公用事业公司的反对，但它们可为结束气候危机做出重大贡献。通过从附近的地区开发几乎无限量的可再生能源，并在当地重新分配，微电网可以使社区自给自足，并能够抵御极端气候，同时减少温室气体排放。

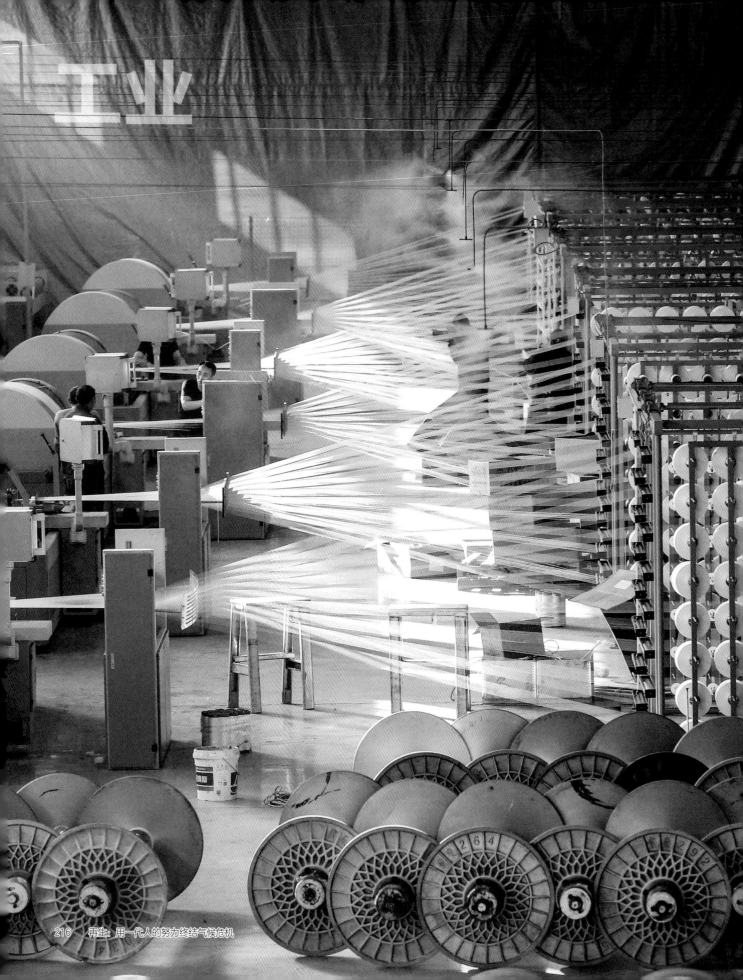

简介

每一类工业都是一个系统，每个工业系统都需要索取，无论是能源、食品、农业、制药、交通、服装还是医疗保健，它们都从生物世界中索取资源，对生命造成危害。因此，索取导致退化。每一个工业系统都是全球变暖的直接原因，不仅因为温室气体排放，还因为对土壤、水、海洋、森林、空气、生物多样性、人类和文化的破坏。伤害不是公司的本意，但为了变得再生，公司必须首先认识到它与生俱来的退化属性。这不是指控；这是一个蕴含着巨大机会的生物学事实。

工业生产、运输和运营造成的温室气体排放使得工业成为气候问题的关注焦点。这个排放量非常大，毕竟，工业占到了全球能源消耗的30%。在中国，这一比例约为50%。温室气体排放是由各种各样的工业活动造成的，从机械加工到金属冶炼，从铁路运行到炼油，从空运到办公运转。工业的外部影响包括空气和水污染、有毒物质排放、贫困、生物多样性丧失、森林砍伐、原住民文化的破坏以及广告——鼓励过度消费汽车、电子产品、酒精、烟草、快餐和垃圾食品。

最初，全球工业界对气候、生物多样性和社会正义等重大行动反应缓慢。但近年来，工业界一直在采取行动，比如提高效率、减少能源使用、利用更多可再生能源、消除毒素、废物回收利用、减少浪费以及购买碳补偿等。

过去，改进碳足迹的指标侧重于公司内的特定流程、功能和结果。在本书的这一章节，我们关注的是整个行业。如果某一特定产品有害或不必要，那么它的制造方式、对循环经济的影响、可再生能源的使用情况都无关紧要。是每个损益表的顶线而不是底线决定了人类的未来。它是排放碳还是封存碳？顶线会导致生命、栖息地和自然资源的损失，还是会增加生命、栖息地和自然的再生？它是促进还是削弱了社会公平？现代工业界的专业知识不存在任何问题，有问题的是目标和假设。为了未来，我们必须保护我们的星球。作为一个公司，它将面临选择：要么这样做，要么不这样做。

有一家公司可以作为一个例子，说明为什么关注局部影响会掩盖整体影响，以及更深次的问题——公司的产品或服务究竟有没有必要提供？百事可乐公司（PepsiCo）经营着世界上最大的货运车队，车队有11 245辆拖拉机、3 605辆卡车、18 648辆拖车和17 000辆皮卡。这些车辆上运输的最畅销的产品是百事可乐、激浪、乐事薯片、佳得乐、健怡百事可乐、七喜和多力多滋等垃圾食品。垃圾食品就是那些营养价值低、包装方便、随时可食用的食品。它含有大量脂肪、盐、糖和淀粉，可导致慢性疾病，包括肥胖、2型糖尿病、心脏病、中风、高血压等。尽管有大量证据表明含糖饮料对儿童和青少年有害，百事公司仍在社交媒体、网站、应用软件、电视和体育赛事上大肆宣传软饮料。黑人和拉丁裔儿童看到的软饮料广告是白人儿童的两倍，而且广告常常使用黑人和西班牙裔名人，如迈克尔·乔丹（Michael Jordan）、佩内洛普·克鲁兹（Penélope Cruz）、珍妮弗·洛佩兹（Jennifer Lopez）、尼基·米纳（Nicki Minaj）、勒布朗·詹姆斯（LeBron James）、卡迪·B（Cardi B）和塞雷娜·威廉姆斯（Serena Williams）来吸引他们的目光。不仅如此，百事可乐还与其他软饮料公司合作，防止对超大苏打水或软饮料征税。讽刺的是，百事也在致力于在其美国直接业务中使用100%的可再生能源。百事和其他许多公司面临的问题是：可再生能源的目的是什么？

为了有效地解决气候危机，公司需要做的不仅仅是倡议、承诺、补偿和对社会正义的认可。一家太阳能软饮料工厂无法解决气候危机的根本原因。百事对气候变化的承诺忽视了儿童的福祉。大型食品公司的庞大规模和惯性让人产生一种感觉，即它们被锁定在生产有害的产品上了。真是这样吗？

世界上一些大型的公司已经在2020年宣布，他们将致力于成为再生型公司。他们需要确定这对公司业务的各个方面意味着什么。因此，许多正规的大型公司正在采用更好的标准来衡量他们的业绩。这一章节描述了他们面临的挑战以及我们可以做些什么。对全球变暖的原因三缄其口是没有意义的。我们要么陷入危机，要么从危机中走出来。与此同时，指责和辱骂也没有好处。既然我们已经知道需要做什么，那么现在问题的关键是，我们如何一起努力，共同把这些事情做好。

中国江苏省淮安市的一家纺织厂。

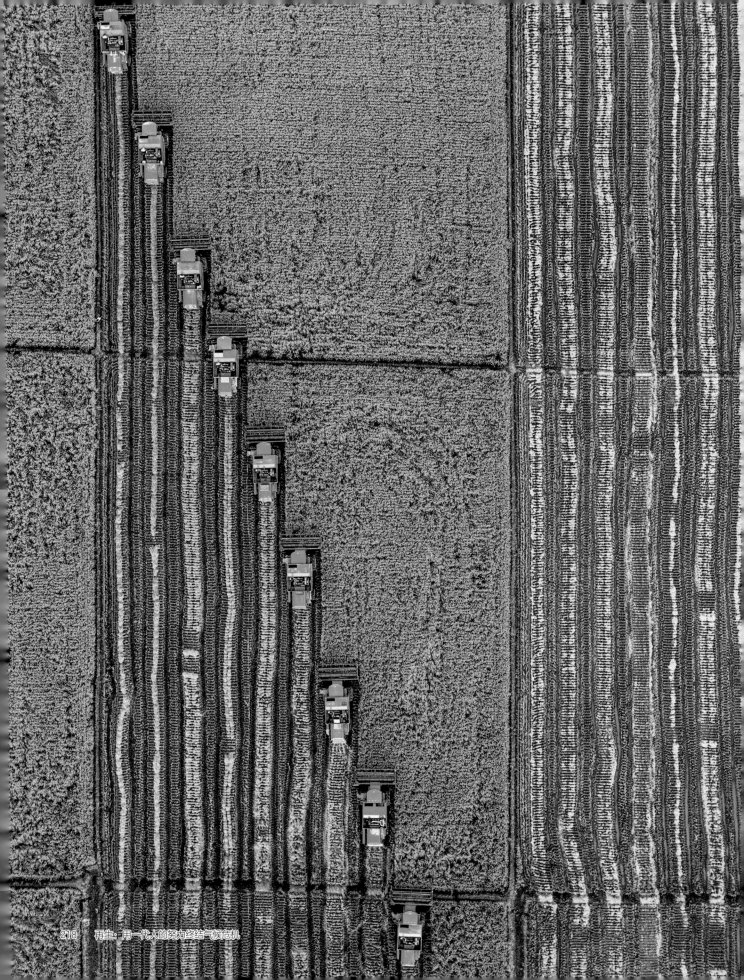

食品行业

食品工业市场规模达150 000亿美元，是世界上最大的行业，也是气候变化的主要原因。改变食品工业对人类来说是一个巨大的机遇，也是再生的基础。工业食品是使用破坏性的、不可持续的化学方法种植的，这种方法会破坏土壤和自然环境，并污染水源。农场工人的工资很低，几乎没有任何权利，很容易受伤。他们由于接触农药而中毒，很少有健康保险，而且通常不受劳动法的保护。深加工的食品正在导致人类代谢疾病的全球流行，包括肥胖、糖尿病、高血压、中风和心脏病。我们种植、制作和食用的食物正在伤害我们的身体，同时也在破坏农业社区和整个地球。

食品系统是一个高度集成的系统，能够为所有人提供食物。其环节包括食品的种植、包装、加工、分配、销售、储存、营销、消费和处置。在这个系统内，大型跨国公司占主导地位。拜耳（Bayer）、科迪华（Corteva，由陶氏和杜邦合并而成）、中国化工集团和巴斯夫（BASF）这四家化工公司控制着全球70%的种子、化肥和农药市场。阿彻丹尼尔斯米德兰（Archer Daniels Midland）、邦吉（Bunge）、嘉吉和路易达孚（Louis Dreyfus）这四家公司控制着全球70%以上的粮食贸易，包括牲畜饲料。全球十大食品公司在很大程度上决定了种植哪些主食以及大多数人吃什么。在美国，全国食品市场的一半由四家公司控制，其中沃尔玛占据了近三分之一。

这些跨国公司由于具备强大的市场力量而被统称为"食品巨头"。因为市场遍布全球各地，这些公司要求其产品在成分、风味和质地上完全相同，这就需要种子、植物和动物原材料保持一致性。为了满足这些公司的需求，农民们在总面积数百万平方千米的农场上种植单一作物，这些作物几乎没有遗传多样性。单一种植会给土壤带来压力，随着土壤变得不那么肥沃，农民就需要增加肥料、除草剂和杀虫剂的用量，以维持作物产

量。这增加了农民的压力，他们不得不以他们知道的唯一方式增加产量：增加肥料和农药，这也大大增加了成本。目前，务农者背负着创纪录的债务，同时面临贸易战、气候变化和低廉的商品价格，是世界上自杀率最高的职业之一。

尽管所有农民年复一年都在努力实现收支平衡，但排名前十的食品公司一直保持良好业绩。2019年，这些巨头公司的收入超过5 000亿美元。食品巨头的大部分销售额来自深加工食品，或者用迈克尔·波兰（Michael Pollan）的话说，来自类似的物质：迷你奥利奥、卡夫通心粉和奶酪、蜂蜜面包、碳酸饮料、巧克力豆、玉米片、曲奇饼、迷你麦片等。在美国，近60%的卡路里消耗来自深加工食品。哈佛医学院将深加工食品定义为"主要由从食品中提取的物质制成的食品，如脂肪、淀粉、添加糖和氢化脂肪。它们还可能含有人工色素、香料或稳定剂等添加剂。"公平地说，大多数消费者无法解释成分标签上列出的内容。这意味着人们不知道他们在吃什么，因为这不是食物，而是一个化学合成的产品。

深加工食品容易上瘾，因为我们的味蕾很久以前就被食品化学家侵入了。糖是一种容易上瘾的物质。两罐12盎司（1盎司≈28.5735毫升）的激浪饮料含有近半杯糖。谷氨酸钠（MSG）也是如此，它以55种不同的名称和形式添加到加工食品中。零食、薯条和加工肉类都含有令人上瘾的盐分。软饮料和能量饮料中都含有令人上瘾的咖啡因。深加工食品主要由脂肪、糖类、蛋白质、盐和"天然香料"（包含100多种化学添加剂）组成。在大约8万种食品中，天然香料是第四大食品成分，但它们绝不是天然的。这些香料给人带来的更多的是嗅觉体验而不是味觉体验，毕竟，味觉才是身体主要感知味道的方式。我们在洗发水和护发素中也可以找到一些相同的食品成分，如丙二醇、BHT（一种抗氧化剂）、BHA（一种抗氧化剂）、叔丁基对苯二酚和聚山梨酯80，在这里，它们被称为"芳香剂"。

由淀粉、糖、盐和脂肪制成的食物会释放多巴胺和5-羟色胺，让我们感到愉悦。虽然这些食物能提供即时的满足感，但它们不能提供营养，这就是为什么它们被称为垃圾食品。我们的身体由于缺乏营养会感到饥饿，并渴望更多的食物。这种营养饥饿导致肥胖，但超重的人几乎总是营养不良。收入不高的人会购买更多缺乏营养的食物，因为他们只能负担得起这些垃圾食物。我们

黑龙江省水稻收割的第一天。黑龙江是中国水稻产量最高的省份，也是最高品质的水稻产区。在二道河农场这里有"龙粳46"常规水稻品种。

通常把饥饿想象成胳膊瘦削、脸颊凹陷的小孩子形象，但其实肥胖也是"饥饿"。

垃圾食品造成的医疗成本是我们以为的数倍。美国人在医疗保健上的支出是食品支出的两倍，全球50%的疾病和死亡归因于饮食。1990年，美国没有一个州的肥胖率超过20%，但到了2020年，没有一个州的肥胖率低于20%，许多州超过或接近40%。超过80%的食品广告用于推广快餐、含糖饮料、糖果和不健康的零食。在20种最畅销早餐麦片中，有10种含糖量在40%到50%。软饮料制造商针对少数族裔儿童的广告花费是白人儿童的两倍。

食品巨头知道他们顾客的健康状况正在恶化，但出于法律、商业和声誉考虑，他们不会承认他们的错误。可口可乐支付了数百万美元用于"研究"，得出了与同行评审的科学结论相矛盾的结论，比如肥胖是由缺乏锻炼引起的，糖是平衡饮食的一部分。与此同时，食品公司游说政府禁止监管。2018年，当国会就9 000亿美元的农业法案进行辩论时，卫生、食品安全和贫困问题专家敦促美国农业部从补充营养援助计划允许的授权购买清单中删除饮料。补充营养援助计划是一个政府援助计划，也称为食品券计划，旨在帮助4 200万低收入美国人获得食物。软饮料行业单方面提出了反对。在准备过程中，该行业编写了一个剧本，内容是国会议员应该如何反对拟议的限制。众议院议员在剧本中读到了"食品警察""不爱国""保姆国家""收银台会有混乱""剥夺自由"和"侵犯了受赠者追求幸福的宪法权利"等内容。

一项研究在10年内跟踪了近50万补充营养援助计划参与者，结果显示，接受补充营养援助计划资助的人患

正大集团（Chia Tai Group）的养鸡厂每年处理1.2亿只鸡（每天20万只，但在节前期间每天多达40万只），超过2 000名员工每8小时轮班工作。该厂90%的鸡肉用于国内消费，10%输送到亚洲其他地区。鸡的所有部位都得到利用；鸡油也被用于油漆；羽毛被加工成粉末，用作动物食品；内脏、脚和头供顾客食用。2013年，中国出现了家禽健康丑闻，抑制了需求，但到2015年，鸡肉消费量还是增加了20%。这家工厂供应面向中国市场的大部分快餐品牌，包括麦当劳、肯德基、汉堡王、必胜客、棒约翰等。

心血管疾病的概率是未接受补充营养援助计划资助的人的2倍，死于糖尿病的概率是未接受补充营养援助计划资助的人的3倍。该研究表明，如果对补充营养援助计划进行修改，鼓励购买健康食品，如蔬菜、水果、全谷物、坚果、鱼类和植物油，并减少含糖饮料、垃圾食品和加工肉类，每年可以预防940 000例心血管事件和147 000例糖尿病。每年由此节省的医疗费用将达到4 290亿美元，是补充营养援助计划投入的700亿美元的6倍。人们提议的激励和抑制措施很简单：将健康食品的成本降低30%，软饮料和垃圾食品的成本增加30%。如果每个家庭都相应地改变购买习惯，那么他们的消费能力每年将增加210亿美元，减少的医疗补助和医疗保险费用将超过食品购买成本。谁能反对补充营养援助计划中一个简单的、提高生活质量的、省钱的方案呢？食品巨头可以。在每个月的前十天，当发放食品券时，他们的策略暴露无遗。在此期间，百事可乐和可口可乐在贫困和弱势社区增加了软饮料和垃圾食品的广告。

我们已经开始相信，在食品和农业方面，大型公司更好、更安全、更便宜、更可靠，将食品的种植和制造本地化越来越不可能。其中最大的误解是，如果我们不采用工业化农业技术，世界将挨饿。事实上，工业化农业破坏了土壤的生命、结构和健康。贫瘠的土壤需要更多的化学物质，产生更多的侵蚀和营养不良的食物。我们的一日三餐充斥着深加工食品，造成一场全球性的健康灾难。超过20亿人超重，6亿人肥胖。印度的糖尿病发病率在过去30年里翻了一番。当1987年肯德基在北京开设第一家分店时，中国糖尿病发病率为4%。如今，这一比例为10%，而中国现有的4 200家肯德基门店、3 300家麦当劳和2 200家必胜客对此功不可没。泰国一半的佛教僧侣都是肥胖者，因为他们依赖捐赠的食物。世界上只有一个国家没有出现肥胖、心脏病和糖尿病发病率的上升：古巴。因为他们没有快餐店或深加工食品工业。他们只需要将国内生产总值的11%用于医疗保健。在美国，这一数字是20%。

只有一个国家与垃圾食品和饮料公司展开了竞争：智利。智利此前成了世界上第二大肥胖国家，仅次于美国。在智利，有一半的6岁儿童和75%的成年人超重或肥胖。于是智利政府决定采取行动，儿科医生、前卫生部长米歇尔·巴切莱特（Michelle Bachelet）博士当选总统是其中的关键。如今，高糖分、高饱和脂肪、高热量或高钠含量的食品包装上印有黑色的禁止标志。卡通人物被禁止用于垃圾食品营销。老虎托尼（Tony）从家乐氏（Kellogg）的糖霜片中消失了。小饰品不允许作为出售糖果或含糖食品的手段。从早上6时到晚上10时，电视和电台禁止播放垃圾食品广告。垃圾食品和含糖食品不能在学校出售或供应。软饮料被强制征收18%的税。在品牌推广的过程中，食品公司必须增加健康饮食和活动的信息。当这些举措首次提出时，遭到了国内外食品公司海啸般的反对，但研究人员报告说，孩子们已经开始警告他们的父母要避免吃垃圾食品——它引发了一场变革。

目前，我们的任务是养活世界的人口，减少温室气体排放，建立一个公正、可再生的食品体系，对农业工人提供保障，确保他们在健康的环境中工作，并获得必要的工资。随着全球变暖导致农作物减产，干旱和洪水频发导致更多移民，这一目标变得越来越重要。在非洲、南美洲和中美洲，为了逃避贫困和饥饿，人们正在向北方迁移。更糟糕的是，由于干旱、过度放牧、森林砍伐和工业化农业，地球上25%的土地面积已经发生了退化。除非我们采取行动，否则到2050年，预计将有7亿人面临无家可归和食不果腹。为解决这个问题，我们需要启动农田、林地、湿地和草原的再生计划，提高它们的复原力。

人类健康和再生农业的首要解决方案是停止购买深加工食品。个人、公司、合作社、自助餐厅和医院需要尽可能地购买当地食品，以支持当地农民和有机农业食品；邀请你的朋友和同事参与食物相关的活动：这并不是要消灭糖果或冰淇淋筒，而是要消除商业赞助的无知。为了充分发挥粮食系统转型的潜力，我们必须从一开始就认识到饥饿的人无处不在，认识到可持续食物系统可以为所有人提供营养、美味、健康的食物，是再生的终极行为。借用厨师何塞·安德烈斯（José Andrés）的话，我们需要把每一个饥饿和无家可归的人都当作值得款待的客人。这将有助于我们设计未来的粮食系统——一个解决全球气候问题的粮食系统，同时让所有农业工人获得尊严和合理的工资。当我们提供干净、健康的食物时，我们也在参与土地、健康和气候行动。请记住，食品是一个涉及文化、气候、健康和生态等各个方面的领域，也是每个人都可以施加影响力的领域。

医疗保健行业

医疗保健行业的使命是维护人类的健康，并在他们受伤或生病时进行治疗，使其恢复健康。气候变化加剧了人类的身心健康问题，被称为21世纪最大的健康威胁。在过去的20年里，老年人因为中暑而死亡的人数增加了50%。空气污染水平的上升导致呼吸和心血管疾病的增加。气温升高会导致媒介传播疾病的发病率升高，从而增加新生儿体重下降的风险。与气候相关的自然灾害也在急剧增加，在过去10年中，已经有17亿人经历了这些灾害。气候破坏对公共卫生的负面影响在穷人和有色人种社区尤其明显，到2030年可能会使1亿人陷入极端贫困。

医疗保健行业本身是温室气体排放的一个重要来源，医院和制药公司的碳足迹在各行业中位于前列。全球近5%的二氧化碳排放量直接来自医疗保健行业——每年超过20亿吨，其中一半以上是由美国、中国和欧盟排放的。在美国，10%的二氧化碳排放和大量废物来自医疗保健部门。

有两个不同的医疗保健行业，它们相互重叠。一个由公共和全球卫生专业人士组成。无论是在医院、诊所、战区还是难民营，那里都有医生、护士和护工。他们在艰难的环境和巨大的压力下工作，为不同收入、年龄、种族、性别，以及患病或受伤的原因的人提供帮助。在流行病发生的情况下，他们要确保埃博拉病毒、登革病毒、霍乱弧菌、艾滋病病毒和寨卡病毒引起的传染病的区域性暴发不会进一步蔓延或变成全球性流行病。几乎在所有国家，一线医务工作者一直是不知疲倦的英雄，他们支持并传播有关营养、预防护理、产前护理和疫苗的知识。这一传统历史悠久。美国的丽贝

22岁的罗辛亚难民哈迪扎（Khadiza）抱着她12个月大的儿子穆罕默德·哈里斯（Mohammad Haris），儿子哈里斯正因营养不良正在孟加拉国科克斯巴扎尔库图普朗难民营的医院（无国界医生组织）接受治疗。库图普朗难民营接纳了大约40万罗辛亚难民

卡·李·克拉普勒（Rebecca Lee Crumpler）是第一位获得医学学位的黑人女性，她在19世纪60年代为新获释的奴隶提供服务。莎拉·约瑟芬·贝克（Sara Josephine Baker）是纽约大学医学博士，她毕业后来到了纽约市的"地狱厨房（Hell's Kitchen）"，为该地区的人们传授营养、婴儿护理和卫生的基础知识。

然而，还有另一个医疗保健行业，它正在走向失败。它就是对抗疗法医疗体系。由于大型制药公司在背后的支持，这个体系专注于疾病症状而非原因——它更希望患者长年累月或终身服用药物。统计数字说明了这一点：自1975年以来，全球成人肥胖率增加了6倍。在美国20岁以上成年人中，73.6%存在超重或肥胖，整体肥胖率高达42.5%，居世界第一。高血压是心血管疾病的主要原因，在1975年至2015年间，每年因高血压而死亡的人数翻了一番。低收入国家的非传染性疾病死亡率从2000年的23%上升到2015年的37%。1980年，全球有1.08亿糖尿病患者；2019年，这一数字为4.63亿人。美国人的预期寿命正在下降，部分原因是1999年至2019年间，有近50万例与阿片样物质有关的死亡病例。2009年至2018年间，18岁及以下美国人的自杀想法和行为增加了近300%，而在18至34岁的美国人中增加了200%。这不仅是一场健康危机，也是气候危机。为了地球的健康，我们需要人类保持健康，反之亦然。

19世纪末，医学取得了非凡的突破，因为它专注于预防疾病的环境和社会条件，它改善了卫生条件、使用卫生设备、改进污水系统、使用清洁的水、保持工厂的适当通风以及禁止童工。到了20世纪，医疗和制药技术将医疗保健行业转变为一个强调对症治疗而非预防疾病的系统。对疾病复杂性的研究呈爆炸式增长，这些研究的资金主要来自制药公司。他汀类药物就是这样一种药物，它可以降低心血管疾病风险人群的患病率和死亡率，它之所以有效是因为它降低了不正常的低密度脂蛋白胆固醇水平。但这是否解决了根本问题？胆固醇的确有助于修复受损的血管，避免血管堵塞。但更重要的是：为什么超过一半的美国成年人的血管受损？

毕业于斯坦福大学的内科医生莫莉·马卢夫（Molly Maloof）博士称现代医学是过时的医学。我们知道血管受损的原因：血糖升高、高血压、精神压力和空气污染。针对症状的孤岛式治疗方法可以降低患者的风险和不适感，但不会恢复健康。美国消费了全球48.5%的药品，并将其国内生产总值（GDP）的20%用于医疗保健。在烧伤和外伤的紧急医疗方面，美国的医疗系统可能是世界上最好的系统。但在健康结果方面，美国的世界排名在第11位至第29位之间，具体取决于使用的指标。

气温上升、环境退化、贫困、失业、疾病和极端天气等相互关联的问题需要全面的医疗应对措施，而不是症状应对措施。人类健康是饮食的结果，而饮食健康与否则取决于土壤是否健康——这又取决于农业是否健康。讽刺的是，美国负担不起公共医疗体系，但似乎负担得起公共食品体系，也就是所谓的大食品系统。

据医学杂志《柳叶刀》（The Lancet）的报道，只有一半的国家制订了应对气候危机的国家卫生计划，包括地方和地区卫生系统的可靠性和适应性评估。接受调查的城市中，超过一半的城市的气候变化预计将显著影响医院等公共卫生基础设施。为了应对气候危机，我们需要制订国家卫生计划，但还不够。我们还需要全面医疗体系。它的建立基于基本的人权保障。健康涉及身体、心理和社会福祉，与减少贫困密不可分。为了应对气候危机，人们需要积极主动地参加各项气候运动。然而，如果他们生病了，或者不能养活自己的孩子，或者没有住房，或者找不到工作，那么他们也不会参加气候运动。气候和地球的再生意味着停止穷人面临窘迫和困境。卢旺达在世界银行人均财富排名中位列第167位，属于"最贫穷"国家之列，但这个国家拥有全民医疗保健系统，这是其种族灭绝经历的结果。该国的新政权致力于以尽可能多的方式提供医疗服务：卢旺达最贫穷的人可以从社区医疗系统获得免费护理。这是一个分散的系统，由1 700个地方卫生站、500个卫生中心、42个地区医院和5个国家转诊医院组成。卫生部长阿格尼斯·宾加瓦霍（Agnes Bingawaho）博士还聘请了保罗·法默（Paul Farmer）和卫生合作伙伴参与设计和创建他们的医疗体系。与之相对的，美国拥有世界上最高的国内生产总值，人均财富排名世界第八。但该国的穷人、失业者、儿童、老人或移民没有免费医疗。超过3 000万公民没有医疗保险，而那些投保的人可能会因医疗费用超出保单限额而破产。在一些州，公民被禁止接受政府保险，特别是贫困的成年人。但在卢旺达，宾加瓦霍博士要求对卢旺达的每个公民进行医学筛查，以便及早发现潜在的疾病或风险。大多数美国人则很少接受预防性护理。

为患者提供护理和解决气候问题可以一并开展。最近的一项研究发现，由于印度尼西亚的某个农村开设了一家平价医疗诊所，在随后的十年里，邻近国家公园的非法采伐减少了70%。除了诊所本身的健康益处，传染性疾病和非传染性疾病也减少了，诊所还根据全社区伐木量的减少为患者提供折扣。通过这种方式，他们同时提高公共健康水平和保护森林。此外，诊所还接受以物易物的支付方式，这意味着患者可以通过交易树苗、手工艺品和劳动力获得医疗保健服务。这个系统是与当地社区合作设计的。研究人员发现，诊所使用率最高的村庄，其伐木量下降幅度也最大。"数据支持两个重要结论，"2014年至2018年期间担任该诊所主任的莫妮卡·尼尔马拉（Monica Nirmala）说，"人类健康是自然保护不可或缺的一部分，反之亦然。我们需要听取雨林周边社区的指导意见，因为他们知道如何与森林保持平衡。"

再生医学是一个新兴领域，涵盖了医疗技术、植物营养素、饮食、补充剂、微生物群和运动等方面。再生医学将身体视为一个系统，而不是一组不同的器官和功能，其主要应用领域是人类微生物群。众所周知，我们体内有数千种细菌（人体是一个群落），细菌细胞比人体细胞还要多。根据人类学研究，细菌基因的数量甚至超过了人类基因。它们在人体内的功能为医学和治疗开辟了全新的前景：我们的消化系统是一个由大量微生物组成的生态系统，它们将蛋白质、脂肪和淀粉分解成可吸收的营养物质，调节血糖水平，调节情绪，增强免疫系统，阻止病原体，并提高我们的认知能力。5-羟色胺是一种影响我们的情绪、学习和记忆的神经递质，它曾被认为只在脑干中产生。现在我们知道，90%的5-羟色胺是由肠道产生的。研究人员通过培养微生物菌株，并将其引入微生物组的生态系统中，来调节、减少和消除症状。益生菌再生医学不会通过干扰身体过程来根除某些物质（不会有副作用），而是通过增加微生物组的多样化和反应性来改善人体健康状况。这正是再生农业对土壤的处理方式。气候变化要求我们从整体上思考和想象人类福祉的各个方面。我们没有答案。然而，当我们提出具体问题时，答案就会出现。

中非共和国巴坦芬戈医院（Batanfungo Hospital）的一名无国界医生和工作人员，该医院为数千名流离失所者和伤亡人员提供服务，他们由于该国14个武装派别和民兵之间的暴力冲突而流离失所。在3个月内，无国界医生组织提供了37万次门诊咨询，并在其12个机构治疗了27万多名疟疾患者。

银行业

人们将钱存入银行，以备将来使用。讽刺的是，银行又将储蓄贷款给某些危害我们未来的公司。例如，在美国，石油和天然气管道铺设在生态系统、土地和原住民的神圣领土上；在澳大利亚，新的矿山摧毁了神圣的原住民遗址和原始流域；中国、印度和许多非洲国家正在为燃煤电厂提供资金——银行使这一切成为可能。2016年至2019年，澳大利亚的四家主要银行为化石燃料项目提供了资金，这些项目的排放量等于该国减排目标的21倍。在2015年《巴黎气候变化协定》通过后的5年内，来自加拿大、中国、欧洲、日本和美国的35家银行为化石燃料项目提供了38 000亿美元的贷款和投资，其中近一半用于开采更多化石燃料，2020年的贷款和投资额甚至高于2016年。科学界迫切呼吁彻底减少碳排放，银行却为碳排放的增长提供资金。

国际金融公司（IFC）和欧洲复兴开发银行（EBRD）作为两家领先的开发银行，已向集中动物饲养业务（CAFO）投资26亿美元，完全无视该业务对气候、土地、空气、水和环境的巨大危害。两家银行都承诺减少对气候的影响，但畜牧业正是排放量最高的行业之一。资产管理公司贝莱德（BlackRock）承诺停止对煤炭的支持，但未提及森林砍伐。尽管物种、森林的灭绝，宜居性的消失，无异于未来的灭绝，但这些活动仍然很容易获得资金支持。

银行为化石燃料公司提供资金，不一定是因为它们可以提供更高的回报，而是因为银行家对这些投资更熟悉。几十年来，煤炭、天然气和石油投资的回报一直非常可观，这种惯性思维会压制良知和气候目标。最近的一项研究对600名著名银行家的背景进行了分析，结果表明只有少数人有可再生能源投资的经验，但70多人曾为包括化石燃料公司在内的排放型企业工作，没有人在可再生能源公司工作过。另外一项研究对39家国际银行进行了分析，结果表明，有565名银行董事曾受雇于化石燃料公司和污染行业或与之有关联的公司。一项类似的研究发现，美国七家主要银行中四分之三的董事与化石燃料行业有关联。银行业在很大程度上具有短期偏见

加拿大艾伯塔省麦克默里堡以北的辛克鲁德矿场正在开采沥青砂矿床。沥青砂项目是地球上最大的工业项目，也是世界上最具破坏性的工业项目。由它们生产的合成油的碳强度是传统石油的3倍。该项目造成了全球第二快的森林砍伐率，仅次于亚马孙雨林。项目每天产生数百万升的高度污染的水，这些水渗入阿萨巴斯卡河，对生活在下游的第一民族居民的健康造成严重影响。

的特征。因为化石燃料和可再生能源投资之间的主要区别不是盈利能力。从历史上看，化石燃料投资可以快速获取回报，而可再生能源项目在较长时期内提供了更稳定的回报。

然而，化石燃料投资不再像过去那样稳操胜券。获得能源有多种方式，包括钻探油井、开采煤矿和建造太阳能电池板。一桶原油燃烧产生的能量与获得一桶原油所需的能量之比称为能源投资回报率（EROEI），这是一个重要的数字。当太阳能电池板首次商业化时，能源投资回报率较低，为3∶1。这意味着我们需要八年时间来偿还制造太阳能电池板所消耗的能源。相较之下，当时的石油和天然气的回报率更高，在40∶1到60∶1之间。

利兹大学（University of Leeds）最近开展了一项研究，计算了将石油、天然气和煤炭转化为燃料、热能和电力所需的所有能量。如果将陆输、航运、炼油、储存、管道、发电机和终端所使用的能源包括在内，化石燃料中石油的能源投资回报率接近于6∶1，煤炭或天然气发电的能源投资回报率为3∶1。银行不计算能量输入和输出，他们只计算投资和回报。随着我们深入地球深处寻找石油，或使用艾伯塔沥青砂（沙子、黏土和极重原油的混合物）等沥青沉积物，我们需要越来越多的能量来进行开采。20世纪初，石油的能源投资回报率约为100∶1，现在下降到了6∶1。艾伯塔沥青砂油的能源投资回报率为3∶1，如果将沥青砂的整个生命周期计算在内，可能为1∶1，这还不包括留下的有毒物质造成的长期损害。

我们面临一个净能量拐点，在这个时间点上，生产所需的能源需要同样或更多的能源。能源生产成为寄生性活动，而非建设性活动，就沥青砂而言，情况可能已经如此。资本流动掩盖了整体影响和赤字。

我们可以将化石燃料的能源投资回报率与可再生能源进行对比。今天，太阳能和风能的能源投资回报率分别是7∶1和18∶1。由于需求、规模经济以及制造和效率方面的技术突破，可再生能源的能源投资回报率正在随着时间的推移而增加。风力发电现在是世界上最便宜的发电方式，而不是煤炭或联合循环燃气。2020年，伦敦帝国理工学院（Imperial College London）和国际能源署分析了股票市场数据，以确定10年内能源投资的回报率。在法国和德国，可再生能源的10年回报率为171.1%，而化石燃料为−25.1%；在美国，可再生能源的10年回报率为192.3%，而化石燃料的回报率为97.2%。

要求银行停止为化石燃料融资的行为正在产生影响。2017年，ING集团禁止参与任何与沥青砂相关的交易。法国巴黎银行宣布不会为沥青砂或页岩油行业提供资金。加入这些银行的还有法国兴业银行、汇丰银行、苏格兰皇家银行、瑞士银行、挪威银行（拥有10 000亿美元的财富基金）等。世界银行在2019年停止了对石油和天然气开采的贷款，早在6年前，它已经停止为燃煤

加拿大艾伯塔省麦克默里堡以北的北方森林树木被砍伐殆尽，原因是为新的沥青砂矿让路。

发电站提供资金。法国农业信贷银行承诺停止为经营煤电厂和煤矿的公司提供资金，德意志银行也停止向煤炭公司发放新的信贷额度。挪威基金Storebrand（价值超过1 120亿美元）已从煤炭股、埃克森美孚和雪佛龙等几家石油公司以及矿业公司力拓（Rio Tinto）撤资。一些金融机构已经开始从污染行业撤资。Storebrand是第一家从这类公司撤资的公司。他们正在从德国化学品公司巴斯夫和美国电力供应商南方公司撤资，因为它们反对气候行动。

2019年，可再生能源占电力行业新增能源的三分之二以上，在过去10年中，可再生能源发电量每年至少增长8%。尽管获得了巨大的财务回报，但投资于可再生能源的资金数量却不足以实现2030年的目标。如果银行不支持包括再生农业、零碳建筑、植树造林和绿化在内的实现净零碳排放的投资，这个目标无法实现。如果传统银行业做不到这一点，那么新兴的银行体系可能会这样做。

金融科技改变了人们支付、借贷和投资的方式。它采用创新的数字技术与大型银行竞争。如果使用得当，它可以促进绿色金融和社会正义。现在，全球有7 000多家金融科技公司支持使用智能手机进行数字银行业务，使得个人金融更容易、更便捷、响应速度更快、更具包容性。由于智能手机几乎无处不在，金融科技正在更快的速度在世界更多的地方覆盖到更多的人。在世界各地的小型城市和地区都有金融中心，它们将金融服务从位于苏黎世、纽约、香港和法兰克福的货币中心银行转移出去。小型公司可以在没有银行的情况下建立支付系统。Square公司和Stripe公司允许用户将他们的手机、平板电脑或电脑变成在线支付终端。大银行使用的资金来源是从信用卡持有人那里收到的尚未支付给供应商的"浮动"资金，这些资金在金融科技中基本上被抹去了。

Branch是一家在肯尼亚、坦桑尼亚、尼日利亚、墨西哥和印度运营的金融科技公司，它应用机器学习为其400万客户建立信用等级。它已经发放了超过2 100万笔贷款——一笔典型的贷款是50美元。Paga是一家尼日利亚公司，与贝宝（PayPal）一样，它支持点对点转账和收款。这些金融科技公司和许多其他类似公司正在提供大型银行目前没有、未来也无法提供的服务，它们正在将流程数字化，降低成本，提高透明度和可访问性。

Tala向发展中国家有需求的客户提供500美元的即时小额贷款。Tala的想法源自印度，在起始阶段，创始人希瓦尼·西罗亚（Shivani Siroya）通过自身观察向勤奋工作的人发放小额贷款。一位朋友指出，她的承保方法是基于她对日常生活的观察，而不是信用评分，因为她的市场是17亿没有信用评级的人。她的突破是认识到日常生活在许多方面，例如我们的收款、付款以及通信模式和习惯都已经嵌入到我们的手机中。

在美国，有许多独立的绿色银行。联合银行（Amalgamated Bank）是美国历史最久的银行之一，这是一家公开交易的工会所有制银行，为1 000多个工会提供服务。它的起源可以追溯到1923年，当时劳工组织者西德尼·希尔曼（Sidney Hillman）决定创建一个银行机构，为工人提供与富人相同的服务和机会。它是全球价值银行联盟（Global Alliance for Banking on Values）的成员，该联盟是一个以人为中心的国际银行网络，致力于可持续的环境、经济和社会发展。它包括塞尔维亚机会银行（Opportunity Bank Serbia）、瑞典的埃科班肯（Ekobanken）、温哥华的万城（Vancity）和玻利维亚的班科索（BancoSol）。另一个成员是位于加利福尼亚州奥克兰的Beneficial State Bank，由凯特·泰勒（Kat Taylor）于2007年创立。它拥有超过10亿美元的存款，专注于支持该地区的少数族裔企业。

Good Money是一家可能从根本上改变银行体系的金融科技公司，该公司计划实践所谓的"积极银行业务"，这项业务没有最低余额，没有透支费，没有月费，并且在55 000个网点不收自动柜员机（ATM）费用。2017年，美国的大银行向客户收取了340亿美元的透支费用，在许多情况下，这是因为银行延迟清算客户的存款。借助Good Money借记卡，每笔购买都可以免费为巴西亚马孙原住民社区的合法土地所有权提供资金。这部分资金由商家支付的交换费的一部分小额捐赠来支付。

Good Money不会是最后一个这样的创新者。太多的货币中心银行的投资对环境造成破坏。数万亿美元的补贴、贷款和股权直接导致了生命世界的损失。但数字银行可以彻底改变个人、家庭、社区、学校和企业之间的关系以及全球资金的流动和使用。我们正在通过破坏地球获取财富，让自己变得"更富有"。反之亦然，即我们同样可以通过资金来扭转全球变暖，恢复我们土地和海洋中丰富的生命形式。

军事工业

德怀特·D. 艾森豪威尔（Dwight D. Eisenhower）在1953年的《和平机会》演讲中谈到了军事工业。"我们制造的每一支枪、启用的每一艘军舰、发射的每一枚火箭，从最终意义上来说，都意味着从那些缺衣少食的人那里偷窃……一架现代重型轰炸机的成本等于30座现代化的砖砌学校，或者是两座发电厂，每个发电厂为一个6万人口的城镇服务；也可以是两座设备齐全的好医院，者是一条大约80千米长的水泥公路。一架战斗机的成本是17 500立方米的小麦。我们为一艘驱逐舰支付的费用可以为8 000多人建造新房屋……这根本不是一种真正意义上的生活方式。在战争威胁的阴影下，人类被悬挂在铁十字架上。"

如果我们今天重新准备艾森豪威尔的演讲，应该是这样的一组数据：一架B2轰炸机的总成本等于在75个

城市新建一所中学、为415万人提供服务的72座太阳能发电厂、36所设备齐全的医院和281 000个电动汽车充电站。一架F35闪电战斗机的成本等于2 200万蒲式耳小麦的价格。我们为一艘朱姆沃尔特（Zumwalt）驱逐舰支付的费用可以为58 000多人建造新的房屋。

作为前五星级将军，艾森豪威尔对战争的来龙去脉非常熟悉。在1961年卸任时的最后一次演讲中，他使用了"军事工业综合体"一词，称其为一个自我辩护、

目前有20架B-2隐形轰炸机在服役，每架可以携带16枚B83核弹。一枚B83炸弹的威力是投在广岛的核弹的80倍。所有16枚炸弹相当于1 280枚广岛核弹，加在一起能够摧毁伦敦、巴黎、柏林、罗马、马德里、苏黎世、奥斯陆、斯德哥尔摩、哥本哈根、布拉格、赫尔辛基、莫斯科、纽约、华盛顿、芝加哥和迈阿密。据统计，全球约有15 000枚核弹，分布在9个国家的核武库中。

自我延续的行业，具有"不必要的影响力"（演讲前的一份备忘录称之为"基于战争的工业综合体"）。1939年，在第二次世界大战爆发之前，美国拥有世界上第十九大军队，仅次于葡萄牙。如今，美国的军费开支超过了中国、沙特阿拉伯、印度、法国、俄罗斯、英国和德国的总和。目前，美国没有受到明显的军事威胁，但它在80个国家设有800个军事基地。为了支持这项工作的规模和复杂性，超过一半的军事支出涉及私人承包商。世界上最大的五家武器生产和军事服务公司（不包括中国，因为缺乏数据）都是美国公司：洛克希德·马丁（Lockheed Martin）公司、波音（Boeing）公司、诺斯罗普·格鲁曼（Northrop Grumman）公司、雷声（Raytheon）公司和通用动力公司（General Dynamics）。这五家公司在纽约证券交易所的总市值为4 240亿美元。

与所有工业系统一样，军事工业也致力于提高自身的增长、收入、安全和影响力。但军事承包商的资产负债表上并未显示该行业的全部影响，例如战争造成的无辜妇女、儿童和平民的创伤和死亡，在身体和心理上受到永久性伤害的士兵。在美国，有470万退伍军人患有与战争有关的疾病，包括行动不便、脑损伤、烧伤坑综合征、癌症、三级灼伤、脊髓损伤、听力损失、创伤后应激综合征和四肢缺失。

因为战争会伤害生命，所以发动战争和保持发动战争的能力是不当的活动。在大多数国家强大的游说团体的支持下，世界每年花费数万亿美元，用于军事基地、陆军、空军、海军、核弹等方面，以及治疗战后创伤和世界各地数百万退伍军人的身体损伤。军事工业是由受各种形式腐败影响的合作伙伴（政治家和说客）促成的。据估计，所有已知的政府腐败中，有40%源于武器贸易。军工行业，尤其是武器制造商，通过另辟蹊径来获得增长和利润。制造商坚称，他们不对机枪、地雷、火箭榴弹和弹药落入"坏人之手"负责。墨西哥全境只有一家政府批准的枪支商店。但贩毒集团使用的数万支枪支都是走私枪支，在边境街区内的枪支商店出售。

截至本书撰写之时，世界上有164个国家拥有武装部队，有169支未经批准的军队或民兵组织，以及32场正在发生的武装冲突。然而，没有一个国家设有和平部门。我们迫切需要与地球的生命系统和平相处。如果我

们人类之间都不能彼此和平相处，我们不太可能和其他物种和平共处。和平部门不是要让敌人握手。它的功能是逆流而上，确定我们最初成为敌人的原因。

生物学上也有类似的理论。达尔文主义是一个形容词，它与"适者生存"有关，可用于描述敌对军队的心态。这个短语是赫伯特·斯宾塞（Herbert Spencer）为了捍卫他的经济学理论而创造。达尔文所说的适者是"直接针对本地环境进行设计"，这定义了人类需要做什么。所有物种都具有一种被称为互惠主义的内在特征，包括人类。在生命科学中，它被定义为物种之间对双方都有利的相互作用。例如，土壤中的菌丝体（真菌）网络由菌根供给，并为植物提供所需的微量元素和化合物。蜂鸟以花蜜为食，并将花粉从一种植物的雄性部分传播到另一种植物的雌性部分，以实现受精和产生种子。红嘴啄木鸟栖息在黑斑羚上，以蜱虫、吸血苍蝇、跳蚤和虱子为食。在这个相互作用中，黑斑羚摆脱了寄生虫，而啄木鸟获得了营养丰富的食物。

很明显，人们可能是好战的，但也是互惠互利的。互惠互利是两个相似或不同物种之间的相互作用，这种作用使两者都从中受益。婚姻、家庭、宗族、社区、管理良好的公司和运动队都依赖于互惠互利。我们有互惠保险公司和互惠基金。科学家认为，智人之所以能统治体型更大、更强壮、现已灭绝的尼安德特人，是因为智人与狗以及彼此之间存在互惠关系。当权力被赋予更强大的机构和政府时，人类互惠主义似乎就会建立起来；当社交媒体根据人们的在线搜索和上网行为为人们提供"个性化现实"来强化自我信念时，它会发生瓦解——当新闻和时事不是基于现实时，相互交流是不可能的。

气候危机不同于人类曾经面临的任何危机或问题。它是全球性的，没有边界。它也不能被武器化："科学家建议我们在对抗气候变化的战争中使用这四种武器。"这是一个新闻标题。如果我们理解我们所面临的情况，我们就不应该用战争来描述解决方案。全球变暖是人类无法理解的巨大力量，但它不是敌人。一个巴尔干化、政治化和武器化的世界如何应对由物理定律决定的全球大气现象？这绝对不可能。世界要么改变其应对能力，要么屈服于这些影响。军事工业能否发挥关键作用？目前，它是全球变暖的重要因素。军队和武器造成的直接和间接排放总量是无法估量的，对士兵、妇女、

儿童、土地和海洋的破坏也是无法估量的。

　　尽管我们无法让军队解散，也无法说服国家放弃国防。但我们还有一个折中的办法。军队可以在确保我们的未来安全方面发挥关键作用，因为气候危机威胁并破坏一切安全——粮食、经济、家庭、农场、土地、鱼类、水和健康。这听起来有些牵强，但世界各地的联合武装力量完全可以合作起来，进行防御、控制、稳定、监视和保护。这些事情正是军队在做的，只是背景不同。随着洪水、火灾、干旱和飓风的强度和数量增加，世界可以发生分裂和转移，也可以进行联合和演变。我们可以认识到我们的共同利益，并认识到数以千万计的军人可以确保地球和平相处。重生使人的行为与生命的原则保持一致。协调社会就是让所有人团结起来，为共同的目标一起奋斗。如果这些话听起来像是一则征兵广告，那是因为军队和气候运动具有同样的典型特质。正

如我们在序部分提到的，气候运动将成为世界上最大的运动，原因之一是：天气将变得更加极端、不稳定和无法承受。正如我们在波多黎各、洪都拉斯、尼加拉瓜、菲律宾、澳大利亚和加利福尼亚看到的那样，军队已经在严重的气候影响之后提供援助。我们完全可以想象世界军队在气候危机的教育和保护、监督和指导、建设和合作方面发挥作用，这并不遥远。

中国人民解放军士兵在新疆喀什帕米尔山区集结进行军事训练。

政治

在全世界，很多人都在关注气候变化并希望采取行动，包括面临海平面上升的太平洋岛民、遭受气旋风暴的农民、洪水和高温受害者、一无所获的渔民、被移民充斥的国家、迷茫的年轻人。人们对气候变化的焦虑感还在增加。在美国，三分之二的美国人担心全球变暖，四分之一的美国人对此"非常担心"。2016年，皮尤研究中心（Pew Research Center）对38个国家的41 953人进行了调查，调查内容是关于8种可能对国家安全构成的威胁。在非洲和拉丁美洲，大多数人认为气候变化是他们国家面临的最大威胁。在非洲国家，58%的人认为这是一个重大威胁，而在拉丁美洲，74%的人持同样看法。64%的欧洲国家民众表示，全球气候变化是对他们国家的重大威胁。如果它对公民如此重要，人们可能会问，为什么它对政客不重要？

行业是一个生产商品或服务的系统，旨在满足消费者需求，比如制药业、汽车业和银行业。但政治却有所不同，它可能是世界上最具破坏性的行业之一，因为它"制造"了拒绝、淡化和嘲笑气候科学的运动和广告，减缓了有益于我们所有人的政策和立法的采用。它被用来制造对立，传播虚假信息，美化石油和天然气污染者的形象，制作关于可再生能源的恐惧的广告，或者为政治候选人制作充斥谎言的广告。它是一个全球性的、价

2008年3月16日，作为联合国开发计划署（UNDP）选举倡议的一部分，孟加拉国村民排起长队，拍摄照片和签名，并将其保存到达卡西北约200千米处拉贾希区的一个庞大数据库中。推迟2007年1月选举的主要原因之一是选民名册不准确。联合国开发计划署正在支持孟加拉国政府创建一份新的选民名单，名单上有照片和愤怒印记。这是孟加拉国第一次将照片列入选民名单。这份名单的完成将消除欺诈性条目，并建立国家对议会选举的可信度。

值数十亿美元的产业，在不和谐中滋生和繁荣。政治行业需要冲突和对抗，它通过非人化对手来实现这一点。非人化是另一种退化形式，而我们无法在退化的政治环境中重建我们的气候。

美国和其他许多国家的选举结果并不能反映选民的意愿。它们反映了人们的恐惧。和所有行业一样，政治产业不是为选民服务的。它为自己服务，同时扼杀竞争。在美国，它是一个价值200亿至300亿美元的行业，涉及富有的捐赠者、政治行动委员会、律师事务所、广告公司、游说者、中介人、黑钱和公司捐款。

在2020年11月的选举之前，美国国会的支持率为23%，但众议院却有91%的议员获得连任，而参议院也有85%的议员获得六年任期。这就是当选民只有两种选择时会发生的事情。他们投的反对票和赞成票一样多。尽管选票上可能有其他不同政治派别的候选人，但在赢者通吃的系统中，分裂的候选人的选票变成了"浪费"的选票。例如，由最高法院裁决的2000年总统选举。大法官否决了在佛罗里达州重新计票工作——在那里乔治·W. 布什（George W. Bush）和艾伯特·戈尔（Albert Gore）的票数相差537票。而另一位候选人拉尔夫·纳德（Ralph Nader）在该州获得了97 421张选票，考虑到政治立场，人们普遍认为，如果他没有参加选举，戈尔就会成为总统。

美国是一个两党制的双头垄断国家。我们认为共和党人和民主党人是在互相争斗，但他们实际上是在有效地合作，以保护自身利益。他们之间有分歧但没有竞争。有一种简单而有效的方法可以创造真正的竞争，让选民有更广泛的选择，而不必担心浪费选票——这被称为排名选择投票制（ranked-choice voting）。

通在无党派初选系统中进行优先选择投票，将推举前四名或五名候选人参加大选。这将允许那些不符合双头垄断的候选人参选，并获得媒体的关注。就目前情况而言，他们的确可能在大选中获得选票，但考虑到初选过程，在大多数情况下，他们获得的关注很少。大选将采用优先选择投票系统来确定获胜者。选民根据偏好对最终候选人进行排名，从第一位到最后一位。最初的计票统计每个选民的首选，如果有人赢得首选的票数超过一半，他们就被宣布为获胜者。如果没有人超过一半，则得票最少的候选人被淘汰；对于选择被淘汰候选人的选民，将计算他们的选票的第二选择并添加到总数中，

不断重复该过程，直到出现超过一半票数的获胜者。

在世界各地，从缅因州、纽约市到印度和爱尔兰的选举，以及澳大利亚众议院和奥斯卡奖评选、地方选举以及政党内部的内部投票，都使用排名选择投票制。这一制度的好处在于，因为排名靠前是成功的关键，所以它将鼓励候选人开展积极的活动，而不是诋毁对手的消极活动。候选人会希望充分展示他们的吸引力，尽可能争取更多的选民，这与基于恐惧的政治狭隘性形成鲜明对比。

在现行制度下，获得多数票的候选人获胜。在排名选择投票制度下，也是获得多数票的候选人获胜，但获胜过程存在不同。在多候选人竞选中，可能没有多数票获胜者。这导致候选人需要与对手建立联系，力争在对方的选民中也获得高排名。它使诋毁对手的负面广告变得危险。2018年缅因州曾发生了一起事件。当时初选中来自同一政党的州长候选人马克·伊夫斯（Mark Eves）和贝齐·斯威特（Betsy Sweet）刊登了一则广告，他们互相表扬，并要求任何选择他们第一的人也将另外一个人排在第二位。

如果选举制度促进共识而不是分化，那么人们的目标就会趋同，也更加可行。由匿名人士付费的腐蚀性广告在战略上变得不明智，因为所有选票都会派上用场。第三方可以在公平的竞争环境中竞争。人们可以听到各种各样的政治策略，这些策略跨越了教条主义政党的立场，可能比政党忠诚测试更具吸引力。

如果民选政客从排名选择投票系统中脱颖而出，他们更有可能对更多的选民需求做出反应。立法机构也可能受益于建立共识，而不是建立政治壁垒。人们可能会组建无党派委员会来监督许多活动，例如重新划分选区，并为参议员、州长和总统候选人进行公开辩论。通过协商一致的投票程序选出的国会将会打破很多不合理的规则，例如将权力集中在少数人手中的晦涩规则、政客自己制订的不以宪法为基础的规则，以及将不负责任和不民主的权力授予参议院和众议院多数党领袖的规则。这样的国会可能会理解，政治运动的公共参与才是听取所有声音的最可靠方式。

矛盾的是，选择我们的代表的竞争过程将导致更多的合作。这个过程将缓和根深蒂固的权力、巨额资金和说客的影响，并奖励那些更忠实地代表选民需求的人。在美国选举中，投票的总人数少得可怜。与其坚持认为

投票很重要，不如把重点放在改变制度上，让投票变得真正重要。在美国2016年的总统选举中，候选人投票最接近的11个州的平均投票率达到67%。在明显分出胜负的州，平均投票率为56%。因此，基于恐惧的投票会导致一个以胜利而非合作为目标的政府出现。

在美国2020年的选举周期中，政治广告支出超过70亿美元。在世界各地，大多数人都意识到他们的政治制度是腐败的，效率低下。虽然北欧国家是一个例外，但它们凸显了政治如何成为地球再生的最大障碍。政府的政策、法律、补贴、税收和法规可以在一夜之间改变一个国家。如果在未来5年中，每年将120 000亿美元新冠感染疫情救助资金中的10%用于气候救助，那么世界将有更大的机会实现2030年温室气体减排50%的气候目标。

无论是在地方层面还是国家层面，世界各地的情况都表明，通过赋予普通选民代表更大的发言权和影响力，重塑民主是可能的。参与式预算就是一个例子。它在巴西首创，现在在全球超过1.2万个地方使用。公民大会是另一个例子，其中随机选择的有代表性的选民样本被赋予决策权。加拿大、英国、法国和比利时都使用了这种方法，他们有一个由24名公民组成的常设委员会，在其德语地区的议会中任职。英国气候变化全国公民大会（national citizen assembly on climate change）表明，选民比政府更愿意支持激进的气候政策。

与本书中提供的许多策略一样，通往真正的竞争性民主选举的道路始于地方、城市、议会、省和州，逐步上升到国家层面。我们可以责备、羞辱和批评我们不当的选举制度，但这不会带来改变。要改变一个制度，最好从上游和源头开始——即地方、地区和省级选举。尽管选民对此可能会持有各种态度，但一旦开始实施，这种做法很可能会转移到国家层面。

抗议者和防暴警察在穆罕默德·马哈茂德抗议周年纪念日和"阿拉伯之春"期间爆发冲突。一名抗议者手持临时盾牌站在开罗市中心的穆罕默德·马哈茂德街上。

服装业

服装和时尚是两码事。服装是一种刚需，时尚是一种欲求。尽管因缺乏环境透明度而臭名昭著，但权威的数据表明，服装和鞋类行业造成了全球8%的温室气体排放，与牛肉和猪肉行业大致相同。这是一个由煤炭、石油、柴油、天然气、喷气式发动机燃料和船用原油提供动力的行业。服装制造商使用开环生产模式，这意味着生产废物直接从工厂流到土地和水中。该行业每年消耗795亿吨的水，产生920亿吨的废物，包括染料、媒染剂、超细纤维、重金属、阻燃剂、甲醛和邻苯二甲酸酯。

情况并非总是这样。人类制造和编织纤维已有3万多年的历史。在格鲁吉亚共和国的一个洞穴中发现的染色亚麻布已有3.4万年的历史。英文"technology"一词中的"techno"源自印欧语"teks"，意思是"编织"。纺织技术催生了工业时代。轧棉机、纺纱机、水动力织机将人类生产力提高了10～20倍，这带来了服装价格的革命。当时和现在一样，纺织业工作条件恶劣，工资水平低下。在工业革命初期，人们每周工作6天，每天工作12个小时到16个小时，每小时的工资是10先令，即1.5美分。而妇女的报酬只有这个的一半。那些无法

依靠父母的工资维持生活而不得不工作的孩子的工资是妇女的一半。根据参与清洁服装运动的非政府组织Fashion Checker的数据，在接受调查的最大服装和运动服装品牌中，93%的品牌的工资无法支持工人的基本生活。以今天的美元计算，19世纪早期的工厂工人每小时挣34美分。这与200多年后的2021大多数制衣工人的工资相同。

服装业的产值已从1990年的5 000亿美元增长到2019年的25 000亿美元，使其成为世界第三大制造业，仅次于汽车和科技，雇用了地球上六分之一的工作人员，每年生产1 000多亿件服装，全球人均13件。美国人平均每年购买68件服装，大约每五天购买一件新衣服。避免过度消费被环保界视为个人责任，但最大的过度消费是行业本身。30%的成衣从未被顾客购买。由于错误的预测、多变的顾客需求或单位成本经济性考虑（生产越多，单位价格就越便宜），导致服装生产过

2020年西班牙马德里梅赛德斯-奔驰时装周期间，一个模特展示了2020年秋冬至2021多明尼科（Dominnico）时装品牌的创作。

剩。2018年，服装巨头H&M的未售出服装价值43亿美元。位于瑞典瓦斯特莱斯（Västerås）的热电站正在将城市垃圾作为燃料，其中就包括H&M丢弃的衣物。博柏利（Burberry）承认焚烧了价值3 700万美元的产品，以防止打折。2020年，美国估计有1 600万吨的服装被填埋。超过60%的衣服采用合成材料，它们将在垃圾填埋场中保存数百年。

因为快速流行（Fast fashion）的特点，服装行业取得蓬勃发展。快速流行的定义是，采用工业化的即时生产方法，对最新的时装秀和名人时装进行快速采样和模仿，生产出低于标准的服装。大量的廉价服装以闪电般的速度在拜占庭式分包工厂网络中不间断生产，并通过大型喷气式飞机运往全球数千家商店，在那里以低廉的价格出售。该行业提供了数以万计的廉价服装复制品，这些服装两周前首次出现在社交媒体上，生产成本为2.40美元，零售价为9.99美元。正如冰箱是食物"死亡"的地方，从中国到德国的衣柜也是衣服"死亡"的地方。曾经完美的服装不会再次穿上，主要是因为它们看起来过时了。它们会被扔进垃圾箱中，然后运往发展中国家，或者填埋或焚烧。撒哈拉以南非洲三分之一的服

装是废弃的二手进口商品。

服装零售业意识到了它的恶劣影响。对该行业的批评来自联合国、世界银行、非政府组织、人权组织、时尚杂志、华盛顿邮报和华尔街日报。最大的时尚品牌正在采取许多应对措施。艾伦·麦克阿瑟基金会（Ellen MacArthur Foundation）发起了一个全行业合作的"打造时尚循环"（Make Fashion Circular）活动，研究服装行业如何与《巴黎气候变化协定》、联合国可持续发展目标、清洁水倡议和减少海洋塑料保持一致。新的纺织品经济解决了四个关键问题：（1）逐步淘汰有毒化学品和合成超细纤维，这两种物质都存在于我们吃的鱼和喝的水中；（2）改变服装的制造和销售方式，将一次性服装转变为耐用商品；（3）从根本上改进用于服装的材料，促进所有服装和纤维的收集和回收（目前只有1%的服装用纺织品被回收）；（4）转向可再生能源和可再生原料，如生物聚合物纱线，而不是石油基合成纤维。

New Textiles合资公司是一家由非政府组织资助的

孟加拉国达卡出口加工区的制衣厂废料倾倒场。

公司，该公司旨在创建一个恢复性和再生性行业。迄今为止，它还未出现过人权、工人安全、童工、现代奴隶制、公平贸易、生活工资、劳动条件、行为准则或动物福利方面的问题。在巴厘岛工作的毛利服装设计师卡拉·库佩（Kara Kupe）认为，对黑人和棕色人种的剥削和悲惨的工作条件"需要被承认是服装界最不可持续的做法"。时装革命基金会（Fashion Revolution Foundation）的创始人凯瑞·萨默斯（Carry Somers）曾在100多个国家开展业务，他说："我们在服装制造过程中需要透明，包括每一件服装的每一根线。"

新的纺织品经济的一个关键合作伙伴是H&M，这是一家价值260亿美元的开创性的快速时尚公司，该公司致力于到2030年只使用回收纱线和可持续生产的材料，到2040年在其供应链中实现碳正效应。此外，H&M还就工人权利、生活工资以及工人健康和安全做出了详细承诺。目前的问题是，该公司将如何继续每周向全球5 018家零售店（从哈萨克斯坦到冰岛）空运货物。此外，尽管H&M和其他大型时装公司做出了减少能源消耗和物质消耗的承诺，也没有改变其年轻客户对公司的刻板印象——生产几周内"过时"的廉价服装。2013年，H&M发起了服装收集（Garment Collective）倡议，这是一项回收计划，旨在收集服装以进行再利用。它还发起了另一项名为"回收和升级再造（Recycling and Upcycling）"的倡议。在一个不断创造新趋势的行业中，这两者都不会改变新服装的生产速度。包括Zara在内的24个快速时尚品牌已经推出了20多个时装季，而不是传统的2个或4个时装季。消费才是需要解决的问题，增长是问题出现的原因，而效率是解决问题的方式。

有一家公司却体现了所谓的"慢速"时尚，这就是瑞典公司Asket。该公司只有一个固定的时装季，每年对现有设计进行调整和改进，但没有新的设计。公司的理念是打破生产过剩和消费过度的循环，提供顾客需要、重视并保存多年的服装。当顾客购买Asket服装时，他会收到一份影响收据，其中详细说明了二氧化碳、水、材料的能源使用、打磨制造、装饰和运输情况。收据底部的摘要数据详细说明了一件衣服在其生命周期内可以穿的最少次数（"180次"）、每次使用的磨损成本和每次磨损的影响。

Asket体现了全球应对服装行业影响的一个解决方案：本地化。较小的公司正在接受挑战，他们生产和销售合乎道德、经久耐用且对环境友善的服装。在未来的典型衣橱里，四分之一的服装可能是从二手店和寄售店购买或租赁的；四分之一是持久耐用的服装——从种子到成衣都采用可持续材料和透明生产；另外四分之一是

林赛·罗斯·梅多夫（Lindsay Rose Medoff）是苏艾（Suay）的创始人，苏艾是一家价值数百万美元的服装再制造公司，位于加利福尼亚州洛杉矶。

用废弃服装制成的拼布纺织品重新制作的服装；而最后四分之一是由不会脱落的超细纤维的塑料升级再造的纤维制成的。新的时尚产业受到许多非营利组织的指导，这些组织正在定义标准，坚持透明度，并对相关方的道德原则进行认证。相关的标准和组织包括全球有机纺织品标准（GOTS）、公平服装基金会、联合国国际劳工组织《工作中的基本原则和权利宣言》、公平劳工协会、可持续服装联盟、负责任的羊毛标准、全球回收标准、绿色制造的Oeko-Tex（无有害物质）认证、有机棉促进剂、美国公平贸易协会、社会责任国际组织、公平贸易国际组织的小规模生产者组织、透明度承诺联盟和世界公平贸易组织。也许没有哪个行业比服装行业拥有更多的改革举措、认证标准和承诺。

新兴的慢速时尚产业采用有机棉和大麻、合乎道德的羊毛和再生纤维。有些素食主义者，甚至不使用羊毛或皮革。这些公司发布行为准则，使用包装袋，并监控和追踪其完整的供应链。Patagonia、Everlane、Eileen Fisher、Levi's、Columbia和H&M等公司已经免费分享他们全部的供应商名单，包括他们的地址。像Kuyichi和Kings of Indigo这样的数百家小公司也是如此。一些慢速时尚公司通过海运而不是使用空运进行海外运输。一些公司试图制造和设计经久耐用的产品。有些公司采取了更多的举措：Outland Denim是一家社会企业，为遭受性交易的柬埔寨女性创造就业机会。新西兰的小黄鸟（Little Yellow Bird）公司为印第安纳法里达巴德（Faridabad）的移民工人提供营养餐，这些工人因新冠感染疫情全球大流行而流离失所。此外，该公司还从印第安纳奥迪沙州的一家种植者合作社购买棉花。

艾琳·费舍尔（Eileen Fisher）是伦理服装领域的长期领导者，她的宣言是"为生活提供简单、做工精良的服装"。这位设计师提出了很多环境和社会倡议，她的服装品牌Renew，从顾客那里购买服装，并将它们重新改装成由补丁和废料制成的漂亮服装。巴塔哥尼亚（Patagonia）公司通过Worn Wear计划引领着创造新服装范式的潮流。该计划从制作经久耐用的衣服开始，所有服装都可以返回巴塔哥尼亚进行修理和转售。如果服装磨损和损坏过多，则其纤维会被回收利用。如果"经过认证的二手商品"贴纸可以贴在二手车上，那么它们也可以贴在巴塔哥尼亚制作精良的衣服上，因为巴塔哥尼亚的大部分外套都比汽车耐用。

林赛·罗斯·梅多夫和她的公司苏艾是重新设计服装的先驱。用她的话说，这家公司"清理了大公司和消费者脱节造成的混乱"。苏艾可以将任何制造商的废弃服装进行剪裁并缝制，使之成为有吸引力、实用且价格合理的服装。从废弃的服装和纺织品中重新制作服装所需的能源减少了90%，并减少了类似比例的碳排放量。如今，服装生产集中在四个国家：中国、孟加拉国、越南和印度。就像当地的食物一样，服装改造创造了当地的服装市场和区域就业机会，无论原始纤维来自哪里。

如今，服装转售市场正在蓬勃发展，这在很大程度上是因为人们需要清空拥挤的衣橱。H&M的品牌COS正在为其客户推出转售业务。2019年，全球二手服装市场的产值为280亿美元，预计到2023年将达到640亿美元。当服装经久耐用且由可持续材料制成时，转售是明智之举。尤其是转售一次性快速时尚服装，这对服装行业的影响微乎其微。

虽然服装行业正在转型，但大多数人买不起合乎伦理标准的服装。相反，伦理这个词被用来美化高端精品服装消费。当低收入国家的人们可以负担得起自己制作的服装。但如今，服装工人正在为富裕的客户生产服装。由于二手服装的负面影响，许多国家已经完全禁止进口二手服装。现在，服装在较富裕的国家被重复使用、转售和回收，最好的服装被挑选出来，不合格品被送往海外。加纳服装设计师塞缪尔·奥滕（Samuel Oteng）指出，如果"你给了其他人你不想要的东西，那是没有帮助的，这是一种侮辱。"

服装本地化实现了最重要的一环：制造商和客户之间的联系。当前服装困境是由各方面共同造成的，包括推动快时尚潮流的消费者和创造过时产品和剥削性营销策略的公司。然而，没有什么比客户的抗议、拒绝或抵制行为更能改变一家公司。公司利用我们的不安全感和我们与生俱来的社会认可需求来诱导我们，从而改变了我们的行为。这一局面需要扭转，如果服装公司出现收入不稳定和客户缺乏社会认可的情况，这些公司就会改变。现在，许多公司确实希望改变他们的供应链和实践。他们需要知道这些努力将会得到支持。他们需要明白，正如巴塔哥尼亚所证明的，更多并不是更好，再生的途径需要减少他们生产的服装数量，大幅提高质量。耐用的衣服不仅可以保持自身的价值，也可以保护我们的地球。

塑料工业

你可以在30秒内喝下一瓶可乐，而这个可乐瓶却可以保存数百年。全世界每年生产的塑料重量约为4.07亿吨，比全人类的重量高出30%。这些塑料堆积在海滩、垃圾填埋场和路边。它们漂浮在海洋中，形成巨大的垃圾漩涡。海洋生物被困在废弃的塑料网中，它们遭受塑料缠绕或者由于吃掉塑料碎片导致死亡。塑料不会自然降解，它会分解成越来越小的颗粒。微小的塑料颗粒聚集在食物链中，附着鱼类和浮游生物身上。不仅在最高峰的海浪顶部和最深的海沟底部，在苹果、胡萝卜、西蓝花和梨中也都含有这些颗粒。上到尘埃云，下到卧室的角落落满灰尘的玩具兔子，全都含有微塑料。塑料中含有的化学物质，使其具有柔韧性、阻燃性和鲜艳的颜色。但这些致癌物、神经毒素和化学物质会扰乱我们的激素，造成不育、出生缺陷和癌症，并渗入河流和海洋，污染地下水资源。联合国认为，塑料是"仅次于气候变化的第二大全球环境威胁"。

塑料垃圾既花哨又丑陋，而且因为没有人想要它，所以处理成本很高。2019年，美国公司向超过95个国家出口了超过40万吨的塑料垃圾，以清除本国塑料垃圾。发展中国家难以管理不断增加的塑料垃圾，而且往往没有足够的处理系统，从美国进口的塑料垃圾要么被焚烧

马尼拉港的帕罗拉比昂多区（Parola Biondo）是两万名寮屋居民的家园，他们居住在港口设施和帕西格河口之间。这条河蜿蜒穿过马尼拉市中心，带来的垃圾堆积在帕罗拉的高脚屋下的岸边。在这里，13岁的小罗德洛·科罗内尔（Rodello Coronel Jr.）是他家9个孩子中的老二，他整个上午都在岸边捡垃圾，寻找可回收塑料，每公斤售价13比索（35美分）。第二天，他将穿着制服上学，带着一个小书包，里面装着他的作业。随着人口的快速增长，马尼拉的贫民窟已经延伸到沿海泥滩和水道，这些地方非常容易受到风暴和海平面上升造成的洪水的影响。政府正试图将这些人移出危险区域，转移到附近可以合理通勤的区域（小于25千米）。

（这将向空气中释放有毒化学物质，导致死亡和疾病），要么被丢弃在路边，或者被扔进不受监管的垃圾场。

塑料的问题始于它的起源：它不是一种天然物质。不到2%的塑料是由玉米淀粉或甘蔗等生物基原料制成的。其余部分来源于原油、天然气或其他化石资源。在炼油厂，石油和天然气被加热分解成不同的碳氢化合物组合，包括石脑油——这是塑料的原料。石脑油的两种化学成分是乙烷和丙烯，它们被进一步通过一种称为热裂解的能源密集型过程分解。然后，在阻燃剂、邻苯二甲酸盐或双酚A（BPA）等化学成分的作用下，这些物质被加工成不同类型的塑料。最终，我们得到了一种在自然界任何地方都找不到的，对地球上庞大的微生物网络来说也是陌生的合成材料。

塑料可以分裂成更小的部分，但不能分解。除非回收或焚烧，否则塑料垃圾会存留几个世纪。塑料问题的规模令人震惊。1950年，塑料工业生产了220万吨产品。到了2015年，这个数字是4.07亿。全球每年至少使用10 000亿个塑料袋，每分钟购买100万个塑料瓶。自1907年塑料发明以来，全球生产的塑料总量中，有一半以上是在过去15年中生产的，其中60%最终作为废物进入环境。大量的塑料垃圾是微小的（尺寸小于5毫米）。一项研究发现，一个家庭的平均洗衣量会将超过70万根超细纤维释放到废水中。

目前，全球每分钟有超过22吨塑料进入海洋。到2040年，进入海洋的塑料可以完全覆盖世界海岸线。海洋中超过一半的塑料垃圾密度低于水。这些漂浮的碎片经常被远离陆地的缓慢旋转的漩涡所捕获。最著名的例子是大太平洋垃圾带（Great Pacific Garbage Patch），它是太平洋上一个巨大的顺时针旋转的环流，大约有阿拉斯加那么大，环流中裹挟着各种塑料产品，如婴儿奶瓶、购物袋、渔网、杯子。

一些用于制造塑料的化学品对人体有害。双酚A可以通过皮肤吸收。如果含有这些化学物质的微塑料颗粒作为空气中灰尘的一部分落在我们的食物上，那么这些颗粒就可以通过我们的肠壁进入血液，停留在肝脏等器官中。高收入国家的人们每年摄入大约5克微塑料，重量相当于一张信用卡。

生产塑料的化工厂通常位于经济困难的地区，尤其是靠近有色人种社区的地区。总部位于中国台湾的大型石化公司台塑企业（Formosa Plastics Group）有着惊人的污染记录，该公司将目标对准了路易斯安那州南部的Welcome小镇，计划建立一家包括10个工厂的塑料制造厂。但他们遭到了这个98%的人口是黑人的社区的强烈抵制。社区领袖指出，在美国陆军工程兵团的分析中，该公司的塑料厂从来不会建在白人社区。2019年，台塑公司同意支付5 000万美元以了结一项诉讼，该诉讼裁定该公司多年来一直故意向得克萨斯州拉瓦卡湾及附近水域倾倒塑料颗粒和污染物。这不是第一次了，本案的法官称该公司为"惯犯"。

像台塑这样的公司受益于银行系统，该系统向他们提供数十亿美元的支持，而对他们产生的污染不加限制。2020年，塑料的生产和焚烧向大气排放了20亿吨以上的温室气体，相当于近500家大型燃煤电厂的排放量。按照目前的增长速度，到2050年，作为石油衍生物的塑料的温室气体排放量将增至65亿吨。

2019年，全球组织联盟摆脱塑料（Break Free from Plastic）对来自50个国家的7万名志愿者在海滩、城市街道和社区收集的垃圾进行了分析，分析发现可口可乐是最大的塑料污染源（连续两年）。生产者延伸责任，是阻止全球塑料污染和生态破坏爆炸式发展的唯一策略。废物管理的责任需要从市政当局转移到制造商身上。我们需要法律、政策和其他激励措施，鼓励或要求企业关闭塑料垃圾的源头。迄今为止，还没有一家塑料制造公司对其生产的产品或其产品造成的污染负责。

世界各地都在使用有效的立法、监管、金融和法律方法来关闭现有电厂，防止新建燃煤电厂。塑料制造厂也应该如此——我们不需要一次性塑料，我们需要的是重新思考应该如何购物、销售和生活。

我们需要重新考虑回收。绝大多数回收塑料被机械研磨成微小的碎片和纤维，生产出质量较低的材料——这一过程称为降级循环。经过一两次循环后，大部分塑料会被丢弃。由回收的一次性塑料瓶制成的服装纤维已成为聚酯纤维（一种石油基织物）的流行替代品，但所有聚酯纤维衣服在洗涤时都会造成微塑料脱落，这些塑料最终会进入海洋，在那里，它们会造成比一次性塑料瓶更大的危害。目前，人们正在开发替代品，将塑料分解成原始的化学原料，然后再将其重新组合成新产品——这被称为升级循环。其中一种方法是在无氧反应器中高温加热塑料，产生类似于原始塑料的液体。著名的相机公司伊士曼柯达（Eastman Kodak）就是这一方法的领导者之一。他们在田纳西州的工厂可以通过化学方法将塑料分解到分子水平，使其能够被重新配制成新产品，以实现永久回收的目的。类似的技术也可以用于回收聚酯纤维，所以柯达公司计划将其技术扩展到各种塑料，使许多碳材料作为闭环系统的一部分重新投入使用，如此一来，该系统的碳足迹便可低于生产石油基塑料的系统。别的公司也在尝试类似的事情：PerPETual将塑料瓶回收成原始品质的聚酯纤维，最终用于制造H&M、阿迪达斯和Zara等公司的服装，以及塑料瓶。

解决方案不仅限于回收，还可以用可重复使用的容器取代一次性塑料用品：禁止使用塑料瓶盛水。在体育场馆、购物中心、城市、企业以及任何需要水或水质不佳的地方强制使用过滤饮水机。禁止一次性塑料食品容器。欧洲的Searious Business和RePack以及新加坡的BarePack等公司提供可重复使用的膳食包装容器，并与在线食品配送服务合作，以减少浪费（订购时，用手指轻轻一点，即可拒绝一次性塑料）。快递服务公司Loop把快递物品放在结实的、可重新填充的容器里，装在一个手提袋里，送到顾客家门口。完成后，顾客把空容器放回袋子里，然后打电话给公司取货。在智利，一家名为Algramo的公司创建了一个自动售货机系统，将液体洗涤剂和其他清洁溶液直接装到可多次利用的容器中。

塑料水瓶的优先解决方案之一是巴黎供水（Eau de Paris）系统。2008年，巴黎政府从私营公司苏伊士公司和威立雅公司手中收回了供水经营权，并建立了世界上最先进的水过滤和净化系统，在巴黎各地设立了1 000多个免费配水点，其中一些甚至提供苏打水。集中使用

澳大利亚维多利亚州墨尔本的回收公司SKM宣布破产；它的六个主要仓库堆满了等待处理的可回收材料。维多利亚州政府和仓库所有者马伍德建筑公司（Marwood Constructions）不知如何处理这种未分类的材料，因为它们不能轻易出售给其他材料加工商。由于没有人处理，维多利亚州议会被迫将这些可回收垃圾运往垃圾填埋场。

区域旁边是可重复使用水瓶的自动售货机。巴黎努力建立了世界上第一个无塑料垃圾的水系统。从威立雅和苏伊士接管供水经营权后，巴黎的水质上升了，而水价却在下降。副市长西莉亚·布劳尔（Celia Blauel）还与其他500个希望从营利性公司手中收回供水设施的城市（从爱丁堡到米兰）结盟，指导它们复制巴黎供水系统。

为了建立有效的塑料回收系统，我们应切断塑料循环，并对出售的每一块塑料都收取巨额的押金。在德国，这项工作被称为Pfand：押金是产品价格的一部分。当人们将瓶子放入几乎所有德国超市都有的"塑料瓶回收"时，就可以将押金取回。回收机会扫描并称重物品，然后发放一张可以兑换现金的代金券。Pfand活动取得了巨大的成功：不仅超过95%的可重复使用的瓶子和罐子被回收，而且围绕这一过程还发展出了一种非正规的"回收活动"，参与者主要是收入固定或收入较低的人。这证明了我们需要对所有塑料制品收取押金，以激励世界各地的人们收集新旧塑料垃圾。

2017年，肯尼亚全面禁止制造或销售塑料袋。在禁令出台之前，该国每年大约使用1亿个塑料袋，废弃塑料袋堵塞了给排水系统，并在雨季加剧了洪水。2020年，该国在公园和海滩对一次性塑料实施了限制。虽然当地人看到挂在树上的塑料袋越来越少，屠夫也报告说牛体内的塑料袋也减少了，但有迹象表明，塑料仍在从邻国索马里走私到该国。

挪威启动了一项类似计划，已将塑料瓶垃圾数量减少到几乎为零。而且退回的瓶子质量很高，有些已经重复使用了50多次。在美国，塑料瓶的回收率不到30%，但在挪威，这一比例达到了97%。尽管如此，挪威海岸上冲刷的塑料有一半仍然来自挪威，而另一半来自其他国家。当世界上的每个海岸都恢复正常时，我们就取得了成功。

─────────

大头欧雅鱼（Squalius cephalus）是一种在西班牙发现的淡水鲤鱼。湖泊和河流中的塑料可能成为水生生物的致命陷阱。在这里，一条鲢鱼被破碎的塑料管包裹着，它的身体发生了变形并出现了伤口。

贫困

"我们是健康合作伙伴（Zanmi Lasante）组织的患者，我们想向你们所有人宣布一项声明：由于生病的是我们，因此，我们有责任表达我们的遭遇、痛苦和不幸，以及我们的希望。健康权就是生命权，每个人都有生存的权利。如果不是生活在贫困之中，我们就不会陷入这种困境——当我们为温饱而挣扎时，我们还要随时面对死亡。我们要向世界银行和美国国际开发署（USAID）等组织的大人物传达一个信息：我们要求你们了解同为人类的我们所承受的一切。我们恳求你们放下自负和自私，停止滥用资金去购买大型汽车、建造大型建筑、发放巨额工资。另外，请停止对穷人撒谎。停止对我们的不公正指责，停止关于我们的健康权和生命权的不当宣传。我们确实很穷，但这并不意味着我们很愚蠢。"

——摘录自海地内兰德·拉亨斯（Nerlande Lahens）2001年发表的《坎格宣言》，他是世界上第一批接受艾滋病病毒抗逆转录病毒疗法的贫困人口之一。这是一项由保罗·法默（Paul Farmer）和卫生伙伴发起的倡议，世界卫生组织和世界银行谴责该倡议过于昂贵且不可持续。

"我怀疑银行家一般不会有很多性行为，因为他们花了很多时间来欺骗穷人。"

——保罗·法默对世界银行的米德·奥弗（Mead Over）的回应，后者批评对穷人的艾滋病治疗虽然在情感上存在必要，但不切实际，而且负担不起。

贫困的原因是劳动者的价值被剥削并转移给他人。无论是在工作、薪酬、健康、教育还是住房方面，贫困人口无时无刻不在为获得公平而奋斗。他们可能住在临时避难所，那里环境被污染，卫生设施不足，水不干净，学校是边缘学校（如果有的话）。他们承受着持续的经济压力，缺乏医疗保健。在农村地区，贫困造成了森林砍伐和荒漠化：采矿和伐木公司新修建的道路通往从前无法进入的地区；农业公司通过焚烧获得了土地，取代了传统的原住民管理者。在亚洲、非洲和亚马孙的森林中，由于捕猎野生动物，一些物种的数量正在锐减。土地、水、森林、生物多样性和人类健康的退化是气候变化的原因之一。气候变化又是贫困的原因之一，气候变化和贫困有着相同的根源。为了应对气候危机，我们需要将这种恶性循环转化为良性循环。

长期贫困还有另一个危害，那些贫困的人只会关注眼前的问题，对于一些远期的问题毫不在意。布莱恩·史蒂文森（Bryan Stevenson）指出，我们对待穷人的方式使我们变得一贫如洗："我们的人性取决于每个人的人性……我们的生存与每个人的生存息息相关。"这个观点在今天变得无比真实。扭转气候危机不能由一个国家、一个经济部门、一个行业、一种文化或一个族群来完成，也不会有一种神奇的技术可以一招制胜。我们迫不及待地想看看专家、政府或企业如何结束这场危机，但是他们自己也做不到。这场危机将告诉我们所有人，我们已经忘记了我们其实是一个"整体"，我们的共同努力足以扭转数十年乃至数百年来对人类和地球的剥削。

全球贫困是1990年提出的一个新概念，当时世界银行将贫困定义为每天收入不到1.00美元。它被称为国际贫困线，从那以后一直被用作衡量贫困的指标。30年后的今天，门槛收入为每天1.90美元，增加了90美分。按照这个标准，世界银行认为，到2015年，贫困人口占世界人口的比例已从36%降至10%。事实上，每天靠1.90美元生活在任何地方都被称为赤贫，而不是贫困。为了更好地描述目前存在的差距，贫困人口一个月的收入相当于一件露露乐蒙文胸、一辆奔驰车上的引擎盖装饰物，或者两袋普瑞纳狗粮。

当世界银行在2015年报告7亿人生活在贫困中时，联合国粮食及农业组织表示，当年有8.21亿人没有足够的卡路里来维持最低限度的人类活动，更不用说工作。事实上，全球有19亿人面临粮食不安全，26亿人营养不良。衡量贫困与否不能只以货币收入为界限，还需要考虑到公共服务——教育、营养、医疗和卫生——等需求。世界银行现在将1.90美元的门槛作为衡量极端贫困的标准，如果一个人每天收入两美元，那是正常的贫困吗？这就指出了以收入衡量生活存在的问题，因为痛苦不能被货币化。

不同的非营利援助组织将全球贫困线设定为更现实的每天7美元到8美元，这是一个家庭可以获得基本营养和合理预期寿命的收入水平。根据这一指标，贫困人口从1981年的32亿增加到2015年的42亿。在美国，有6 200万全职工作者不能靠收入生活，近五分之一的美国人是穷人，其中72%是妇女和儿童，54%的非洲裔美国人没有生活工资。

尽管人均收入在1980年至2016年间翻了一番，但全球贫困水平却上升了31%。原因很明确：越来越少的人获得了更多的收入，而大多数人的收入却越来越少。在这36年里，全球收入增长中只有12%流向了最贫穷的50%人口。剩余的收入增长、利润和资本转移到了收入最高的40%人群中，而收入增长的大部分流向了收入最高的千分之一的人群中。按照目前的收入分配情况，《世界银行经济评论》(*The World Bank Economic Review*) 估计，目前的经济增长需要200多年才能消除

贫困，这意味着贫困根本不会消除。

为了更好地理解贫困，我们可以思考三个重要的问题。第一个问题：当某人遭受痛苦时，谁会受益？这揭示了贫困的根本原因。第二个问题：你最近一次和一个贫困的家庭或团体在一起是什么时候？这表明文化差异和缺乏理解。第三个问题是普利策奖获得者、作家玛丽莲·罗宾逊 (Marilynne Robinson) 提出的，可能是最重要的问题：贫困是必要的吗？贫困是没有必要的，但它被强化和利用，成了一个产业。在美国，有一个庞大

印度村民们在喂养奶牛。太阳能屋顶板和微电网正被用于整个印度。虽然总理纳伦德拉·莫迪雄心勃勃地做出了这些承诺，但问题是，每天生活费不到两美元的7.5亿印度人能否负担得起或接受绿色能源？

的营利性"人力服务"公司网络，由州和联邦机构资助，形成了一个价值数千亿美元的商业帝国。

政府应该向儿童、老年人、残疾人和其他有需要的人提供财政支持，然而这部分钱时常被掠夺和挪用。尽管这听起来很奇怪，也站不住脚，但人类的苦难的确可以变成一项牟利的事业。例如，在美国，公司将寄养儿童重新分类，以索取额外福利，并将其直接返还给寄养机构——这种做法被称为使利益最大化，但其实就是回扣。机构的雇员向联邦或州为孩子申请幸存者福利，在获得佣金后，他们再将福利转移给雇主。但孩子对此一无所知。州政府也参与了对没有父母保护或指导的寄养儿童的剥削，他们的行为是在将为穷人服务的联邦援助转入国库。营利性"护理"企业采用了另一种做法，他们让居住在少年拘留所的年轻人和养老院的老年人服用大量镇静剂，以减少人员配备和劳动力成本。

在美国，监狱是一项800亿美元的产业。美国是一个大规模监禁的国家，有230万人关押在监狱中，另外有440万人处于缓刑或假释状态。近一半的监狱人口因

开出空头支票、小偷小摸或持有违禁品而被关押。私人监狱公司游说政府对轻微罪行进行更严格的量刑和更长的监禁。1997年，一名39岁的黑人男子就因盗窃树篱修剪器被判处了无期徒刑。私营监狱公司有不正当的动机，改造罪犯和改善公共安全并不符合他们的最佳利益。在他们的运动下，被定罪的吸毒者无法获得食品券或获得公共住房，而且由于犯罪记录也无法找到工作——这进一步强化了贫困。

在孟加拉国的库图普朗难民营，一名穆斯林难民男孩和其他人一起等待接受当地非政府组织的粮食援助。为了躲避在诺贝尔和平奖得主昂山素季的领导下进行的缅甸军队和佛教暴徒的"清除行动"，超过60万罗辛亚难民涌入孟加拉国，联合国称之为"种族清洗的教科书范例"。罗辛亚穆斯林的难民们徒步前往边境，或者付钱给走私者，让他们乘坐木船穿过边境。罗辛亚难民在孟加拉国遭受了另一种痛苦——他们生活在庞大的临时营地中，面临营养不良、霍乱和其他疾病的威胁。援助组织难以跟上需求的规模，仅独自抵达的儿童数量就高达惊人的60%。

私营公司还可以通过监禁为了生存跋涉数千千米的移民和难民来获得利润。在欧洲，有像ORS Service AG这样的公司与政府签订合同来运营营利性拘留中心。过去十年，当移民涌入欧洲时，ORS将其移民"接待"服务从瑞士扩展到了奥地利和德国，取代了通常帮助移民和难民的非营利组织。公司退休的创始人解释说，在经营难民营时，"利润非常低"，因此实现利润最大化的"关键是数量"。因此，ORS的一些营地人满为患，以至于成千上万的妇女、儿童和男性被迫露宿街头，而难民甚至不被允许工作。希腊莫里亚（Moria）难民营的一名叙利亚难民在向欧洲政界人士发表讲话时提议，"如果你想知道恐惧、饥饿和寒冷的真正含义，就来莫里亚难民营待一个月吧。"2019年，ORS的收入接近1.5亿美元，在营利性服务提供商眼中，难民是可以从中获取价值的资产。这些"资产"中，几乎有一半是儿童。

当面临地区冲突或农作物因不稳定的天气模式而歉收时，穷人首先通过少吃食物、变卖财产、甚至让孩子辍学来应对贫困，最后，他们会选择移民。在未来，越来越多的自然灾害和不断变化的天气使地球部分地区无法居住，更多人将被迫流离失所。他们将别无选择，只能离开家园。绝大多数难民来自贫穷国家，他们为了生存逃往其他贫穷国家，在被迫流离失所的人群中，四分之三以上留在本国境内。

在索马里，洪水、干旱和冲突迫使人们离开家园。截至2019年，该国有250多万人流离失所。贫困的现状迫使很多家庭将移民视为唯一的选择，毕竟，他们在房屋被毁后没有资源进行重建，在粮食歉收后也没有足够的储蓄来渡过难关。索马里有一半以上的劳动人口处于失业状态，因此，当自然灾害来袭时，经济状况变得尤为严峻。例如，2016年的旱灾曾导致牲畜和农田大量减少。许多家庭涌向城市，希望找到机会。很不幸，他们找到的工作收入有限，基础设施或公共服务也不足。水价几乎翻了一番，家庭把所有的支出都花在了食物、水和其他基本必需品上。许多人发现靠他们的收入根本无法生存，并且一直生活在被驱逐、再一次流离失所的恐惧之中。要想在这种条件下生活数月甚至数年，许多人不得不依赖国际援助，他们对影响他们生活的决定几乎没有发言权。在一项研究中，超过96%的参与者表示，没有人向他们询问他们收到的援助情况，也没有一个平台来表达他们的担忧。在这种模式下，当下一场自然灾害来袭时，难民家庭将再次流离失所，再次失去一切。

在全球范围内，消除贫困是一个涉及政府、公司、名人和慈善机构的价值数十亿美元的产业，它可以创造依赖，但不能创造繁荣。一些名人通过飞机或船只将过剩的玉米和小麦捐赠到贫困地区，造成了金钱和善意是解决贫困问题的关键的假象。事实并非如此，穷人将一直贫穷，直到他们被问到他们需要什么，并且有人倾听。穷人和所有人一样，需要关怀和资源，需要和他人建立持久的联系，而不是拍照后就离开的人。

南非前大主教德斯蒙德·图图（Desmond Tutu）曾说："总有一天，我们需要停止将人们从困境中救出。我们需要逆流而上，找出他们陷入困境的原因。"慈善机构和政府向扶贫项目投入大量资金。活动人士则有所不同，他们追根溯源，寻找人们陷入贫困的原因。再生通过提出一个简单的观点来扩大对话：解决气候危机的解决方案、技术和实践的广度绝对可以解决贫困问题。贫困不能被"固化"，而是需要自我修复。那些在经济上处于不利地位的人希望重建他们的村庄、社区、学校和文化。他们可以通过工具、教育和合作来实现这一目标。扭转气候变暖最有效的途径是求助于受影响最大、需求最大、但被倾听最少的人，然后倾听他们的呼声，给予支持和授权。除非大多数人，包括那些身处贫困的人都参与进来，否则气候危机将无法得到解决。再生是为自我组织创造条件。穷人知道该怎么办。超过40亿处于某种程度贫困的人将参与并采取行动应对气候变化，前提是社会正义和气候正义是同一回事——更有营养的食物、清洁的水、有复原力和盈利能力的农业、恢复的渔业、方便的交通、体面的住房、可再生电力、免费和安全的教育以及公共卫生。

有些偏见已经存在了几个世纪，例如有些人不够好，不够聪明，或者不配拥有财富，扭转这种偏见是一项艰巨的任务。与许多人的看法背道而驰的是，我们意识到气候危机无法只用技术解决。贫穷的人会影响富有的人的命运，这听起来似乎不合逻辑。但此时此刻，全人类是一个命运共同体。在一个全球化、数字化、互相连接的世界中，我们已经成为一个系统，就像地球是一个系统一样。人类的共同需求需要得到同步、协调和认可。再生会为人类创造富足，而不是匮乏，它创造可能性，也提升人类的前景。

从补偿开始

"弥补损失不能带来收益。" ——无名人士

如果你有过旅行经历，你可能对补偿很熟悉——你付给一家公司的钱，用来抵消你旅途中产生的温室气体排放。从洛杉矶到伦敦的往返航班可能需要50美元的补偿，坐7天邮轮可能要80美元，为了中和你每年30 000千米的汽车行程所产生的碳排放，你可能要损失100美元。你还可以通过补偿抵消生活中其他方面比如家庭或企业用电的排放的碳足迹。但这笔钱对气候危机有影响

吗？有没有更好的方法？

这种补偿类似于"期票"。通过支付一定额定的金钱，你将获得一个承诺，即今天产生的温室气体排放量将被未来等量的消除所抵消。产生抵消的位置可以是世

生活在刚果民主共和国伊桑吉雨林的家庭的孩子。补偿措施已经阻止了低地热带森林以前的伐木特许权，该地区拥有世界上11%的已知鸟类物种。

界上任何地方，时间范围可长可短。例如，花钱在农村用清洁炉子替换一个效率低、碳排放量大的炉子，可以很快抵消你产生的排放，相较之下，植树可能需要数年才能达到类似的效果。抵消的概念可以追溯到1970年的《清洁空气法》（Clean Air Act），当时美国国会允许大型污染企业在其他地方减少排放的情况下，继续在一个地方进行污染活动。20世纪90年代，随着人们对气候变化的担忧加剧，污染型组织开始使用可再生能源项目来抵消排放。今天，有各种各样的企业和组织将计算你的碳足迹，并向你出售排放量：去伦敦的往返航班？这相当于种植110棵幼苗。它什么时候能抵消你的碳排放？很难说，可能需要十到二十年。

最近，一些大型跨国公司，包括亚马逊、谷歌、雀巢、迪士尼、通用汽车、星巴克和德尔塔航空公司，都开始流行碳补偿。宝洁宣布计划花费1亿美元用于碳补偿，以抵消其年度温室气体排放的一部分。其他买家包括娱乐公司、体育组织、食品公司、大学、城市，甚至整个国家。补偿已成为实现碳中和的总体计划的关键部分，它是在温室气体排放和减排之间实现净零平衡的手段。例如，苹果公司承诺在2030年前直接减少75%的排放量，并使用补偿来弥补剩余的四分之一。对于航空公司等一些企业来说，大幅减排不是一个可行的选择，所以它们必须使用更多的补偿来实现碳中和目标。2021年，国际航空碳抵消和减排计划（CORSIA）开始实施，该计划将在14年的时间里达成400亿美元的交易，目标是抵消25亿吨二氧化碳排放。

大多数补偿是自愿的，但有些补偿可以用于满足监管机构设定的强制性减排目标。例如，发电厂可以从中间商那里购买抵消性的"碳信用"，以允许他们继续以超过州或联邦限制的水平排放温室气体。为了出售"碳信用"，中间商必须核实未来温室气体排放量的减少情况。为了兑现承诺，碳交易计划需要完成一系列艰巨的挑战，尤其是以下三个挑战。（1）持久性：实现的减排必须无限期地持续下去。例如，一片新种植的森林以后不得被砍伐或被焚烧，从而释放其储存的碳。（2）附加性：减排必须是对即将发生的任何事情的补充，即如果要建造计划中的太阳能发电厂，则减排不算在内。（3）核算：必须对减排量进行认真计量和监控，确保承诺的数量足额兑现。防止出现投机性交易、不精确的协议、过度承诺和温室气体减排量不足，以及彻头彻尾的欺诈事件。

如今，用于计算碳补偿的认证标准和科学方法已经成熟且更加透明，增强了人们对碳交易市场的信心。它们有助于在确保项目减排的同时，尊重边缘化人群和弱势社区的权利。然而，随着补偿变得越来越流行，欺骗性的做法和虚假宣传开始困扰这场运动。一个例子是遗留碳信用，它是从多年前建造的项目（例如风电场）购买的碳排放额度。虽然项目生产的可再生能源可能正在取代碳密集型化石燃料，但这种净减排是发生在过去的，所以向一家公司出售遗留碳信用以抵消其碳足迹，从而允许其继续污染的行为对气候变化没有任何帮助。不幸的是，多达60%的碳交易中的附加性声明都有类似的嫌疑。

碳信用对卖家和中间商来说是有利可图的，这种财务激励让人们忽视了实现温室气体排放净减少的更大目标，尤其是如果信用允许买家保持其碳足迹。例如，碳信用额度有时出售的是即将进行的伐木威胁。如果树木被砍伐，就会释放储存的碳；然而，如果树木不被砍伐，那么任何基于伐木威胁卖给公司的"信用"基本上都是毫无价值的。这种行为虽然让像邮轮行业这样的碳密集型行业的分类账单看起来不错，但从气候的角度来看，它们毫无意义——游轮继续航行，它们的排放仍在继续。

总体而言，许多项目承诺的减排和取得的成果都不大。典型的公司抵消的排放量不到其总排放量的2%；有时由于自然灾害（如森林火灾）或意外的人为干扰，已承诺的减排目标又未能实现；而在其他情况下，承诺的抵消发生在遥远的未来，无法对今天的气候危机产生任何有意义的影响。补偿固然可以赢得时间，但也可能成为推迟进一步减排的缓兵之计。高污染企业将减少排放的义务转移到世界上欠发达和更落后的地区的做法，其实是在传播新的不公正，而不是解决当前的不公正。工业化国家的奢侈品活动所排放的1千克二氧化碳怎么能与基本生产活动（如养家糊口）产生的1千克二氧化碳等价？有了补偿的帮助，我们仍应明确底线：温室气体排放必须立即减少，而不是在未来减少；减排必须是真实的、实质性的、即时的。毕竟，我们没有时间可以浪费。

尽管面临挑战，碳补偿确实会带来好处。作为投资，它推动了世界各地的农村社区变革。例如，南部非洲小国莱索托的Save80项目利用信贷雇佣当地妇女启动了一个项目，这个项目向当地家庭分发了一万个清洁炉灶，减少了砍伐树木作为燃料的需要，并减少了有毒烟雾排放。在秘鲁，补偿资金帮助原住民使用无人机和卫星监控森林中非法采伐的迹象。在美国，补偿资金已经用于河流和湿地恢复项目，这些项目改善了鱼类、海狸和候鸟的河岸栖息地环境。补偿资金还支持了草原上的土壤碳建筑项目，比如阿根廷的再生羊毛农场、肯尼亚的稀树草原，以及澳大利亚再生放牧牧场。除了河流和湿地恢复项目，补偿资金还被用于坦桑尼亚哈扎社区的土地保护项目、老挝和巴西退化林地恢复项目、可持续咖啡种植者在洪都拉斯的清洁水项目，以及加拿大的森林保护项目等。

几乎所有的气候科学家都认为，地球的二氧化碳浓度已经超过了安全水平，现在需要大幅降低。但中和温室气体排放几乎无助于减少大气中积累了几十年的遗留碳。2019年，全球二氧化碳排放总量为40吉吨，比2000年增加了三分之一。这样看来，承诺在未来10年或20年实现减排的补偿几乎毫无用处。

比起碳补偿，我们更需要的是个人、公司和国家确保从大气中去除的碳比他们释放的碳多，并尽可能长时间地将这些碳储存在土壤等自然碳汇中。与其中和排放，为什么不直接将减排量增加1倍或3倍，以减少大气中二氧化碳的总量？于是，我们可以将传统的补偿项目转变为由第三方测量、控制和验证的附加碳封存活动，产生的好处将包括更多的就业机会、更高的粮食安全水平，以及更强的极端气候适应能力。

索多/亨博（Sodo/Humbo）林业项目就是一个很好的例子。埃塞俄比亚是世界上最贫穷的国家之一，该国的土地普遍退化，使其农业部门陷入瘫痪，影响到该国90%的人口。开发已经摧毁了埃塞俄比亚几乎所有的原生森林，造成了大面积侵蚀，降低了土地处理洪水和应对干旱的能力。于是，埃塞俄比亚南部启动了索多/亨博项目，目标是在退化的山坡上重新造林，以作为长期恢复战略的一部分。这项工作由当地社区成员实施，他们使用了尼日尔开发的一种称为"农场管理式自然再生"的方法，该方法可以从现有树桩和根茎中快速再生

树木，但成本仅为在苗圃中种植树木的一小部分。经过验证，农场管理式自然再生具有很高的碳封存和储存潜力。根据世界野生动物基金会和其他非营利组织于2003年建立的补偿验证标准，索多/亨博项目将封存约110万吨二氧化碳。买家的成本是多少？每吨18美元。

索多/亨博还产生了如下益处：（1）为当地创造了2 000个工作岗位；（2）恢复了32平方千米的土地，种植了本土树种，包括一些受威胁的树种；（3）为当地动植物创造了多样化的栖息地；（4）减少了土壤侵蚀，提高了土壤渗透性，提高了土壤肥力；（5）增加了当地蜂蜜、水果和药用植物的来源；（6）提高了该地区5万人的生活水平，让他们依靠土地获得可持续的食物、饲料和生计来源。此外，项目获得的一部分资金被重新投资于地方经济发展以及教育和卫生项目。

为了保护当地原住民社区的权利，政府没有对碳补偿做法进行监管。在原住民社区，自由流动的河流被筑坝拦截，用于水力发电，而相应的碳信用被出售给其他国家或跨国公司。今天，建造水坝或将非原生单一种植"森林"商品化的国家可以申请碳信用。与此同时，购买这些信用的公司或国家可以申请相同的信用，这种重复计算的行为无疑弱化了对原住民、文化和地方的保护。长此以往，碳补偿很容易成为一种交易——将全球南方的原住民土地用作碳汇和提供补偿，以"支付"全球北方的排放量。

与其用期票偿还你的碳债务，不如现在就开始偿还你的债务。你可以向另一个人或社区（可能处于不利地位）支付费用，换取后续良好的碳行为。与其简单地用100美元抵消汽车行驶30 000千米所产生的排放，不如将这一数额扩大到200美元，并将额外的资金支付给一个经过验证的、可以减少温室气体排放，恢复退化的土地，改善人类和自然的福祉的项目。虽然我们可能需要一段时间才能看到累积的收益，但行动过程是积极的：如果从两个人提前还清债务，扩大到四个人提前还清债务，或者再扩大到四百人提前还清债务，那么大气中的二氧化碳就会显著减少。如果一家公司将其购买的补偿额度增加1倍或3倍，并且立即实施，它将带来大量的好处。这和我们对待孩子的原则是一样的，如果我们把爱和关注投入到他们身上，他们就能够继续前进，并且好好工作。

南部豆蔻林位于柬埔寨西南部，占地约5 000平方干米，这是一片相对完整的热带森林。这里有50多种濒危物种，包括亚洲林象、云豹、长臂猿、暹罗鳄鱼和太阳熊。碳补偿金资助了护林员，护林员们每年可从非法伐木者手中没收1 500多把链锯。补偿措施可以防止1.1亿吨碳排放，并支持当地社区的土地使用权登记、高等教育奖学金资助和生态旅游项目。

行动

本书的最后一部分是关于具体行动的提议、可能性、想法，以及与世界上成千上万关心未来的人和团体的连接。要继续本书之外的对话，您可以访问再生特定领域的网站。它是一个聚宝盆，里面有各种信息、想法、视频、书籍，以及在世界各地实施再生活动的人们，他们欢迎其他人的支持和参与。

关于气候危机，最棘手的问题是我们该做什么，从哪里开始，以及如何开始。当你看到或读到气候变化对地球的影响时，很自然会感到不知所措、焦虑、困惑或无能为力——我只是一个人，或一个小家庭。气候科学家金伯利·尼古拉斯（Kimberly Nicholas）在她的《在我们制造的天空下》（*Under the Sky We Make*）一书中，将气候科学提炼为五个事实。其中第五个事实是，人类有能力结束气候危机。她说，如今否认气候变化的呼声很大，但大多数理解气候危机的人却基本上在保持沉默。她想改变这一点。我们也是。

如今气候科学的早期预测理论已经变成了现实。尽管气候科学如此伟大，但它也无法挽救局面——我们也不需要更多的科学来了解该做什么。世界上大多数人都知道危机已经存在，结束气候危机的方法是唤醒他们采取行动。

我们该做些什么?

在阿图尔·加万德(Atul Gawande)的《清单宣言》(*Checklist Manifesto*)一书中,作者概述了如何做出决策,以便针对高度复杂的问题采取有效行动。作为一名外科医生,加万德创建了类似于飞行员和副驾驶在客机起飞之前使用的清单,以减少和消除医生在人体——世界上最复杂的系统之一——上进行手术时的医疗失误。没有人完全了解人体,包括医生,但这并不妨碍他们成为有效的外科医生,也不妨碍他们根据先前的知识、经验、失败和学习制定清单。

气候危机也是如此。这是一个极其复杂的系统,没有人能完全了解它。当我们相信只有专家才能解决危机时,我们就是在无意中将权力交给了技术官员、国际领导人或科学家,并希望他们把问题解决掉。受建筑业的启发,加万德发现了一种创建更有效系统的方法:将决策权推到外围,远离中心。根据人们的经验和专业知识,您可以为他们提供适应的空间,并让人们相互交谈然后承担责任——这就是有效的方法,也是我们应对气候危机时应采取的方法。我们当中很少有人是专家,但这并不妨碍我们了解该做什么以及如何做,气候清单就可以指导我们的行动。

从哪里开始?

气候清单的建立遵循简单的原则:它们有助于指导我们的工作,从农场到金融,从城市到服装,从食品商店到草原,并且适用于每个层次的活动:个人、家庭、团体、公司、社区、城市和国家。每一个行动要么朝着期望的结果前进,要么偏离目标。首要准则就是再生的基本原则:

1. 该行动是创造更多生命还是减少生命?
2. 它是治愈未来还是破坏未来?
3. 它是增进人类福祉还是削弱人类福祉?
4. 它能预防疾病还是从中获益?
5. 它是创造生计还是消除生计?
6. 它是恢复土地还是退化土地?
7. 它是加剧全球变暖还是缓解全球变暖?
8. 它是为人类需求服务还是制造人类需求?
9. 它是减少贫困还是扩大贫困?
10. 它是促进基本人权还是剥夺基本人权?
11. 它是为工人提供尊严还是贬低他们?
12. 简而言之,这种活动是索取性的还是再生性的?

如何应用或评估这些原则取决于您。我们所做的大部分事情满足所有上述要求。然而,就像指南针一样,它向我们展示了前进的方向。通过使用这些指导方针,你可以现在就开始改变,通过一个接一个的行动,一点一滴、一步一步地在个人生活中践行再生的原则。比如,我在吃什么?为什么?我感觉如何?我的社区发生了什么?我在穿什么?我在买什么?我在做什么?等等。

创建一份剩余工作清单

剩余工作清单适用于个人、团体或机构。清单会随着族群、文化、收入和知识的差异而变化。在这里，通用的清单是不存在的，毕竟，扭转全球变暖的"十大"解决方案只是一个抽象概念，真正有效的解决方案是您可以做的、想要做的和将要做的事情。剩余工作清单的价值在于将你承诺的事情变为现实，它可以针对个人、家庭、社区、公司或城市，是个人或团队在预定时间跨度（一个月、一年、五年或更长时间）内将采取和完成的行动列表。例如，你可以在本周和今年的不同时间段列出不同的清单。www.regeneration.org/punchlist上列出了一个工具包、一个工作表和更多的示例清单。您可以将自己的清单与其他人创建的清单进行比较，包括一些您可能认识的人。我们员工的剩余工作清单也在那里。如果您想估计您的家庭、公司或建筑物当前的碳影响，您可以访问www.regeneration.org/carbon。下面两个示例的减排量超过50%。

一个房主的剩余工作清单样本：

1. 安装热泵，停止在家庭烹饪、取暖和烧水时使用化石燃料。
2. 用电磁炉代替燃气灶。
3. 采用完全可再生的电力来源。
4. 每年采购七件耐用服装。
5. 在后院建立堆肥系统。
6. 减少90%的飞机航班，并为搭乘的航班购买5倍的碳补偿。
7. 收集并捐赠所有不必要的物品，以满足他人的需要。

一家小型食品公司的剩余工作清单：

1. 建立供应链透明度，用于研究产品来源及其对环境的影响。
2. 找到蔬菜、种子和谷物的再生/有机来源。
3. 从不发达的社区招聘和培训工人。
4. 用可再生能源代替办公室、仓库和生产用电。
5. 去除天然气并为储罐和大桶安装电磁加热系统。
6. 提高当地学校的营养知识水平，并创建注重健康的自助餐厅。
7. 指定回收纸板包装，并设定消除塑料的时间表。

气候行动系统——协同工作

人类是社会性生物。我们喜欢解决问题，做出承诺，并向同伴学习。应对气候危机也是一样，需要我们的家人、朋友、社区、工人和其他人的协同工作。气候行动系统是一种有助于促进合作的工具。它是一个可下载的学习舱，可用于解决气候问题，能在世界范围内自我传播。您可以邀请任意数量的人，并组成一个学习小组，使用越多，它就越聪明。它还可以：

1. 建立有助于解决气候问题的网络。
2. 向所有人播种、复制和传播最佳行动和解决方案。
3. 根据地点、人员和文化区分和修改知识。
4. 持续分析结果并产生与时俱进的见解。
5. 使用对话软件加速行动流程。
6. 实现人员、社区或组织之间的跨部门协作。

气候行动系统由Rosamund Zander、Ilan Rozenblat和Harry Lasker创建，可在我们的网站了解：www.regeneration.org/CAS。

扩大我们的影响力——Nexus

《再生：用一代人的努力终结气候危机》不仅是一本书，它还包括我们网站的Nexus部分上的工作。我们的目的是激发、分享和支持及时有效的气候行动。我们希望帮助彼此理解该做什么，以及如何行动。

Nexus包含了我们已知的最完整的气候挑战和解决方案清单；它几乎涵盖了我和同事们在《支取和再生》（*Drawdown and Regeneration*）中创作的两本书中的所有解决方案。Nexus并不仅是一个解决方案清单，它的目标是启发人们行动。Nexus提供如下内容：

1. 对行动、问题、历史、创新者和影响的明确解释。
2. 对各类机构（青年、学校、社区、城市、公司或管理机构）的重大行动的描述。
3. 非营利组织、活动人士、公民、社会企业家、原住民和机构正在解决气候问题，欢迎其他人的参与和支持。
4. 罗列造成损害的当事人和行为。
5. 首席执行官、政界人士和其他关键决策职位人士的地址和电子邮件列表。
6. 游说、回避、赞扬、鼓励或支持的产品和公司列表。
7. 最佳视频、会议、纪录片、文章、播客、书籍和论文的链接。

我们面临的挑战是涉及多个机构、地域、文化和人员的大型复杂问题，不属于单一行动或影响类别。棕榈油与全球渔业船队就是两个例子。两者都涉及侵犯人权、破坏生态系统、腐败、生物多样性丧失、碳排放等问题。在这种情况下，如果停止滥用和消费棕榈油，保护鱼类种群和栖息地，我们就能解决这两个重大问题。

解决方案是恢复生态系统、减少排放、消除不公正，以及再生各种表现形式的生命的活动。解决方案的范围从农林业和野生动物走廊到原住民权利和一切电气化。如果人类要在未来十年内将能源消耗和温室气体排放量减少一半，Nexus将列出该做什么以及如何做。

您可以在网址www.regeneration.org/nexus上找到Nexus。欢迎您对其进行改进、新增和更新。请将Nexus全部或特定解决方案转发给朋友、公司、城市和学校。

Nexus挑战和解决方案列表

挑战	泥炭地	清洁炉灶	原住民权利	野化传粉者
亚马孙雨林	塑料工业	混合肥料	本地化	水稻栽培
航空	政治产业	去商品化	红树林	海洋绿化
银行与金融	贫困产业	退化土地	海洋保护区	海草
大食品	航运	恢复	微生物养殖	林牧复合
生物燃料	军工	食品	微移动	智能微电网
北方森林	水	吃树	城市的性质	太阳能
服装业		女童教育	净零建筑物	潮汐盐沼
消耗	**解决方案**	电动汽车	净零城市	营养级联
珊瑚礁	植树造林	一切电气化	拒绝浪费	热带森林
荒漠化	农林复合	储能	海洋农业	都市农业
数字消费	动物整合	十五分钟城市	偏移和冲击	城市流动性
直接空气捕捉	海门冬	火生态学	橄榄石风化	蚯蚓养殖
食物种族隔离	自动驾驶汽车	地热能	多年生作物	拒绝浪费
全球捕鱼船队	绿萍	草原	绿化	波浪和潮汐能
医疗保健行业	竹子	放牧生态学	造雨机	湿地
昆虫灭绝	海狸	绿色水泥	制冷剂	野生动物走廊
交叉性	生物炭	绿色氢钢	再生	风能
迁移	生物区	热泵	农业	妇女与食品
核能	建筑	水力发电	再生食品	
棕榈油	储碳建筑		野化	

目标

本节提出的解决方案包括减少排放、保护和恢复生态系统、解决公平问题和创造生命，这就是再生革命。如果能在全球范围内迅速实施，上述计划在2050年之前可以减少和封存超过1 600吉吨二氧化碳排放当量，确保政府间气候变化专门委员会2030年和2050年目标的实现。

表1中总结的解决方案是再生组织（Regeneration.org）的一组学者和研究人员进行的深入研究分析得出的结论。我们关注能源和自然这两个关键领域。我们的研究源自世界各地，它表明，到2028年，如果我们改变土地使用方式，特别是农业和森林，我们可以将能源排放量减少一半；到2027年，土地可以成为净汇，而不是净排放源。总之，这些措施将能够保证将全球气温升高控制在1.5摄氏度以下。世界上一些顶尖大学、机构和科学家创造了400多种不同的气候情景，描述了如何将全球气温升高限制在1.5摄氏度。它表明了世界对气候危机的关注程度，令人鼓舞。相当多的预测依赖于一种新兴技术——从空气中捕获二氧化碳、将其液化并将其泵入地下深处。尽管化石燃料公司提出，可在全球范围内安装3 000万台全天候运行的除碳机器，但我们认为这种希望是不切实际的。有些人将气候危机视为有症状的患者，我们则将危机作为一个需要治愈的系统。治愈系统的方法是将建立内部的连接。可以说，再生过程中的一切行为的最终目的都是重建系统内部的连接，修复已经断裂或分开的纽带。

我们的分析侧重于当前可能发生的事情，强调解决当前人类的需求。我们对原住民的认识做出了严肃的修正，并假设人们将创造食物网和"农业区"，使食物生产多样化和本地化。这意味着大型食品公司的成功不能再以其出售的超加工食品的数量来衡量，而是以其创造了多少能够恢复人们的健康并使土壤再生的可再生食品来衡量。我们呼吁在十年内保护30%的陆地和海洋，并要求世界上收入最高的10%的人（年收入超过3.8万美元的人，这些人造成的温室气体排放量占全球总排放量的近一半）认识到，他们的最终福祉与所有人的福祉密不可分，从而改变他们对地球的需求。

对于一些解决方案，我们没有进行量化分析。因为如果我们不恰当地量化解决方案，很可能会将复杂主题简化为单一指标，不能反映真实情况。确保妇女普遍获得教育和医疗保健与减少人口增长有关，因此也和气候有关。尽管更多受教育机会的结果确实降低了出生率，但我们的初衷是保障妇女受教育的基本权利。此外，由于贫困而产生低碳排放的人有权增加碳排放，以追求更高的生活质量。同样，人们经常注意到，由原住民管理的土地的生物多样性水平很高，因此，保护原住民对森林的管理权是保护陆地碳储量的有效途径。然而，将被盗土地归还原住民是唯一道德、有效和正确的行动。

表1　再生组织减排当量计划（单位：吉吨）

减排的二氧化碳当量	2030年	2040年	2050年
农林复合	5	16	26
绿萍	1.9	3.6	5.4
生物炭	6	17	28
北方森林	2	6.1	10
建筑	28	89	167
储碳建筑	5.7	11	16
清洁炉灶	1.8	5.5	9.2
堆肥	0.2	0.7	1.4
食品	9.9	40	93
地热	4.2	16	35
草原与放牧	1.9	5.8	9.7
工业	34	102	191
红树林	3.7	11	18
交通和电动汽车	38	122	226
泥炭地	7.8	24	39
再生农业	12	35	56
海洋造林	3.2	14	31
海草	1.7	5.1	8.5
太阳能	20	73	141
温带森林管理	3	9.1	15
温带森林恢复	11	32	53
潮汐盐沼	0.4	1.1	2
热带森林管理	4.9	15	25
热带森林保护	18	54	90
热带森林恢复	40	120	201
拒绝浪费	5.2	19	39
风能	11	41	77
总减排量	280.5	888	1 613.2

保护

也许最容易被忽视的全球变暖解决方案是保护地球上的碳储量。目前我们正通过燃烧远古时代的碳储量（煤炭、天然气和石油）来排放碳，同时我们也通过破坏陆地生态系统中的现有碳储量来排放碳。因为当生态系统破坏、退化或消失时，存储其中的二氧化碳和甲烷气体就会释放出来。全球对有机碳储量的估计并不准确，尤其是土壤碳储量。表2中提供的总碳储量计算值为3 299吉吨，高于20世纪90年代末和21世纪初的估算值。截至本文撰写之时，地表1米深的全球土壤碳分布图即将发布，我们相信，这将帮助我们更好地了解陆地碳。

表2　有机碳储量（单位：吉吨）

有机碳储量	土壤	生物量	合计
北方森林	1 086	54	1 140
沙漠和旱生灌木	68	10	78
草原	392	77	469
红树林	5	1	6
地中海	26	6	32
海草	3	0	3
温带森林	375	72	447
潮汐盐沼	1	0	1
热带森林	407	181	588
冻土带	527	8	535
总碳储量	2 890	409	3 299

最后的话

拯救地球不是你的工作。拯救地球的想法是一个沉重的负担，无论如何你都做不到。另一种错误的想法是碳是有害的。没有碳污染这回事，因为碳几乎是我们需要、制造和接触的一切事物的一部分，是所有有生命的、美味的、惊人的和神圣的事物的一部分。我们已经将大量的碳排放到大气中，并且清楚地知道我们是如何做到的。今天，我们也知道如何把它回收，让地球恢复平衡，即恢复过去80万年大气中二氧化碳的平均水平。我们回收的碳是地球上再生生命所需的食物。当我们养活地球时，我们就治愈了气候。

再生是默认的生活方式。你之所以能读到这句话，也是因为你体内的300 000亿细胞每纳秒都在再生。从前，我们杀死、毒害、燃烧或平息地球上的生命，但当这些行为停止时，再生就开始了。现在是时候让我们的生活、实践、产品、城市、农业和其他一切与自然世界保持一致了，因为只有这样才能结束气候危机。如果我们相信或假设其他人会为我们这样做，我们就不会这样做。我们需要走到一起，加入各种形式和活力的生命，然后行动起来。欢迎阅读本书。

——保罗·霍肯

后记

达蒙·加梅乌（Damon Gameau）

　　我在高中的一个亚洲研究课上，第一次通过一个好故事感受到了文化的力量。那是一个特别的下午，我们正在了解大约在公元前3000年发生的南岛（Austronesian）扩张。南岛人离开了亚欧大陆，前往南方广阔的岛屿网络。他们乘坐有史以来第一艘满是文身，装着玉雕的双体船开始了他们的冒险之旅。当时，他们到达的许多岛屿蓬勃生长，森林茂密，生态系统丰富，栖息着巨型海龟、鸟类和鱼类。但探险家将小岛当成广阔大陆。他们通过过度捕捞和过度捕猎，加上砍伐多余的树木作为燃料，将森林改造成耕地，很快就让这些岛屿的生态系统失去了平衡。当地的生态系统崩溃了，一些岛屿被完全废弃。许多世纪后，随着新一波双体船的到来，人们开始明白，他们的生存依赖于对当地生态的尊重。他们用融合取代了统治，把大自然视为不可滥用的礼物，并将自己视为一个关键物种，与陆地和海洋共同生存，以创造更多的财富。

　　听完这个故事后，在我年轻的大脑中留下的印象是，这些人知道将这种智慧融入他们的文化的重要性。他们通过讲述新故事、培养神话和隐喻创造了一种可以塑造后代的行为的生活方式。时至今日，这些岛屿中的许多民族仍然维持着岛屿的生态系统。

　　在人类存在的大部分时间里，人类都以某种形式秉持"万物有灵"的信仰，即生命贯穿并连接所有事物，包括树木、动物和岩石。即使在今天，生活在秘鲁和厄瓜多尔边境的阿丘阿尔人（Achuar）仍然没有一个词来描述大自然。他们认为它不存在，因为他们看不到自己与周围环境之间的区别。随着16世纪后期基督教的传播和科学革命，这些万物有灵论的信仰在很大程度上被根除，一个新的自然故事被书写出来，这个故事将人类视为独立于自然世界的族群。现代科学之父弗朗西斯·培根（Francis Bacon）认为，研究人员必须"在大自然的漫游中追踪大自然"，以便"找到一条深入其内心的道路"。可悲的是，这是一个至今仍在我们文化中流传的故事。在我们的社会中，占主导地位的叙事、正在被培

养的神话和隐喻不是由睿智的长者或经验丰富的冒险家讲述的，而是由代表单一企业实体的广告公司讲述的。我们的信息生态已被彻底污染，这对我们的健康和地球的健康都产生了有害影响。如果我们要防止我们自己的岛屿和我们的星球出现崩溃，那么我们需要讲述更好的故事，将智慧融入这些故事，并再次培养对自然的尊重和敬畏。

　　我们今天的故事讲述主要分为两类。

　　第一个类似于魔术师的把戏。我们的情绪被主流媒体劫持。故事只需一个手指的咔嗒声，就能让我们沉迷其中，看不到我们生活在一个即将死亡的世界之中。

　　第二类故事是出于好意而创作的。在过去的几十年里，我们使用了令人震惊的叙事、无数的电影和书籍，其中许多都带有诗意的细节，向人们传达对自然世界的破坏的恐惧。但代价是什么？神经学研究表明，持续观看充满恐惧和焦虑的信息会导致人们麻痹，失去解决问题的能力和创造性思维。

　　如果我们鼓励并资助更好的故事——与生活世界相互联系的有意义的故事，我们可以共同建设一个什么样的世界？或者，如果我们分享了那些正在恢复生态系统的个人和社区的再生故事，又会怎样？长久以来，我们一直在用大量关于地球上生命的图表和毫无生气的统计数据攻击自己。现在，我们需要一种新的方法，一种由来已久的方法，比如直接针对内心讲述更好的故事。故事讲述者的角色从未如此重要。我们需要艺术家、诗人、词曲作者、作者或电影制作人来创造和塑造文化。然后，这种文化就会决定事物的生长或凋谢、繁荣或死亡。此时此刻，我们就需要这样一种复兴的文化，用于对生活世界建立一种深切的同理心。如果我们讲故事的人找不到方法，那么请把本书中的故事讲出去。

达蒙·加梅乌是一名艺术家、活动家和创作者，他是纪录片《2040：加入再生计划》（*2040：Join the Regeneration*）的导演和编剧。

致谢

感谢贾丝明·斯卡莱西亚尼（Jasmine Scalesciani）、达蒙·加莫（Damon Gameau）、约翰·埃尔金顿（John Elkington）、吉赛尔·邦辰（Giselle Bundchen）、劳伦·鲍威尔·乔布斯（Laurene Powell Jobs）、比尔（Bill）、琳恩·特斯特（Lynne Twist）、阿曼达·乔伊·拉文希尔（Amanda Joy Ravenhill）、乍得·弗里斯曼（Chad Frischmann）、克里斯托·奇塞尔（Crystal Chissell）、克里斯蒂娜·米特梅尔（Cristina Mittermeier）、西里尔·科尔莫斯（Cyril Kormos）、罗莎蒙德·赞德（Rosamund Zander）、凯西·克朗（Kasey Crown）、卢·布格里奥利（Lou Buglioli）、娜塔莉·奥法利亚（Natalie Orfalea）、莫特·迈尔森（Mort Meyerson）、布莱恩·冯·赫尔岑（Brian von Herzen）、艾·扬（AY Young）、杜丽塔·霍姆（Durita Holm）、朱莉·希尔（Julie Hill）、詹姆斯·布洛克（James Bullock）、朱莉·米尔斯（Julie Mills）、斯特凡诺·博里（Stefano Boeri）、斯蒂芬·罗伯茨（Stephen Roberts）、哈里·拉斯克（Harry Lasker）、伊兰·罗森布拉特（Ilan Rozenblat）、罗拉·科乌里（Rola Khoury）、珍妮特·苏格兰（Janet Scotland）、玛丽亚·卢克雷齐亚·德马尔科（Maria Lucrezia De Marco）、维斯拉·维希特瓦达坎（Visra VichitVadakan）、丹尼尔·乌埃莫拉（Daniel Uyemura）、吉莉安·古铁雷斯（Gillian Gutierrez）、雷恩·曼利（Raine Manley）、卡拉·袁（Carla Yuen）、艾琳·波尔尼（Irene Polnyi）、艾尔西·伊瓦塞（Elsie Iwase）、安德鲁·凯斯勒（Andrew Kessler）、大卫·佩里（David Perry）、詹妮弗·贝卡（Jennifer Betka）、米歇尔·贝斯特（Michelle Best）、艾米·洛（Amy Low）、莎拉·埃兹（Sarah Ezzy）、梅根·迪诺（Megan Dino）、帕特里克·达西（Patrick D'Arcy）、玛丽·卡蒂（Marybeth Carty）、丹尼尔·尼伦伯格（Danielle Nierenberg）、瑞兰·恩格哈特（Ryland Engelhart）、苏珊·奥列塞克（Susan Olesek）、玛格丽特·阿特伍德（Margaret Atwood）、索尔·格里法斯（Saul Grifath）、玛丽·雷诺兹（Mary Reynolds）、安妮·玛丽·伯戈因（Anne Marie Burgoyne）、凯瑟琳·简（Catherine Chien）、大卫·费斯塔（David Festa）、苏珊娜·伯罗斯（Suzanne Burrows）、米切尔·宾德鲍尔（Michl Binderbauer）、莱塞尔·科普兰（Leisl Copland）、马克·海曼（Mark Hyman）、里奇·罗尔（Rich Roll）、约翰·卡明（John Cumming）、大卫·卡明（David Cumming）、布莱恩·米汉（Bryan Meehan）、查理·伯瑞尔（Charlie Burrell）、戴夫·查普曼（Dave Chapman）、查尔斯·梅西（Charles Massy）、索菲·平切蒂（Sophie Pinchetti）、娜塔莉·斯坦豪尔（Natalie Steinhauer）、米米·卡斯特尔（Mimi Casteel）、米奇·安德森（Mitch Anderson）、克里斯蒂娜·法扎拉罗（Kristina Fazzalaro）、奇普·康利（Chip Conley）、亚历山德罗·福恩（Alejandro Foung）、简·卡沃利娜（Jane Cavolina）、斯蒂芬·米切尔（Stephen Mitchell）、拜伦·凯蒂（Byron Katie）、埃米莉·曼塞尔（Emily Mansaeld）、约瑟芬·格雷伍德（Josephine Greywoode）、杰夫·冯·马尔扎恩（Geoff von Maltzahn）、佩德罗·迪尼兹（Pedro Diniz）、凯瑟琳·米尔斯（Katherine Mills）、乔治·斯坦梅茨（George Steinmetz）、阿美·维塔莱（Ami Vitale）、克里斯·乔丹（Chris Jordan）、杰夫·荣斯滕（Jeff Jungsten）、卡伦·贝尔曼（Karen Bearman）、凯瑟琳·马歇尔（Kathryn Marshall）、斯文·詹斯（Sven Jense）、罗伊·斯特拉弗（Roy Straver）、托米斯拉夫·亨格（Tomislav Hengl）、琳德里亚·波特（Linadria Porter）、布伦·史密斯（Bren Smith）、朱丽安·斯凯·阿伯（Julianne Skai Arbor）、安·切斯特曼（Ann Chesterman）、安娜·卡普兰（Anna Kaplan）、莫妮卡·诺恩（Monica Noon）、布拉德·阿克（Brad Ack）、艾莉·戈德斯坦（Allie Goldstein）、斯宾塞·斯科特（Spencer Scott）、艾莉森·尼尔（Alison Nill）、摩根·凯利（Morgan Kelly）、梅根·维斯科（Meighan Visco）、贝利·法伦（Bailey Farren）、埃莉娜·贝尔（Elina Bell）、多米尼克·莫利纳里（Dominic Molinari）、努里·拉吉万希（Noorie Rajvanshi）和丽贝卡·亚当森（Rebecca Adamson）。感谢安东尼·詹姆斯（Anthony James）、丹尼尔·克里斯蒂安·沃尔（Daniel Christian Wahl）、菲利普·考夫曼（Philipp Kauffmann）、乔纳森·罗斯（Jonathan Rose）、约翰·富尔顿（John Fullerton）、奥伦·莱昂斯（Oren Lyons）、西耶·巴斯蒂达（Xiye Bastida）、伊冯·乔纳德（Yvon

Chouinard）、帕梅拉·芒（Pamela Mang）、鲍勃·罗代尔（Bob Rodale）、本·哈格德（Ben Haggard）、比尔·里德（Bill Reed）、蒂姆·墨菲（Tim Murphy）、万达纳·希瓦（Vandana Shiva）、约翰·D. 刘（John D. Liu）、普蕾莎丝·菲利（Precious Phiri）、拉里·科帕尔德（Larry Kopald）、汤姆·纽马克（Tom Newmark）、内森·菲利普斯（Nathan Phillips）、丽贝卡（Rebecca）、乔什·蒂克尔（Josh Tickell）、蒂克拉·特尼斯（Thekla Teunis）、科林·塞斯（Colin Seis）、杰夫·巴斯蒂安（Geoff Bastyan）、杰夫·鲍威尔（Jeff Pow）、汤姆·戈德顿（Tom Goldtooth）、秀赫特斯卡特·马丁内斯（Xiuhtezcatl Martinez）、克里斯·尼科尔斯（Kris Nichols）、米歇尔·麦克马纳斯（Michelle McManus）、麦当娜·雷霆·霍克（Madonna Thunder Hawk）、妮可·马斯特斯（Nicole Masters）、黛安娜（Dianne）、伊恩·哈格蒂（Ian Haggerty）、特里·麦科斯克（Terry McCosker）、托尼·里纳多（Tony Rinaudo）和安妮·波琳娜（Anne Poelina）。

图片说明

乔治·斯坦梅茨（GEORGE STEINMETZ）：
p. 22 乔治·斯坦梅茨，p. 48 乔治·斯坦梅茨，pp. 72-73 乔治·斯坦梅茨，p. 180 乔治·斯坦梅茨，p. 186 乔治·斯坦梅茨，pp. 194-195 乔治·斯坦梅茨，p. 201 乔治·斯坦梅茨，p. 216 乔治·斯坦梅茨，p. 218 乔治·斯坦梅茨，p. 236 乔治·斯坦梅茨

艾米·维塔（AMI VITALE）： p. 11 艾米·维塔，p. 90 艾米·维塔，p. 120 艾米·维塔，p. 136 艾米·维塔

自然图片库（NATURE PICTURE LIBRARY）：
p. 5 盖伊·爱德华兹（Guy Edwardes），p. 9 斯文·扎切克（Sven Zacek），p. 13 Felis Images，pp. 18-19 道格·佩林（Doug Perrine），p. 25 亚历克斯·马斯塔德（Alex Mustard），pp. 26-27 蒂姆·拉曼（Tim Laman），p. 33 克劳迪奥·孔特雷拉斯（Claudio Contreras），p. 38 丹尼·格林（Danny Green），p. 40 大卫·阿勒曼（David Allemand），p. 41 阿什利·库珀（Ashley Cooper），p. 46 尼克·加布特（Nick Garbutt），p. 49 蒂姆·拉曼（Tim Laman），p. 60 杰克·戴金加（Jack Dykinga），p. 64 苏米奥·哈拉达（Sumio Harada），p. 66 阿尔福（Alfo），p. 67 克莱恩和休伯特（Klein & Hubert），p. 79 克莱因和休伯特，pp. 80-81 希瑟·安吉尔（Heather Angel），

p. 82 维姆·范登海弗（Wim van den Heever），p. 83 罗伯特·汤普森（Robert Thompson），p. 84 马克·汉布林（Mark Hamblin），p. 108 格瑞特·维恩（Gerrit Vyn），p. 114 本斯·马特（Bence Mate），p. 116 皮特·奥克斯福德（Pete Oxford），p. 116 埃里克·巴切加（Eric Bauga），p. 116 埃里克·巴切加，p. 116 皮特·奥克斯福德，p. 116 埃里克·巴切加，p. 116 恩里克·洛佩斯·塔皮亚（Enrique LópezTapia），p. 117 伯纳德·卡斯特林（Bernard Castelein），p. 117 埃里克·巴切加，p. 117 皮特·奥克斯福德，p. 117 皮特·奥克斯福德，p. 117 劳伦特·格斯林（Laurent Geslin），p. 117 皮特·奥克斯福德，p. 147 托尼·希尔德（Tony Heald），p. 184 奥利弗·赖特（Oliver Wright），p. 204 保罗 D. 斯图尔特（Paul D. Stewart），p. 205 盖伊·爱德华兹，p. 223 阿什利·库珀，p. 224 阿什利·库珀

盖蒂图片社（GETTY IMAGES）： p. 110 瑞奇·卡里奥蒂（Ricky Carioti）/华盛顿邮报，p. 112 杰夫·哈钦斯（Jeff Hutchins），p. 146 卡尔·德·苏扎（Carl de Souza），p. 148 赫夫顿+克劳/ View Pictures /环球影业集团，p. 162 斯特凡诺·蒙特西（Stefano Montesi），p. 172 CgWink，p. 199 罗斯兰·拉赫曼（Roslan Rahman），p. 214 张兆久，p. 220 凯特·杰拉蒂（Kate Geraghty）/悉尼先驱晨报，p. 226 Stocktrek，p. 228 STR/AFP，p. 229 拉格·斯诺（Lalage Snow），p. 231 Ester Meerman，p. 232 Burak Akbulut/Anadolu 机构，p. 233 Storyplus，p. 238 Jason South/The Age，pp. 240-

241 Prashanth Vishwanathan/彭博社，p. 242 凯文·弗雷尔/斯金格（Kevin Frayer/Stringer）

ALAMY STOCK PHOTO: p. 44 雅各布·隆德（Jacob Lund），p. 104 德里克·山下（Derek Yamashita），pp. 106-107 Farmlore Films，p. 119 罗米·米勒（Romie Miller），p. 144 乔安娜·B. 皮涅奥（Joanna B. Pinneo），p. 150 罗伯特·哈丁（Robert Harding），p. 160 毛里求斯图片，p. 164 格雷格·巴尔福·埃文斯（Greg Balfour Evans），p. 167 DPA 图片联盟，p. 169 DPA 图片联盟，p. 174 Westend61，p. 174 伊恩·肖（Ian Shaw），p. 174 布伊滕·比尔德（BuitenBeeld），p. 174 Phloen，p. 209 拉杜·塞巴斯蒂安（Radu Sebastian），p. 239 保罗·奥利维拉（Paulo Oliveira）

《国家地理》（NATIONAL GEOGRAPHIC）：pp. 36-37 迈克·尼科尔斯（Mike Nichols），pp. 42-43 弗兰斯·兰廷（Frans Lanting），p. 62 彼得·R. 胡利汉（Peter R. Houlihan），pp. 68-69 亚历克斯·萨贝里（Alex Saberi），p. 92 克劳斯·尼格（Klaus Nigge），pp. 94-95 厄伦德·哈尔伯格（Erlend Haarberg），p. 170 吉姆·理查森（Jim Richardson）

其他：p. 6 斯图尔特·克拉克（Stuart Clarke），p. 7 费尔南多·图莫（Fernando Tumo），pp. 14-15 克里斯·乔丹（Chris Jordan），p. 17 Ines Álverez Fdez，p. 21 克里斯·纽伯特（Chris Newbert），pp. 28-29 尼尔·库曼（Neils Kooyman），p. 30 杰·弗莱明（Jay Fleming），p. 34 克里斯·乔丹，p. 45 Greenfleet/E O'Connor，p. 47 美国国家航空航天局，p. 50 Ute EisenLohr，p. 52 Ute EisenLohr，p. 54 基里利·尤扬（Kilili Yuyan），p. 56 纳撒尼尔·梅尔茨（Nathaniel Merz），p. 58 朱莉安·斯凯·阿伯（Julianne Skai Arbor），pp. 70-71 路易丝·约翰斯（Louise Johns），pp. 74-75 查理·伯勒尔（Charlie Burrell），p. 77 查理·伯勒尔，p. 86-87 吉利安（Jillian），p. 88-89 克里斯（Chris），p. 96 NCRS 照片，p. 98 凯瑟琳·乌利茨基（Catherine Ulitsky），p. 99 弗朗西斯·本杰明·约翰逊（Frances Benjamin Johnson），p. 100 金·韦德（Kim Wade），p. 102 罗素·奥德（Russell Ord），p. 113 Theo Schoo，p. 118 基里利·尤扬，p. 122 热罗尼莫·祖尼加（Jerónimo Zúñiga），p. 123 米奇·安德森（Mitch Anderson），p. 124 朱丽安·斯凯·阿伯（Julianne Skai Arbor），p. 127 卢博斯·克鲁布尼（Lubos Chlubny），p. 128 菲利普·考夫曼（Philipp Kauffmann），p. 131 灵魂之火农场，p. 133 灵魂之火农场，p. 134 国际 Gyapa™ 救济项目，p. 139 克莱尔·莱德比特（Claire Leadbitter），p. 140 克莱尔·莱德比特，p. 141 克莱尔·莱德比特，p. 143 米米·卡斯特尔，p. 152 乔纳森·希利尔（Jonathan Hillyer），p. 155 罗纳德·蒂勒曼（Ronald Tilleman），pp. 156-157 米歇尔和克里斯·杰拉德（Michelle and Chris Gerard），p. 159 斯特凡诺·博埃里（Stefano Boeri），p. 166 迈克尔·鲍姆加特纳（Michael Baumgartner），p. 176 戴夫·查普曼（Dave Chapman），p. 177 Ron Finley 项目，p. 178 戴夫·查普曼，p. 179 尤金·卡什（Eugene Cash），p. 182 由 Pixy 提供，p. 188 奥尔加·克拉夫丘克（Olga Kravchuk），pp. 190-191 拉西卡（Rasica），p. 192 雷尼·科拉库西奥（Rainee Colacurcio），p. 196 Ted Finch（泰德·芬奇），p. 198 詹姆·斯蒂林（Jaime Stilling），p. 202 由 Raoul Cooijmans/Lightyear 提供，p. 207 Tzu Chen摄影，p. 210 詹姆·斯蒂林（Jaime Stilling），p. 212 Photonworks，p. 222 顿·科恩（Ton Keone），p. 234 由苏艾提供，p. 244 约瑟夫·瓦西莱夫斯基（Joseph Wasilewski），p. 247 安德烈亚·皮斯托尔斯（Andrea Pistoles）